国家科学技术学术著作出版基金资助出版

协同创新视角下公众科学的理论与应用研究

赵宇翔　张轩慧　朱庆华　著

科学出版社

北京

内 容 简 介

本书首先从宏观理论范式层面上对协同创新视角下的公众科学进行概念溯源、解析及理论探讨；其次，立足公众科学实施过程中的重要环节和问题，从中观运作流程层面，再到微观的任务、平台、志愿者和项目影响层面，逐层深入探索，对协同创新视角下公众科学的理论和应用进行系统论述；最后，选取面向文化传承创新的新兴领域——数字人文，探讨数字人文类公众科学项目的相关内容。本书有助于完善协同创新视角下公众科学的理论基础，丰富互联网科研众包行为、公众科学的研究成果，挖掘多主体协作在科研创新中的应用价值。

本书的读者对象主要包括三类：第一类是公共管理、信息资源管理和管理科学与工程领域的研究者，本书作为国内公众科学研究的早期探索之作，有助于系统了解公众科学的理论体系和方法工具；第二类是其他领域广大科研工作者，便于了解公众科学这种科研众包的新模式，从而借助公众科学项目的形式实践科研众包的理念；第三类是政府部门、非营利性组织以及图书馆、博物馆、档案馆等文化记忆机构的从业人员，公众科学的有效实施离不开这些组织和机构的支持与协调。

图书在版编目(CIP)数据

协同创新视角下公众科学的理论与应用研究/赵宇翔，张轩慧，朱庆华著. —北京：科学出版社，2020.11
ISBN 978-7-03-066448-8

Ⅰ.①协⋯ Ⅱ.①赵⋯ ②张⋯ ②朱⋯ Ⅲ.①科学研究 Ⅳ.①G3

中国版本图书馆 CIP 数据核字(2020) 第 202477 号

责任编辑：惠 雪 / 责任校对：杨聪敏
责任印制：张 伟 / 封面设计：许 瑞

科学出版社 出版
北京东黄城根北街 16 号
邮政编码：100717
http://www.sciencep.com

北京中石油彩色印刷有限责任公司 印刷
科学出版社发行 各地新华书店经销

*

2020 年 11 月第 一 版　开本：720×1000　1/16
2021 年 1 月第二次印刷　印张：16
字数：320 000
定价：129.00 元
(如有印装质量问题，我社负责调换)

前　言

古人云："能用众力，则无敌于天下矣；能用众智，则无畏于圣人矣。"古往今来，群策群力这种共同攻关、众志成城的方式总是为人所津津乐道。近年来，互联网技术的发展与变革更是将群体智慧和大众参与的模式推上新的高度。习近平总书记在党的十九大报告中明确提出"打造共建共治共享的社会治理格局"的要求，这是新时代社会治理的新目标。实现这一目标，需要推动政府、市场、社会之间多元主体的科学分工与有效协作，充分汲取并发挥各界力量进行协同创新。协同创新是指创新资源和要素有效汇聚，通过突破创新主体间的壁垒，充分释放彼此间"人才、资本、信息、技术"等创新要素活力而实现深度合作。习近平总书记强调在带领中国经济社会全面深化改革的过程中必须依托创新行为，无论是制度创新、文化创新，还是科技创新，都必须全面贯彻"协同创新"这个理念。协同创新视角强调整体性和动态性，是创新2.0从开放创新迈向大众创新的新发展，致力于挖掘公众的贡献力和创造力。在这一背景下，"科学研究"这个由科学家主导、且有较高专业门槛的领域也在尝试突破传统科研活动的闭环模式，逐渐从组织内部走向无边界的、大众参与的协同创新模式，群体智慧的开放协作与跨界融合已经在科学研究领域凸显不可小觑的社会价值和影响力。

近年来，群体协作视角下的公众科学(citizen science)模式逐渐进入科研工作者的视野并受到广泛关注。公众科学即志愿者、专业团队和研究人员共同参与科研活动的社会化群体协作过程，具有开放性、广泛性、大众化等典型特质。随着数据密集型科学发现时代的到来以及"互联网+"实践在各行各业的发展，越来越多的科学家和科研团队清楚地认识到，海量数据资源、多源异构的数据集、多维度多层次的样本以及开放性的人力和智力资本，对于提升科学研究的精度和广度发挥了重要作用。协同创新视角下的公众科学模式能够充分借助互联网优势，集聚和整合人才、技术、设备等创新资源，实现多主体的协同融合与价值共创，开启科研众包的新思路，极大地丰富了科研活动的组织形态，促进科技成果的知识转化，进而推动国家创新驱动发展战略的实施。

协同创新视角下的公众科学一方面需要借鉴众包模式的理论体系和方法，另一方面则需要立足于科学研究范式的变革，逐步推进并完善跨学科、跨领域、跨边界的学术交流及合作。近几年，国际上针对公众科学已经开展了一系列相关研究，并取得诸多成果；而国内这一领域尚处于起步阶段，理论研究层面还没有形成统一的体系，在实践探索上也缺乏较为成熟的应用推广。目前，我国公众科学项目主要有两种发起方式。一种是由科研机构发起，这种情况下科学家的精力往往不能有效地分散到项目的管理和协调中，持久度和效果皆不容乐观。另一种是由非营利性团体自发组织，志愿者虽然有高涨的热情和积极的参与度，但在专业知识以及项目运作方面显得力不从心。因此，本书强调理论结合实践，围绕协同创新视角下公众科学这一研究对象，从宏观理论范式层面，到中观运作流程层面，再到微观的任务、平台、志愿者和项目影响层面，逐层深入探索，最后选取数字人文这一面向文化传承创新的协同创新领域，探讨数字人文类公众科学项目的相关课题。

本书共 8 章，分为 4 个部分。第一部分是基础性研究，包括第 1 章和第 2 章。首先对公众科学进行溯源，回顾公众科学的演化与发展，探讨公众科学的主体特征与分类体系，从根本上对公众科学的理论基础展开系统性探索，挖掘公众科学这一术语的概念源流以及与其他相关概念的理论映射，为后文的研究提供理论支撑。第二部分是顶层架构设计，即第 3 章公众科学项目的运作机制。该部分从理论研究、案例分析和实证探索 3 个方面展开讨论，充分考虑到公众科学项目的领域化及情境化特征，从中观层面探索公众科学项目的运作机制与管理模式。第三部分是实施过程研究，包括第 4 章任务设计研究、第 5 章平台游戏化研究、第 6 章志愿者信任研究以及第 7 章知识发现和获取。该部分运用多种研究方法进行理论推演和实证探索，从微观层面深入分析公众科学项目实施过程中涉及的一系列问题。第四部分是数字人文领域的公众科学研究，即第 8 章。包括相关的案例分析、志愿者参与的动因研究和公众科学任务绩效研究，通过开展数字人文领域公众科学项目，进一步深化文化遗产数字化资源的生产和利用，丰富公共文化服务领域的文化创新和知识创新。

本书得到国家自然科学基金面上项目"基于科研众包模式的公众科学项目运作与管理机制研究"(编号：71774083) 和国家科学技术学术著作出版基金 (编号：2019-G-008) 的资助，特此致谢。在书稿撰写过程中，非常感谢团队中各位年轻学者和研究生的帮助：陈英奇、韩文婷、练靖雯、刘筱、刘周颖、牛毅冲、宋士杰、宋小康、汤健、王筱纶、徐炜翰、薛翔、杨梦晴、张伟嘉、张妍、赵梦圆。同时，在数据搜集和案例分析阶段得到诸多专家和志愿者的支持与配合,并参考了大量的中外文文献,在此一并表示感谢。

由于时间仓促,水平有限,书中难免存在不足之处,恳请广大专家、学者和读者批评指正。

赵宇翔

2020 年 7 月于南京

目 录

第1章 公众科学溯源 ·· 1
1.1 公众科学的相关背景 ·· 1
1.1.1 公众科学起源 ·· 1
1.1.2 公众科学的概念化界定 ··· 2
1.1.3 公众科学的典型案例 ·· 3
1.2 协同创新视角下公众科学的概念辨析 ··· 6
1.2.1 众包与公众科学 ·· 6
1.2.2 Science 2.0 与公众科学 ··· 7
1.3 公众科学的研究现状 ·· 8
1.3.1 公众科学的研究文献来源 ··· 8
1.3.2 公众科学的演化与发展 ··· 8
1.3.3 公众科学的研究热点 ·· 15
1.4 本书解决的关键问题 ·· 17
参考文献 ·· 18

第2章 协同创新视角下公众科学的理论基础 ·· 22
2.1 协同创新视角下公众科学研究的理论体系 ······································ 22
2.1.1 行为和认知理论 ·· 22
2.1.2 学习理论 ·· 24
2.1.3 社会技术理论 ·· 25
2.1.4 系统设计理论 ·· 26
2.2 协同创新视角下公众科学的主体要素 ··· 27
2.2.1 众包的主体要素 ·· 27
2.2.2 公众科学的主体要素 ·· 29
2.3 协同创新视角下公众科学的分类体系 ··· 30
2.3.1 发包方角度的公众科学分类 ·· 30
2.3.2 志愿者参与角度的公众科学分类 ··· 31
2.3.3 任务反馈角度的公众科学分类 ·· 32
2.4 本章小结 ·· 33

参考文献 ·· 34

第 3 章 公众科学项目的运作机制 ··· 39
3.1 公众科学项目的运作模式探讨 ·· 39
3.1.1 公众科学项目的运作模式及实施框架 ························· 39
3.1.2 案例分析：Evolution MegaLab 项目的运作模式 ············ 41
3.2 科研众包视角下公众科学项目运作机制 ···························· 44
3.2.1 科研众包的本质和核心驱动 ···································· 44
3.2.2 基于科研众包的公众科学项目运作模式 ····················· 45
3.3 公众科学项目运作的组织结构 ·· 46
3.3.1 专家导向型——自顶向下 ······································· 47
3.3.2 草根导向型——自底向上 ······································· 49
3.3.3 我国公众科学项目的组织管理框架 ··························· 50
3.4 基于行动者网络理论的公众科学项目运作实证探索 ············· 52
3.4.1 行动者网络理论 ··· 52
3.4.2 访谈设计及样本选择 ·· 52
3.4.3 公众科学项目中的行动者网络 ································· 54
3.4.4 公众科学网络中异质行动者的转译过程分析 ··············· 55
3.5 本章小结 ·· 62
参考文献 ·· 62

第 4 章 公众科学的任务设计研究 ·· 64
4.1 公众科学中的任务设计 ··· 64
4.2 公众科学任务的匹配设计 ·· 65
4.2.1 匹配理论概述 ··· 65
4.2.2 基于任务驱动的匹配模型 ······································ 66
4.2.3 不同类型公众科学项目的匹配设计 ··························· 70
4.3 公众科学任务的游戏化设计 ··· 71
4.3.1 公众科学任务的游戏化设计评价指标体系构建 ············ 71
4.3.2 公众科学项目游戏化设计评价指标权重的确定 ············ 76
4.3.3 公众科学项目游戏化设计评价指标体系应用与分析 ······ 80
4.4 本章小结 ·· 82
参考文献 ·· 82

第 5 章 公众科学的平台游戏化研究 ··· 87
5.1 公众科学中的平台游戏化 ·· 87

5.2 面向公众科学平台的游戏化框架设计及元素应用·················· 88
    5.2.1 面向公众科学平台的游戏化框架设计······················· 88
    5.2.2 面向公众科学平台分类的游戏化元素应用··················· 90
5.3 基于 Kano 模型的公众科学平台游戏化元素研究·················· 95
    5.3.1 Kano 模型·· 95
    5.3.2 公众科学平台的游戏化元素设计及调研····················· 96
    5.3.3 基于 Kano 模型的游戏化元素调研分析····················· 99
    5.3.4 公众科学平台的游戏化元素结果讨论······················· 105
5.4 本章小结·· 107
参考文献·· 107

第 6 章 公众科学的志愿者信任研究·································· 110
6.1 公众科学中的志愿者信任····································· 110
6.2 公众科学项目中的志愿者信任机理研究························· 111
    6.2.1 志愿者信任危机··· 111
    6.2.2 信任对公众科学项目的意义······························· 114
    6.2.3 志愿者信任提升策略分析——全流程视角··················· 116
    6.2.4 从志愿者信任视角看公众科学项目转型····················· 120
6.3 公众科学项目中志愿者信任的影响因素实证探索················· 121
    6.3.1 志愿者对个人、项目及网站信任的影响因素归纳············· 121
    6.3.2 研究模型与假设论述····································· 123
    6.3.3 志愿者信任量表设计与数据分析··························· 127
    6.3.4 志愿者信任的影响因素分析······························· 131
6.4 本章小结·· 133
参考文献·· 133

第 7 章 公众科学的影响：知识发现与获取···························· 138
7.1 公众科学中的知识发现与获取································· 138
7.2 公众科学与知识发现··· 139
    7.2.1 公众科学项目知识发现的要素分析························· 139
    7.2.2 公众科学的知识发现流程分析····························· 140
    7.2.3 公众科学的知识发现机理——DIKW 模型··················· 142
7.3 公众科学与知识获取··· 147
    7.3.1 公众科学中知识获取行为的影响因素模型··················· 147
    7.3.2 量表设计与数据采集····································· 152

  7.3.3 数据分析与模型检验 ·· 156
 7.4 本章小结 ·· 164
 参考文献 ·· 165
第 8 章 数字人文领域中的公众科学 ·· 169
 8.1 公众科学在数字人文领域的相关研究 ·································· 169
 8.2 数字人文类公众科学项目的案例分析 ·································· 170
  8.2.1 案例概述 ·· 170
  8.2.2 案例分析与讨论 ·· 172
  8.2.3 数字人文公众科学项目的实践经验 ······························ 177
 8.3 数字人文类公众科学项目中志愿者参与动因研究 ··················· 179
  8.3.1 动因探讨 ·· 179
  8.3.2 冷启动阶段的动因研究 ··· 187
  8.3.3 持续发展阶段的动因研究 ·· 195
 8.4 数字人文类公众科学平台中任务绩效的影响因素研究 ············· 202
  8.4.1 任务复杂度和领域知识对任务绩效的影响假设 ··············· 202
  8.4.2 实验设计与步骤 ·· 207
  8.4.3 实验结果分析与讨论 ·· 211
 8.5 本章小结 ·· 215
 参考文献 ·· 216
附录 A ·· 225
 A1 公众科学项目中参与者知识获取行为的影响因素调研 ············· 225
 A2 数字人文类公众科学项目的志愿者参与动因调研 ··················· 234
索引 ·· 241
后记 ·· 242

第 1 章 公众科学溯源

在传统的科学研究中,数据的采集与分析均由科学家和科研团队来完成。自从进入互联网时代,网络技术与网络平台迅速发展,广大用户由初期的内容接收者逐渐向现在的内容生产者转变,互联网群体协作的效力和效率也逐渐提高。越来越多的科学家和科研团队认识到,一些科研任务可以通过网络发布给公众,并利用众包的方式集思广益且群策群力。一方面,基于众包模式的科研任务充分调动了公众的认知盈余和时间盈余来协助科研工作者;另一方面,公众所贡献的维度丰富、层次多样且时效性强的数据是科学研究的珍贵素材和基石。由此,公众科学 (citizen science) 作为一种新型的开放科学研究范式逐渐兴起。

1.1 公众科学的相关背景

1.1.1 公众科学起源

公众科学,又称大众科学、群智科学 (crowd science)、社区科学 (community science)、公众参与式科学研究 (public participation in scientific research),是指包含了非职业科学家、科学爱好者和普通志愿者参与的开放科研活动[1]。

早年的"公众科学"多被作为概念框架以描述科学与公众间的整体一致性关联[2]。2000 年以后"公众科学"多被视为一种方法论层面的范式[1]。2004 年开始,国外学者陆续对公众科学的概念界定和理论问题进行探讨。公众科学逐渐进入大众的视野。虽然公众科学作为一个科学术语为人所熟知才不过十多年,但事实上这一概念已具有相当长的历史和社会基础。譬如,在中国,公众及官员跟踪蝗虫爆发并记录数据已经有近 3500 年历史;在美国,创立于 1900 年的奥杜邦学会的圣诞节鸟类调查,至今已不间断地持续了 119 届;在挪威,18 世纪中叶一位挪威主教创立了神职人员团体,要求成员提供观察数据并且收集自然物体,用于制作历史出版物。历史上类似的这些实践活动,均体现出公众科学的运作理念。

互联网和信息技术的发展、高等教育的广泛普及、科研机构信息的逐步对外开放和公开透明,为公众科学的实施和发展提供了良好的契机。2012 年 8 月,公众科学发展的里程碑会议"科学研究中的公众参与"在美国召开,吸引了全球 300 多位来自各个领域的参与者共谋公众科学的发展议题。随后,生态学期刊 *Frontiers in Ecology and the Environment* 组织特刊就公众科学在生态学中的应用和发展进行了总结和思考,并强调公众科学的时代已经到来[3]。2014年,"公众科学"词条被收入《牛津英语词典》,公众科学正式被公众所熟知,在该词典中"公众科学"词条含义为"普通公众从事科学活动,这样的科学活动通常基于与专业科学家或科研机构的合作或指导";同年,欧盟就公众科学发布白皮书,在该白皮书中公众科学被认为是"普通公众参与到科学研究活动中,积极贡献知识、工具或资源的实践"[4]。

在公众科学活动中,公众参与者为研究人员提供实验设施和数据、提出新的研究问题,共创新的科学文化。参与者在提供价值的同时,也获取到了新的知识、技能以及对科学研究产生更深刻的理解。在开放、交叉、跨学科的情境下,科学、社会与政策之间的互动催生了公众科学这种更为"民主"的研究范式,即公众科学家 (citizen scientists) 可以参与科学研究中的部分甚至全部决策过程。

1.1.2 公众科学的概念化界定

1995年,Edelstein 第一次使用"citizen science"这一术语描述具有专业知识的外行活动,并表示公众科学的目的是在公众和科学之间架起一座桥梁,使公民参与到与环境风险和威胁相关问题的有意义对话中[2]。20世纪90年代中期,Rick 等将公众科学作为公众参与科学研究的替代术语[1]。自此之后,学术界陆续对公众科学的概念界定和理论问题进行探讨。Silvertown 将公众科学视为一种非正式教育活动[5]。所以,在公众科学项目开展之初,教育目标也必须被摆到一个非常重要的位置去思考。Jordan 等认为公众科学是科学家和非科学家之间收集、共享和分析真实数据的协作活动[6]。Wiggins 等认为公众科学是一种研究合作形式,让公众参与到解决现实问题的科学研究项目中[7]。McKinley 等将公众科学定义为公众参与科学项目,产生可被科学家、决策者或公众使用的可靠数据和信息,并向适用于传统科学的同行评议系统开放的项目[8]。

由文献可以看出,不同领域的学者对公众科学的概念界定有所侧重。有些学者倾向把公众科学视作是一种方法论层面的范式[1,9],从而帮助解决其他学科和领域遇到的一些问题和挑战,尤其是需要多元异构数据支撑的大型项目以及涌现型科学;也有学者把公众科学作为一种具体的联结人与自然生态系统的工具[10-12],将公众科学作为平台或者接口内嵌到一系列具体的科研项目中;还有学者认为公众科学是众包领域的一个具体研究分支[13-15],即把公众科学项目作为众包在特定情境下的任务处理和解决模式。本专著倾向用整合的视角去认识公众科学,即从宏观层面的范式 (paradigm),到中观层面的流程 (process),再到微

观层面的任务 (task)、平台 (platform) 和志愿者 (volunteer)。

1.1.3 公众科学的典型案例

1. eBird

eBird(http://www.ebird.org) 发起于 2002 年, 是一个对鸟类多样性进行研究的项目。eBird 提供了丰富的资源, 包括鸟类在不同时间、空间的分布。它的目标是通过收集鸟类观察者提供的大量数据, 对物种多样性进行全面的研究, 并实现对珍稀物种的保护。通过提供丰富的物种信息, 让参与者在了解目前已有资料的基础上, 促进爱好者的深入参与, 激发其更细致的观察行为, 同时大量志愿者的参与使得现有的数据不断更新, 为鸟类多样性的研究提供了依据。目前, 超过 950 万的鸟类观察者遍布全世界, 来自世界各地的观察记录是鸟类学研究的珍贵资料。该项目的任务比较复杂, 对参与者的专业知识要求较高, 一般要是鸟友、研究人员及保育人士才能准确地记录鸟类的特点及资料。eBird 项目平台如图 1.1 所示。

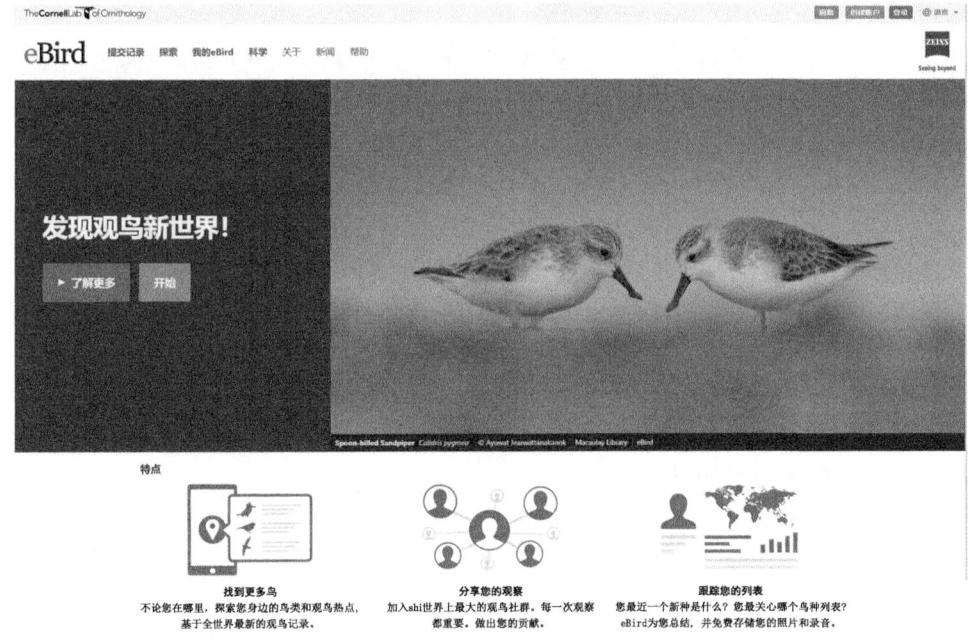

图 1.1 eBird 项目平台

2. 星系动物园 (Galaxy Zoo)

星系动物园 (http://www.galaxyzoo.org) 发起于 2007 年, 是一个借助大众力量进行星系分类的公众科学项目。面对约一百万个星系图像如此庞大的数据量,天文学家需要耗时很久才能完成分类工作，因此，该项目希望利用大众的力量完成对图片的分类工作。该项目在第一年里就获得了超过 5000 万笔星系的分类结果，参与者超过 15 万人。初始的任务比较简单，只要求参与者按椭圆、并合、旋涡三类对图像进行划分。随着对参与者能力的相信，该项目会分配更加复杂的任务，在分类的基础上让参与者回答更多的问题，例如星系旋臂的数量、中心核球的大小等。通过志愿者的参与，可以帮助天文学家更好地理解星系形成的机理，实现很多看似不能完成的目标。该项目的任务简单，参与者依据常识即能准确地做出标识，因此吸引了大量参与者的参与。星系动物园项目平台如图 1.2 所示。

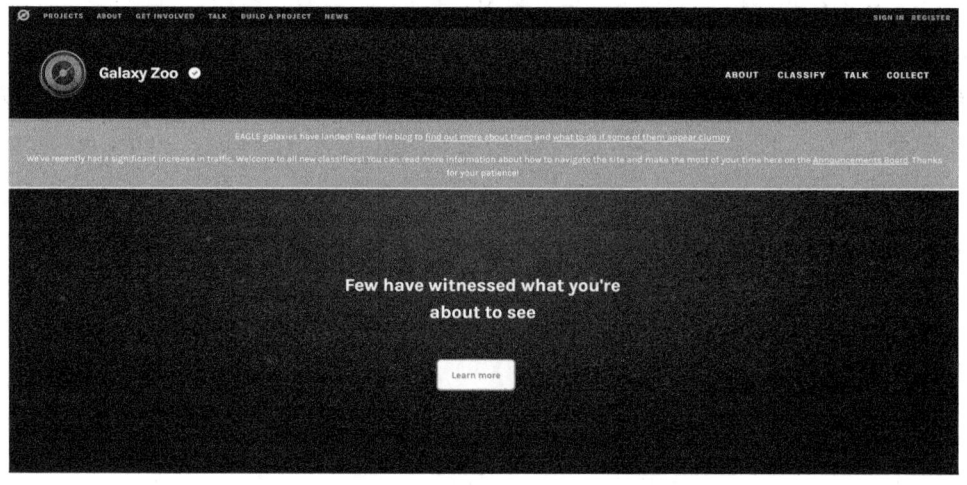

图 1.2　星系动物园项目平台

3. 蛋白质折叠 (Foldit)

"蛋白质折叠游戏"(http://www.fold.it) 发起于 2008 年，是公众科学项目的革命性突破，该项目应用游戏化的手段，激励参与者解决更多难题或者通过合作来实现折叠蛋白质的目标。蛋白质能够让我们的机体运作并保持身体健康，因此了解更多的蛋白质折叠方式，科学家就能够设计出更新颖的蛋白质来治愈现有的疾病。为了获取更多的蛋白质结构，该项目招募感兴趣的大众参与蛋白质结构建模游戏，通过鼠标的移动和点击翻转等简单的操作，构建出新的蛋白质结构。该游戏首先让玩家对已知结构的蛋白质分子进行折叠，体会现有结构是如何形成的。然后通过一定的训练，玩家可以思考新的折叠方式，从而启发专家进行蛋白质结构的创新。玩家能够以个人身份参与，也可以组建团队，与其他团队竞争比拼。在游戏中的比拼结果将通过积分排名的方式展示在游戏平台中。蛋白质折叠项目平台如图 1.3 所示。

图 1.3　蛋白质折叠项目平台

4. 旧时天气 (Old Weather)

旧时天气项目 (https://www.oldweather.org/) 于 2010 年 10 月推出，是由包括牛津大学、英国国家档案馆和公众科学联盟等组织在内的联合发起的历史档案转录项目。该项目旨在招募公众从历史船舶日志中收集天气数据，并以数字化的形式转录，帮助科学家进行地球大气环流重建。2013 年，该项目因重要的气象创新而获得英国皇家气象学会 IBM 奖。截至 2020 年年初，已经有上万个船只日志被成功转录，超过数百万个历史天气数据被记录到数据库中。这些数据已经被至少 5 个气候分析项目数据库使用，包括飓风数据库 (Hurricane Database，HURDAT)、全球简易海洋数据同化 (Simple Ocean Data Assimilation，SODA) 和欧洲中期天气预报中心 (European Centre for Medium-Range Weather Forecasts，ECMWF) 等。旧时天气项目平台如图 1.4 所示。

图 1.4　旧时天气项目平台

1.2　协同创新视角下公众科学的概念辨析

1.2.1　众包与公众科学

2006 年，Howe 在 *Wired Magazine* 上首次提出众包（crowdsourcing）的概念[16]。他将众包定义为"公司或企业把过去由内部员工执行的工作任务，以自由、自愿的形式外包给非特定且通常数量众多的人或社群加以执行，而承接任务的志愿者，通常是具有完成任务能力的业余爱好者，愿意利用空闲时间创造内容以及解决问题，但是这种任务的酬劳通常较少，甚至是无偿的"。随后，这种利用群体参与力量的新理念迅速引起了商界及学界的广泛关注和讨论。2010 年，Shirky 在《认知盈余》一书中强调"随着在线工具促进了更多的协作，人们应该更加建设性地利用闲暇时间来从事更多创造性活动而不仅仅是消费"[17]。与此同时，业界也更加深刻地认识到群体智慧及协同创造可能产生的巨大价值[18]。

如果说商业环境下的众包模式突破了创新形成和发展过程中的组织边界，那么科研众包模式则打破了传统环境中科学家、科研团队、科研机构和普通大众之间的藩篱，让科学研究走出实验室，为更多的大众所接触、认识、理解和参与，同时也促进了不同科研团队在时间维度和空间维度的交叉式创新和破坏式创新，优化科研资源的配置,在更大的社会层面验证并发展开放创新的理论与实践,从而产生更具影响力和推广力的社会创新效应。科研众包强调借助大众力量和群体智慧去解决各个专业学科或者交叉领域的"疑难杂症",大众在科研众包活动中可以扮演不同的角色,参与不同的工作,如数据采集、数据汇报、设备共享、参与式研究设计、协作式信息分析、辅助式研究开发等。Wechsler 强调将众包模式引入到科学研究工作中的必要性,并指出跨学科的研究更适合采用科研众包范式去推动[19]。

然而,科研众包并不等同于公众科学。科研众包应该被视为一种解决问题的理念和范式,而公众科学则更多强调项目的公共性和社会使命属性。如陶哲轩的"博学者 8 号问题"采用了科研众包的形式,但并不能界定为公众科学,因为大众对于此类任务的接受度和理解度还远远不够,同时此类问题对于反馈数量和样本多样性的需求也不高。同时值得注意的是,公众科学项目的面向对象一般是普通大众而不是具备专业理论知识或者领域知识的科学工作者,所以公众科学项目中对于志愿者和科学家的分水岭应该是相对明晰的,并且志愿者的贡献往往是从数量积累中演化或涌现出有质量的内容。因此,尽管公众科学项目植根于科研众包的理念,但其只能被视为一种科研众包的具体表现形式而不能和众包划上严格的等号。Cooper 等认为从术语学和规范性的角度,应该将那些志愿者参与的科学研究在研究论文和报告中清晰标注"公众科学"的字样,这样一方面有助于将公众科学的功效显性化,另一方面也能更好地帮助后来的研究者总结并梳理这个领域的成果[20]。

1.2.2 Science 2.0 与公众科学

Science 2.0 描述了科学活动的组织与开展方式持续演进的动态过程,强调了数字技术的发展、科学团体的全球化合作趋势以及日益增长的社会需求对科学活动范式嬗变的促进因素,因此学界通常把 Science 2.0 作为一种描述科学研究范式演进的理念加以阐述。与传统观念中所秉持的"快速发表"为导向的主张不同,Science 2.0 的核心理念是以合作及开放的原则促进科学传播。欧盟报告认为 Science 2.0 这样的促进作用主要体现在 3 个方面[21]:①科学家们分享的各类研究结果不仅有助于减少重复性的科学工作,而且有助于加速知识传播的速度,从而增加科学研究效率;②尽可能在项目的早期甄别出研究的"死胡同",并把研究往有潜力的方向推动,从而提高科学的生产力;③互操作的数据集将促进科学新发现的诞生,从而提高科学的质量。

在 Science 2.0 时代,科学领域涌现出数据密集、开放获取以及公众参与等趋势[22],分别映射至数据密集型科学 (data-intensive science)、开放科学 (open science) 及公众科学 (citizen science) 的理论范畴。三类范畴在内涵与外延上存在不同程度的交织与重叠，虽都在描述 Science 2.0 的共同趋势但却各有侧重：数据密集型科学强调科学活动的大数据特征；开放科学强调科学产品及资源的开放性；公众科学则强调开展相关协同式科学活动时"全民皆可参与科学"的包容性。然而研究认为与其他两类范畴相比，公众科学兼顾了科学研究的严谨性与开放性，因而更集中地体现了 Science 2.0 的总体特征。相较于开放科学，公众科学的目标属性和逻辑结构更加明晰；而相较于数据密集型科学，公众科学则更加突出传播效应和协作能力，也呼应了如今国家创新体制中强调的科技创新协同发展和科普大众的方针政策。

1.3 公众科学的研究现状

1.3.1 公众科学的研究文献来源

本节选取 WoS(Web of Science) 核心数据集为文献数据来源，采用逻辑检索式 TS=("citizen scien*" OR "crowd scien*" OR "crowd-sourced scien*" OR "civic scien*" OR "volunteer monitoring" OR "community-based monitoring" OR "participat* scien*" NOT "civic scien* literacy") OR TI=(public participat* in scien*) 进行检索，检索时间截至 2019 年 12 月 31 日。总共得到检索结果 4298 条，经过人工筛选，剔除主题与研究不相关的文献 129 篇，得到 4169 篇与主题相符的文献数据作为初步的文献分析池。

此外，仅用以上检索式可能会存在一定的局限性，无法全面反映公众科学在具体项目中的体现。譬如，eBird 是世界范围内的公众科学项目，该项目已经产出近 50 篇科研文献成果，但并不是每一篇文献都会出现"公众科学"这个关键词。因此，研究根据 Kullenberg 等于 2016 年发表在 *Plos One* 中的一篇文献给出的公众科学项目发文量排名[23]，选取排名前 10 的项目，分别以项目名称进行主题检索，经过人工筛选后，得到检索结果 319 条作为补充数据。将基础数据和补充数据合并后，最终得到 4488 篇文献作为本书的数据分析集合。

1.3.2 公众科学的演化与发展

1. 文献量演化

时序内学术论文数量的演化是衡量某领域发展的重要指标。通过对 1996~2019 年各年度发文量的统计以及线性拟合，将公众科学领域的研究文献划分为 3 个阶段，如图 1.5 所示。

1.3 公众科学的研究现状

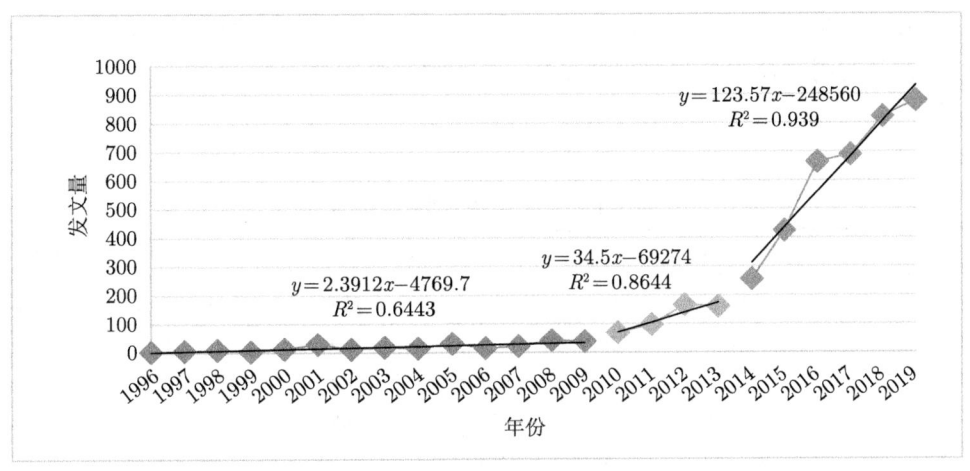

图 1.5 公众科学的文献量演化

第一阶段为萌芽期 (1996~2009 年),该阶段的文献量增长缓慢,每年的发文量均小于 50 篇,线性拟合斜率为 3,即每年的文献增长量约为 3 篇;第二阶段为成长期 (2010~2013 年),该阶段的文献量显著增长,线性拟合斜率为 31.6,是萌芽期的 10 倍;第三阶段为发展期 (2014~2019 年),该阶段的文献发表量快速增长,线性拟合斜率为 79.5,是成长期的 2.5 倍。从图 1.5 可以看出,2010 年是公众科学文献量演化进程中的转折性节点,2010 年之前相关研究数量较少,发展非常缓慢;2010 年之后,随着互联网和信息技术的高速发展,基于互联网平台的线上公众科学项目 (如 GalaxyZoo) 逐渐增多,研究数量也开始呈现显著上升的趋势。正如 2012 年 Henderson 在 *Frontiers in Ecology and the Environment* 上关于公众科学主题专刊的卷首语中提到:公众科学的时代已经到来[3]。

2. 研究领域演化

公众科学作为一个跨学科的研究主题,其研究文献分布在 WoS 的 100 个学科和领域中。总体上看,公众科学项目中的公众参与者具有地理分布上的多样性,恰好符合许多自然科学研究对数据样本多样性的需求。因此,现有研究中有 90% 以上的文献属于自然科学领域,其中有代表性的细分领域包括生态学、动物学、天文学等。表 1.1 显示了在萌芽期、成长期和发展期 3 个阶段,文献发表数量排名前 10 的研究领域。可以看出,3 个阶段中研究领域的分布并无太大区别,其中,环境科学与生态学、生物多样性、动物学、工程学等学科是公众科学研究的主要阵地。由此可见,公众科学作为群体参与和群体智慧的集中展现,在科学家研究人类生存环境的进程中起到举足轻重的作用。Bonney 等在 *Science* 上撰文认为,由于公众科学项目在自然资源、生态环境保护等领域的普遍应用，这种形式不仅可以充分利用公众力量进行科研工作，同时还有利于提升公众的科学素养和环保意识[24]。

表 1.1 公众科学的研究领域分布

序号	萌芽期 (1996~2009 年)		成长期 (2010~2013 年)		发展期 (2014~2019 年)	
	研究领域	频次	研究领域	频次	研究领域	频次
1	环境科学与生态学	150	环境科学与生态学	188	环境科学与生态学	1166
2	动物学	53	生物多样性及保护	67	生物多样性及保护	500
3	生物多样性及保护	40	计算机科学	55	科学技术	305
4	工程学	13	天文学与天体物理学	47	计算机科学	303
5	自然地理学	11	动物学	47	动物学	235
6	生命科学与生物医学	10	工程学	44	工程学	196
7	海洋与淡水生态学	9	科学技术	36	教育学	149
8	水资源	8	教育学	27	公共卫生、环境和职业健康	118
9	公共卫生、环境和职业健康	8	海洋与淡水生态学	22	水资源	115
10	数学	7	生命科学与生物医学	19	地质学	99

本书选取 CiteSpace 的时区视图 (timezone) 对公众科学研究领域的演化进行可视化分析[25]。图 1.6 从时间维度清晰地展示了公众科学研究领域的演化，包括每个节点的更新及相互影响。为了保证节点更新的细节，本书将排名位列前 10 的研究领域的节点从可视化图中去除，一方面，这些节点几乎占据视图的所有时区，影响视觉效果；另一方面，这些节点在公众科学研究的每一阶段都占据重要阵地，因此，对于研究领域的演化分析并无多大意义。20 世纪 90 年代，随着康奈尔大学申请的"公众参与的鸟类学"项目被美国国家科学基金立项后，公众科学这一新兴术语逐渐进入大众的视野[26]。随后，其他领域相继使用公众科学作为研究手段辅助其进行科学研究，譬如海洋与淡水生物学领域利用公众的力量进行海洋监测[27]；进化生物学领域采用公众对蝴蝶观察的数据进行物种研究[28]等。与此同时，教育学领域也开始探讨公众科学给社会和个人带来的教育意义[29]。2010 年后，互联网的发展及各类移动智能终端的普及给公众科学的研究带来巨大变革，计算机科学领域与公众科学领域突显出较强的研究交叉性，公众科学项目从以往传统的线下项目，逐渐演化为线上和线下相结合的项目，甚至衍生出一些完全可以在线上完成的项目。此外，近几年崛起的数字人文领域的研究[30,31]，对公众科学项目的实施也有了更迫切的现实需求。

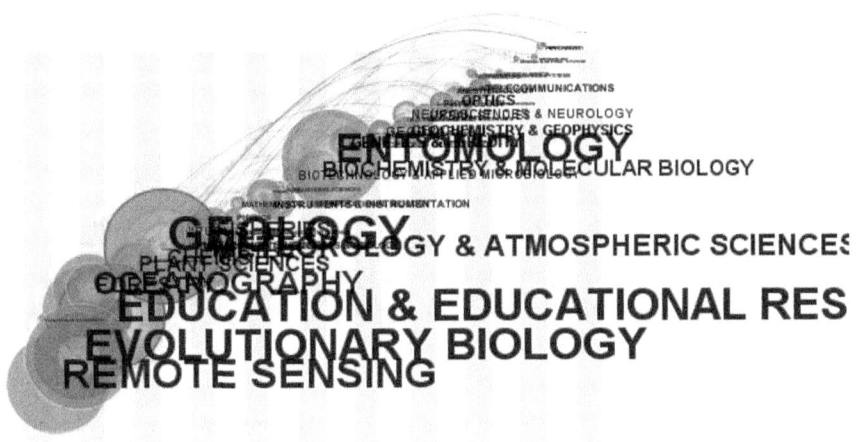

图 1.6　公众科学研究领域的时区视图

3. 主题演化

关键词是文献内容的精髓,代表了学术文献的研究主题[32]。WoS 数据库中的文献包含两类关键词:作者关键词(author keywords)和关键词加(keywords plus)。在文献计量分析时,关键词加和作者关键词对于某领域知识结构的展现可以产生同等效力;但在文献内容分析时,作者关键词对于文献内容概括的准确性要优于关键词加[33]。因此,本书选取作者关键词进行公众科学的主题演化分析。利用 Python 语言对关键词进行整理、去重和统计,共得到 4788 个关键词。按照萌芽期、成长期、发展期 3 个阶段顺序,对每个阶段出现的关键词进行词频统计及共现统计。结果显示:萌芽期关键词 841 个,关键词两两共现 949 次;成长期关键词 1511 个,关键词两两共现 1580 次;发展期关键词 3123 个,关键词两两共现 5534 次。表 1.2 显示了 3 个阶段中公众科学领域的高频关键词,结合上述的词频及共现统计结果,可以看出,公众科学的主题分布广泛,且各主题间的交织不断深化。

本书采用武汉大学王晓光教授团队开发的网络社区演化分析软件 NEViewer[34]对公众科学的主题演化进行可视化分析。该软件基于社区主题表示算法和社区相似度匹配算法,不仅可以实现主题表示、主题识别和主题判断,还能以可视化的方式展现科研主题的演化历程。本书将处理过的数据导入 NEViewer,得到公众科学的主题演化图。图 1.7 显示了萌芽期、成长期、发展期 3 个阶段的主题演化过程,每一个热点社区对应一个色块,色块面积和该社区所包含的关键

表 1.2 公众科学的高频关键词分布

序号	萌芽期 (1996~2009) 年		成长期 (2010~2013) 年		发展期 (2014~2019) 年	
	关键词	频次	关键词	频次	关键词	频次
1	citizen science	38	citizen science	171	citizen science	1542
2	community based monitoring	14	monitoring	21	crowdsourcing	188
3	volunteer monitoring	13	climate change	17	climate change	92
4	monitoring	13	crowdsourcing	13	monitoring	80
5	carpodacus mexicanus	12	data quality	13	conservation	77
6	locally based monitoring	11	invasive species	12	biodiversity	75
7	mycoplasma gallisepticum	5	conservation	12	phenology	54
8	survey	4	community-based monitoring	11	community-based monitoring	51
9	community monitoring	4	biodiversity	10	distribution	47
10	public participation	4	guideline	10	invasive species	46
11	sustainability	4	education	9	public participation	38
12	civic science	4	guideline	9	social media	38
13	participatory monitoring	4	fibromyalgia syndrome	9	participation	36
14	participation	4	public participation	8	data quality	36
15	conservation	4	phenology	8	water quality	35
16	community	4	participatory sensing	7	big data	32
17	climate change	3	lepidoptera	7	ebird	30
18	invasive species	3	distribution	6	public participation in scientific research	30
19	environment	3	volunteers	6	environmental justice	29
20	volunteers	3	web 2.0	6	community engagement	29

词个数呈正比，面积大的即表示学者们对该主题的关注度高。总体来看，随着时间的推移，公众科学的研究主题越来越多，有分裂也有合并现象，反映出公众科

学研究主题在演化过程中的延续及交叉;部分热点社区没有延续,说明一些主题仅在某一阶段被学界所关注。具体而言,萌芽期共形成 8 个热点社区,其中 4 个与鸟类有关,说明公众科学领域在这一时期致力于研究鸟类的监测与保护,这与表 1.2 中萌芽期的高频关键词相吻合;成长期的热点社区是萌芽期 2 倍,并且出现"众包""数据质量""志愿者""教育"等高频关键词,说明学者们开始深入探究公众科学的运作机制;发展期的研究主题分布更加广泛,"大数据"关键词的出现体现出学者们对基于海量数据开展公众科学项目的需求,以及重视公众科学在大数据环境下的理论、方法及实践探索。值得注意的是,"众包"是近几年公众科学领域关注的热点,基于众包模式的公众科学项目打破了传统科研的组织边界,促进各方有能力的群体或个体在科研任务上开展跨时间、跨空间、跨领域的创新协同,顺应了大数据时代对于科研发展的要求,提升了知识创新服务的能力和效率。由此可见,伴随着计算机网络的发展以及大数据时代的到来,公众科学研究不断扩展其研究的广度与深度,从动植物的监测到项目机制的探索,再到技术方法的深化,公众科学研究经历了从简单到复杂的演化过程。

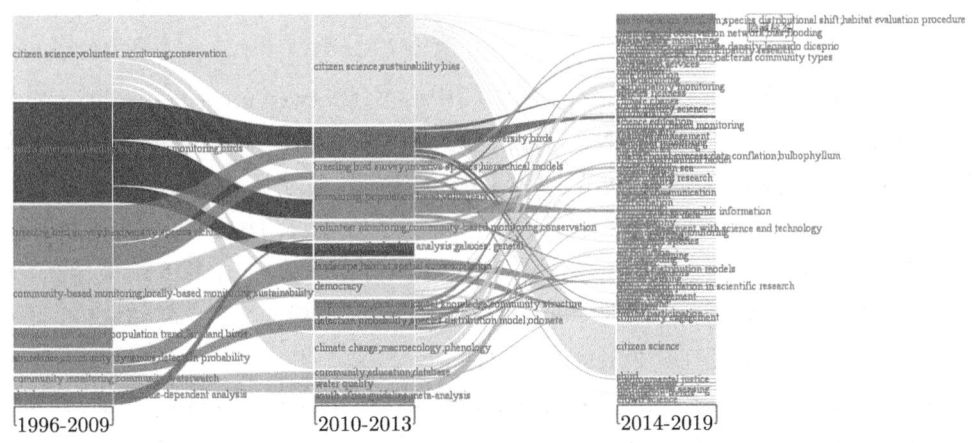

图 1.7 公众科学的主题演化

4. 科研机构的合作演化

科研合作已经成为科学研究成果增长和创新的强劲动力,科学研究中的合作关系已经成为影响科学生产能力发挥的重要因素[35]。科研机构合作网络是指了研究某一学术领域的发展变化,高校以及科研院所之间所构造的一个通过文献相互联系的网络[36]。通过对 3 个阶段高产科研机构的合作网络进行社会网络分析,揭示公众科学领域中知识交流、扩散、演化的特点。表 1.3 显示了 3 个阶段中发文量排名前 10 的高产机构，可以看出：萌芽期阶段，高校与科研院所在发文量方面几乎平分秋色；成长期和发展期阶段，高校的成果产出量明显提升。

表 1.3 公众科学科研机构的分布

序号	萌芽期 (1996~2009 年)		成长期 (2010~2013 年)		发展期 (2014~2019 年)	
	机构	发文量	机构	发文量	机构	发文量
1	British Trust Ornithol	18	Cornell Univ	35	Univ Washington	130
2	US Geol Survey	16	Yale Univ	25	Cornell Univ	130
3	Cornell Univ	13	Univ Wisconsin	25	Univ Oxford	129
4	US Fish & Wildlife Serv	13	Univ Washington	18	Univ Florida	119
5	Univ Minnesota	9	Univ Oxford	17	US Geol Survey	107
6	US Forest Serv	7	Adler Planetarium	17	Cornell Lab Ornithol	106
7	N Carolina State Univ	7	Univ Calif Davis	15	Stanford Univ	102
8	USGS	7	US Geol Survey	15	Univ Minnesota	93
9	Michigan State Univ	7	Univ Maine	13	Univ Queensland	91
10	Univ Arizona	6	Cornell Lab Ornithol	13	Univ Maryland	86

本书使用网络分析软件 Ucinet 的中间中心度 (betweenness centrality) 对机构合作网络进一步分析，并用 NetDraw 进行可视化呈现。中间中心度表征某个节点对网络中资源控制的程度，某节点中间中心度越高，说明该节点越多地占据资源和信息流通的关键位置。图 1.8 显示了公众科学在萌芽期、成长期、发展期 3 个阶段的科研机构合作网络。总体上看，公众科学领域的跨机构合作程度越来越高，机构间的合作越来越紧密，合作的中间中心度由高度集中趋于平均。具体来说，萌芽期中间中心度最高的是 US Forest Serv(Betweenness= 478.83)，其次是 Montana State Univ(Betweenness=338)，British Trust Ornithol(Betweenness=239)，说明这几个机构掌握了较多的研究资源。同时，萌芽期的机构合作网络呈两极分化态势，离散程度较高 (Mean=25, Std Dev=76.6)，说明该时期的研究资源仅集中在少数机构中，并且这些机构大部分属于科研院所；成长期中间中心度最高的是 Univ Calif Los Angeles(Betweenness=590.21)，其次是 Univ Oxford(Betweenness=452.37)，Univ Wisconsin(Betweenness=447.64) 以及 Cornell Univ(Betweenness=430.11)，意味着掌握较多研究资源的机构已经从科研院所转向世界顶尖高校；发展期中间中心度最高的是 Univ Oxford(Betweenness=450.19)，其次是 Univ Queensland(Betweenness=376.67)，Oregon State Univ(Betweenness=308.05) 以及 Cornell Univ(Betweenness=276.99)，说明世界顶尖高校依然占据资源和信息流通的

关键位置。同时，发展期机构合作网络的资源连通性较好，并且资源分布更加分散。

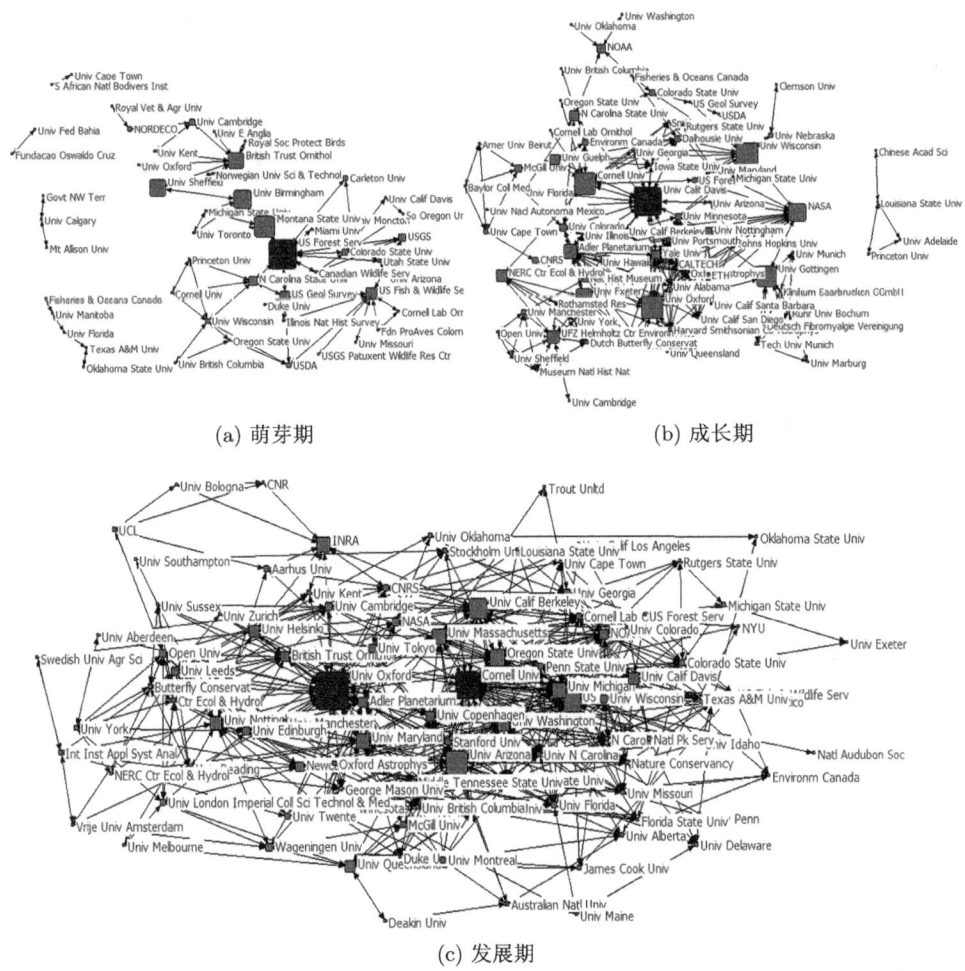

(a) 萌芽期

(b) 成长期

(c) 发展期

图 1.8　公众科学在 3 个阶段的科研机构合作网络

1.3.3　公众科学的研究热点

1. 基于项目视角的公众科学研究

公众科学的项目实践探索早在理论探索之前就已经存在，且至今仍是该领域的研究热点。在过去 20 年中，出现了一些规模大且持久性强的公众科学项目，譬如，由康奈尔大学和奥杜邦学会于 2002 年联合创立的 eBird 项目，致力于收集空间和时间尺度上的鸟类分布数据,截至 2020 年 6 月,已经记录了超过 4 千万次观察结果,以及超过 10500 种物种的数据;由牛津大学和约翰霍普金斯大学等机构于 2007 年联合发起的"星系动物园"(Galaxy Zoo)活动,邀请公众协助天文学家对上百万星系进行线上分类;由华盛顿大学于 2008 年创立的折叠蛋白质(Foldit)游戏,以游戏的方式吸引公众在消遣的同时为蛋白质研究做出贡献[37]等。公众科学的实践探索涵盖环境学、生态学、动植物学、天文气象学、人文学等众多领域,公众在参与的过程中积累了大量有科学和应用价值的数据,为科学家的进一步研究提供有力保障。

2. 基于理论方法视角的公众科学研究

关于公众科学的理论探索,目前已有一些文献就这一主题进行系统讨论。Wiggins 和 Crowston 对现有的公众科学任务进行分类,并试图对其发展进行理论化的总结与分析[7];Bonney 等发表在 2014 年 *Science* 上的文章 "*Next steps for citizen science*" 指出,战略性投资和协同机制是未来公众科学充分发挥潜力的两大法宝[24]。Newman 等认为未来的公众科学需要成立项目小组去协同政府部门、企业、协会、期刊以及网络基础设施等,共同打造更好的公众科学服务模式,并提出网络化、开放科学和游戏化机制是成功实施公众科学的有效工具[38]。

与此同时,一些学者重点对公众科学的类型及特征进行归纳总结。相较于传统科研项目而言,在公众科学中,开放性、参与性和互动性是此类项目开展的前提和基础,科研工作不仅仅是科学家的任务,同时也可以借由大众参与的力量得以实施和完善[39]。项目的流程设计和运作管理也更为灵活,尤其是面对一些跨学科跨领域的研究主题,公众科学范式能够在很大程度上调动群体智慧的碰撞和融合,并产生意想不到的效果[40,41]。Bonney 等将公众科学项目划分为 3 个主要类型:贡献型(contributory)、协作型(collaborative)和共创型(co-creative)[42]。随后,Shirk 等提出公众科学项目的 5 种类型,即契约型项目(contractual projects)、贡献型项目(contributory projects)、协作型项目(collaborative projects)、联合创新型项目(co-created projects)和共议型项目(collegial projects)[43]。

3. 基于参与者视角的公众科学研究

公众科学作为群体智慧的具体体现,其鲜明特征是大众的广泛参与和持续参与[5]。目前,关于公众科学的参与者研究可以总结为 3 类:动因、群体动力、理解和体验[44]。①动因方面,Rotman 等将志愿者参与公众科学项目的激励动因划分为 4 类,分别为利己性激励动因、集体性激励动因、利他性激励动因和原则性激励动因[45];Sauermann 和 Franzoni 探讨了公众科学项目中参与者的贡献模式,按照工作时长、贡献数量、工作频率等为指标对参与者的贡献行为进行分类，并提出不同的激励策略[46]。②群体动力方面，Massung 等评估了激励因素的影响，发现社会同行的反馈可以作为参与者强有力的激励工具，同时提高群体工作意识，将这种新行为视为"社会规范"，有助于加快公众科学项目的传播[47]。③理解和体验方面，Thomas 等认为帮助公众更好地理解科学，培养其科学素养，是公众科学的重要目的[48]；同时，Parsons 等在 Nature 杂志上撰文认为，越简单的任务设计越能增加参与者数量和提高质量[49]。这里的"简单"指的是对于参与者而言，公众科学项目的任务不能过于复杂。

此外，还有学者从游戏化模式的角度对公众参与和激励提出建议[50,51]。譬如，Bowser 等发现游戏化设计能够帮助激发用户在参与公众科学过程中的灵感[52]。游戏化的元素和动态能让用户在认知、情感和社交上有所收获，也能为科学研究带来更多潜在利益，包括用户参与的自发性、用户数据的可跟踪性、任务的可控性以及数据质量等[53]。Prestopnik 和 Tang 从游戏化设计角度出发，探讨不同的游戏化设计方法对公众科学项目中用户体验和参与意向的影响[54]。

1.4 本书解决的关键问题

过去十年，公众科学已经从一个新兴概念逐渐演化成互联网环境下群体协作的利器。国内外学者对这一领域的研究给予密切关注，尤其是国外学者，针对公众科学的概念界定、分类体系、运作流程以及用户激励等方面都积累了一定的研究基础。然而，国内外对协同创新视角下公众科学的理论探究以及公众科学项目的内涵、理论基础、运作流程、任务设计、平台设计、志愿者参与和支撑体系等问题的研究尚不够深入，也缺乏在数字人文领域的实证检验。与此同时，我国在推进公众科学应用时也面临了诸多挑战，譬如，缺乏激励机制，公众实际参与度不高；参与公众的科学素养不足，数据质量有待提高；项目管理与数据共享机制不健全，公众科学难以深入发展等[55]。

因此，本书立足于协同创新视角下公众科学的理论与应用研究，重点关注在我国情境下的推进与发展，拟解决的关键问题主要涉及 7 个方面：①如何界定协同创新视角下公众科学的内涵、主体要素、理论体系、分类体系等理论基础；②如何厘清公众科学项目的运作机制并对行动者进行角色定位；③如何基于公众科学项目中发起方的实际需求以及参与方的能力，针对公众科学项目的任务进行匹配和设计；④如何将游戏化元素应用到公众科学平台的设计中；⑤如何提升志愿者对公众科学项目的信任；⑥如何在公众科学项目中进行知识发现和知识获取；⑦如何基于前期的理论探索对数字人文领域公众科学项目进行科学的规划和设计。

参 考 文 献

[1] Rick B, Cooper C B, Janis D, et al. Citizen science: A developing tool for expanding science knowledge and scientific literacy[J]. BioScience, 2009, 59(11): 977-984.

[2] Edelstein M R. Citizen science: A study of people, expertise and sustainable development [M]. Choice, 1995, 13(1): 148.

[3] Henderson S. Citizen science comes of age[J]. Frontiers in Ecology and the Environment, 2012, 10(6): 283.

[4] Socientize Consortium. White paper on citizen science for europe [M/OL]. 2014. http://www.informalscience.org/white-paper-citizen-science-europe.

[5] Silvertown J. A new dawn for citizen science[J]. Trends in Ecology & Evolution, 2009, 24(9): 467-471.

[6] Jordan R C, Ballard H L, Phillips T B. Key issues and new approaches for evaluating citizen-science learning outcomes[J]. Frontiers in Ecology and the Environment, 2012, 10(6): 307-309.

[7] Wiggins A, Crowston K. From conservation to crowdsourcing: A typology of citizen science[C]//Hicss. IEEE Computer Society, 2011.

[8] McKinley D C, Miller-Rushing A J, Ballard H L, et al. Citizen science can improve conservation science, natural resource management, and environmental protection[J]. Biological Conservation, 2017, 208: 15-28.

[9] Brossard D, Lewenstein B, Bonney R. Scientific knowledge and attitude change: The impact of a citizen science project[J]. International Journal of Science Education, 2005, 27(9): 1099-1121.

[10] Raddick M J, Bracey G, Gay P L, et al. Galaxy zoo: Exploring the motivations of citizen science volunteers[J]. Astronomy Education Review, 2009, 9(1): 89-103.

[11] Crain R, Cooper C, Dickinson J L. Citizen science: a tool for integrating studies of human and natural systems[J]. Annual Review of Environment and Resources, 2014, 39: 641-665.

[12] Pilny A, Keegan B, Wells B, et al. Designing online experiments: Citizen science approaches to research[C]//Proceedings of the 19th ACM Conference on Computer Supported Cooperative Work and Social Computing Companion. 2016: 498-502.

[13] See L, Mooney P, Foody G M, et al. Crowdsourcing, citizen science or volunteered geographic information? The current state of crowdsourced geographic information.[J]. ISPRS International Journal of Geo-information, 2016, 5(5): 1-23.

[14] Geiger D, Schader M. Personalized task recommendation in crowdsourcing information systems—Current state of the art[J]. Decision Support Systems, 2014, 65: 3-16.

参 考 文 献

[15] Zhao Y C, Zhu Q. Effects of extrinsic and intrinsic motivation on participation in crowdsourcing contest[J]. Online Information Review, 2014, 38(7):896-917.
[16] Howe J. The rise of crowdsourcing[J]. Wired Magazine, 2006, 14(6): 1-4.
[17] Shirky C. Cognitive surplus: Creativity and generosity in a connected age[M]. Penguin UK, 2010.
[18] Zhao Y, Zhu Q. Evaluation on crowdsourcing research: Current status and future direction[J]. Information Systems Frontiers, 2014, 16(3): 417-434.
[19] Wechsler D. Crowdsourcing as a method of transdisciplinary research—Tapping the full potential of participants[J]. Futures, 2014, 60: 14-22.
[20] Cooper C B, Dickinson J, Phillips T, et al. Citizen science as a tool for conservation in residential ecosystems[J]. Ecology & Society, 2007, 12(2): 375-386.
[21] European Commission. Science 2.0: Science in Transition [M/OL]. 2014. ec.europa.eu/research/consultations/science-2.0/background.pdf.
[22] Szkuta K, Osimo D. Rebooting science? Implications of science 2.0 main trends for scientific method and research institutions [J]. Foresight, 2016, 18(3).
[23] Kullenberg C, Kasperowski D. What is citizen science? A scientometric meta-analysis[J]. Plos One, 2016.
[24] Bonney R, Shirk J L, Phillips T B, et al. Next steps for citizen science[J]. Science, 2014, 343(6178): 1436-1437.
[25] 陈超美, 陈悦, 侯剑华, 等. CiteSpace II: 科学文献中新趋势与新动态的识别与可视化 [J]. 情报学报, 2009, 28(3): 401-421.
[26] 黄敏聪. 公民科研的兴起及图书馆的角色 [J]. 图书情报工作, 2014, 58(14): 59-62.
[27] Reinoso J. Meaningful marine monitoring: The three R's to responsible stewardship[C]// Proceedings of California & the World Ocean. ASCE, 2011: 630-636.
[28] Ries L, Mullen S P. A rare model limits the distribution of its more common mimic: A twist on frequency-dependent batesian mimicry[J]. Evolution, 2008, 62(7): 1798-1803.
[29] Lepczyk C A, Boyle O D, Vargo T L, et al. Symposium 18: Citizen science in ecology: the intersection of research and education[J]. Bulletin of the Ecological Society of America, 2009, 90(3):308-317.
[30] Berry D M. Introduction: Understanding the digital humanities[A]// Understanding Digital Humanities[M]. Palgrave Macmillan UK, 2012.
[31] Sula C A. Digital humanities and libraries: A conceptual model[J]. Journal of Library Administration, 2013, 53(1):10-26.
[32] 王晓光. 科学知识网络的形成与演化 (I): 共词网络方法的提出 [J]. 情报学报, 2009, 28(4): 599-605.
[33] Zhang J, Yu Q, Zheng F, et al. Comparing keywords plus of WOS and author keywords: A case study of patient adherence research[J]. Journal of the Association for Information Science and Technology, 2016, 67(4): 967-972.

[34] 王晓光, 程齐凯. 基于 NEViewer 的学科主题演化可视化分析 [J]. 情报学报, 2013, 32(9): 900-911.

[35] Glänzel W, Czerwon H. A new methodological approach to bibliographic coupling and its application to the national, regional and institutional level[J]. Scientometrics, 1996, 37(2): 195-221.

[36] 邱均平, 瞿辉. 我国科研机构合作网络知识扩散研究——以"生物多样性"研究为例 [J]. 图书情报知识, 2011(6): 7-13.

[37] Curtis V. Motivation to participate in an online citizen science game: A study of foldit[J]. Science Communication, 2015, 23(6): 967-974.

[38] Newman G, Wiggins A, Crall A, et al. The future of citizen science: emerging technologies and shifting paradigms[J]. Frontiers in Ecology and the Environment, 2012, 10(6): 298-304.

[39] Laut J, Cappa F, Nov O, et al. Increasing citizen science contribution using a virtual peer[J]. Journal of the Association for Information Science and Technology, 2017, 68(3): 583-593.

[40] Couvet D, Jiguet F, Julliard R, et al. Enhancing citizen contributions to biodiversity science and public Policy[J]. Interdisciplinary Science Reviews, 2008, 33(1): 95-103.

[41] Panchariya N S, Destefano A J, Nimbagal V, et al. Current developments in big data and sustainability sciences in mobile citizen science applications[C]// Proceedings of IEEE 1st International Conference on Big Data Computing Service and Applications. IEEE, 2015:202-212.

[42] Bonney R, Ballard H, Jordan R, et al. Public participation in scientific research: defining the field and assessing its potential for informal science education. A CAISE Inquiry Group Report[R]. Online Submission, 2009:58.

[43] Shirk J L, Ballard H L, Wilderman C C, et al. Public participation in scientific research: A framework for deliberate design[J]. Ecology & Society, 2012, 17(2):29-48.

[44] Morrow A. The impact of citizen science activities on participant behavior and attitude: Review of existing studies [EB/OL].[2017-05-25].http://www.environment. scotland.gov. uk/media/16542/The-impact-of-Citizen-Science-activities-on-participant-behaviour-and-attitude.pdf.

[45] Rotman D, Preece J, Hammock J, et al. Dynamic changes in motivation in collaborative citizen science projects[C]//Proceedings of the ACM 2012 Conference on Computer Supported Cooperative Work. 2012: 217-226.

[46] Sauermann H, Franzoni C. Crowd science user contribution patterns and their implications[J]. Proceedings of the National Academy of Sciences, 2015, 112(3): 679-684.

[47] Massung E, Coyle D, Cater K F, et al. Using Crowdsourcing to Support Pro-environmental Community Activism[C]//Proceedings of the SIGCHI Conference on Human Factors in Computing Systems. ACM, 2013:371-380.

[48] Thomas M, Richardson C, Durbridge R, et al. Mobilising citizen scientists to monitor rapidly changing acid sulfate soils[J]. Transactions of the Royal Society of South Australia, 2016,140(2):186-202.

[49] Parsons J, Lukyanenko R, Wiersma Y. Easier citizen science is better[J]. Nature, 2011, 471(7336):37.

[50] Connolly T M, Boyle E A, Macarthur E, et al. A systematic literature review of empirical evidence on computer games and serious games[J]. Computers & Education, 2012, 59(2):661-686.

[51] Kavaliova M, Virjee F, Maehle N, et al. Crowdsourcing innovation and product development: gamification as a motivational driver[J]. Cogent Business & Management, 2016, 3(1): 128-132.

[52] Bowser A, Hansen D, He Y, et al. Using gamification to inspire new citizen science volunteers[C]//Proceedings of the 1st International Conference on Gameful Design, Research, and Applications. ACM, 2013: 18-25.

[53] Deterding S. The lens of intrinsic skill atoms: A method for gameful design[J]. Human Computer Interaction, 2015, 30(3-4): 294-335.

[54] Prestopnik N R, Tang J. Points, stories, worlds, and diegesis: Comparing player experiences in two citizen science games[J]. Computers in Human Behavior, 2015, 52: 492-506.

[55] 刘勇波, 罗建武, 李永华, 等. 积极推动公众科学发展 [EB/OL].[2020-05-25]. https://theory.gmw.cn/2020-04/13/content_33734714.htm.

第 2 章 协同创新视角下公众科学的理论基础

协同创新视角下的公众科学是一种利用大众力量和群体智慧进行科研活动的新范式。公众科学项目通常以科学发现为目的，以公众的广泛参与为基础，以信息通信技术 (群体协作技术、群体决策技术、语义关联技术等) 为保障。深入了解公众科学的相关理论基础是成功开展公众科学项目的前提和重点。因此，本章聚焦于公众科学的理论基础，从协同创新视角下公众科学的相关理论体系、主体要素和分类体系 3 个方面进行具体论述。

2.1 协同创新视角下公众科学研究的理论体系

2.1.1 行为和认知理论

大量的公众科学研究以行为和认知理论为基础，以理解哪些因素会激励志愿者参与公众科学项目，以及如何影响他们的决策和相关的行为变化。具体包括：规范行为相关理论、计划行为理论、动因理论、自我决定理论、社会比较理论、社会认同理论等。

在以往的研究中，规范 (norm) 和规范激活 (norm activation) 的相关理论被广泛地用于解读环境、生物多样性、动物学等领域背景下的环保行为变化。规范焦点理论 (focus theory of normative conduct)、规范社会行为理论 (theory of normative social behavior) 和规范激活模型 (norm activation model) 是解释规范对个体行为影响的 3 个主要理论模型。

(1) 规范焦点理论将影响个人行为的规范分为"命令性规范"(injunctive norms) 和"描述性规范"(descriptive norms)。命令性规范指具体的环境下大多数人赞成或反对的行为标准；描述性规范指特定情境下大多数人的典型行为[1]。描述性规范对个体行为的影响一般是无意识的[2]。在特定情境下，个体行为受周围人和环境的潜移默化的影响，不管行为正确与否[3]。命令性规范通常要求个体跳出熟悉的规范行为，接受社会或他人赋予"你应该这样做"的要求。一般来说，社会认可的命令性规范能够在多数情况下产生有益的社会行为[4]。此外，在同一种情境下，两种类型的规范可能同时存在，并对行为具有不同的导向作用，从而产生冲突。

(2) 规范社会行为理论是在规范焦点理论的基础上发展起来的，同样表明命令性规范可能会因为个体害怕被惩罚或寻求社会认同而增加[5]。

(3) 规范激活模型扩展了规范行为理论，纳入个人规范，如个体执行特定行为的道德义务感。譬如，Cooper 等调研了纽约的农村居民，发现热爱野生动物的人比不热爱的人更有可能从事保护行为，如通过捐赠来支持当地的保护工作、保护野生动物的休养生息、参与当地的环保组织等[6]。

计划行为理论 (theory of planned behavior) 认为个体的态度、感知行为控制和外部环境会影响其行为意图和实际行为[7]，用于解释个人参与动机[8,9]。譬如，张轩慧等在对数字人文领域公众科学项目的研究中发现，志愿者的参与动机受个人使命感的积极影响，进而显著影响了参与意愿[10]。Martin 等对海洋类公众科学项目的志愿者进行定性和定量调查发现，志愿者普遍认为参与志愿活动是一个难得的学习机会，也是为科学理解海洋环境做出实际贡献的一种方式[11]。

一些公众科学研究应用自我决定理论 (self-determination theory) 来解释促进个体发展的内在倾向条件以及驱动个体自我激励的潜在心理需求[12,13]。自我决定理论强调内在动机在个体发展和调节中的重要作用[14]，尤其是，内在动机可能会随着胜任感、归属感和独立感的产生而发展，而公众科学项目具有互惠和奖励等特征，会增强个人的外在动机[15]。譬如，张轩慧等对公众科学项目冷启动阶段的公众参与动机的研究发现，志愿者参与公众科学项目的动机不仅包含个体认知层面和情感层面的内在因素，也包含平台和任务层面的外在因素[10]。

社会认同理论 (social identity theory) 是指个体认识到他属于特定的社会群体，同时也认识到作为群体成员带给他的情感和价值意义[16]。Tipaldo 和 Allamano 运用社会认同理论来理解志愿者参与公众科学项目的潜在动机，研究认为利己主义、领导集体、社会倡导和个人倡导是影响参与的 4 个动机类型[17]。Landon 等也将认同理论作为理解个人自愿管理行为动机的框架[18]。根据社会认同理论，在缺少任务技能等相关特定信息的情况下，个体倾向利用潜在的社会记忆和文化记忆来获取相关信息，解决手头任务[19]。韩文婷等研究了数字人文领域公众科学项目平台中任务绩效的影响因素，研究发现在面对复杂度高的任务时，具有一定知识背景的群体会表现出更高水平的任务绩效[20]。

参与理论 (engagement theory) 是指通过与他人、任务和技术等的互动，有意义地参与到活动中。如何设计公众科学平台以保证志愿者的贡献数量与质量，已经成为公众科学理论研究中备受关注的问题。为了理解公众参与的深度和广度，部分研究从参与理论的视角将个人的贡献理论化。例如，在提高参与数量方面，为了更好地促进志愿者对地理信息类公众科学平台的参与，Newman 等认为应向使用者明确传达平台的目的,并简化平台中复杂的功能,以确保大量普通志愿者能够容易的参与和使用[21]。为了更好地促进志愿者对数字人文领域公众科学平台的参与,赵宇翔等认为应丰富平台的游戏化设计,激励志愿者的持续参与行为[22]。在保障参与质量方面,Galbraith 等对生态领域公众科学项目的研究发现,志愿者参与的质量存在巨大差异,并呼吁对志愿者进行培训,并采用创新的方法来收集和分析数据,以提高公众科学家参与的有效性[23]。

社会比较理论 (social comparison theory) 认为个体倾向通过与其他个体进行比较来提高他们的表现[24]。Diner 等基于社会比较理论研究了图片标注公众科学项目中志愿者的贡献,研究表明,当志愿者面对实力较强的标注同伴时,通常会做出更多的贡献[25]。Laut 等通过设置虚拟同伴来研究公众科学项目中志愿者的贡献,研究发现,志愿者的贡献可以通过虚拟同伴的存在得到增强,从而形成一个反馈回路,根据同伴的表现增加或减少自己的贡献[26]。

行为和认知理论从个体的行为层面、心理层面、认知层面、人格特质和行为环境等多角度、多方面、多维度思考和解释了公众科学志愿者的行为。在公众科学中,志愿者作为科研活动的参与者、合作者和贡献者,其行为模式、参与动因和参与特征值得进一步的探索研究。

2.1.2 学习理论

从学习理论的角度来看,协同创新视角下的公众科学克服了传统课堂学习的局限性,扩展了个人兴趣,增强了参与感,为志愿者提供了一种真正的科学学习体验[27]。学习理论的研究主要包括 3 个方面:科学素养、体验学习和转化学习。

(1) 参与公众科学能够提升志愿者的科学素养,一方面增加志愿者对相关知识和技能的了解,另一方面帮助志愿者走进科学研究、理解科学探究的本质[28]。Price 和 Lee 观察到,在天文学的科学项目中,个人的科学素养水平有显著提高[27]。

(2) 参与公众科学为志愿者提供了体验学习的机会。体验学习 (experiential learning) 是指个体经历某件事并进行反思,同时从经历和反思中获得认知和情感[29]。换句话说,体验学习支持从行为中学习并理解特定情境下的行为结果[30]。Brossard 等应用体验学习理论对康奈尔大学鸟类学教育实验室项目的 eBird 网站进行了评估,揭示了参与项目对志愿者的鸟类生物学知识的显著影响[31]。

(3) 参与公众科学能够获得经验从而导致转化学习[32]。转化学习 (transformative learning) 是指超越了单纯的知识或技能的学习,涉及对自我及世界认识方式的根本性改变[33]。Dean 等对珊瑚礁公众科学活动志愿者的调查显示,通过参与,大多数志愿者更愿意分享有关珊瑚礁保护的信息,增加对海洋科学和保护的支持，并采取新的保护行为[34]。Schuttler 等将生物多样性类的公众科学平台 Mammal 带入到学校课堂，实践中的学习激发了学生们对科学的热情，同时加深了他们对生物多样性保护的认识[35]。

学习理论从产出和影响的视角为公众科学研究提供了理论支撑，在基于群体合作和科研探索的项目环境中，志愿者一方面从参与体验中不断学习相关的知识和技能，另一方面也从经验和反思中产生对自我和世界的新认知，这种认知超越了科学本身，能够带来更深层次的社会影响。

2.1.3 社会技术理论

社会技术理论关注的是组织工作过程中的分析和设计，并强调对其社会和技术子系统进行联合优化和并行设计。公众科学在该体系范畴下的研究涉及认知不公、环境正义、资源动员、行动者网络等理论的应用。

认知不公 (epistemic injustice) 是阐释认知上不公平现象的理论，包括分配性不公 (distributive epistemic injustice) 和歧视性不公 (discriminatory epistemic injustice)[36]。前者指信息、设备或教育等分配不公带来的认知不公；后者指因为歧视、偏见或刻板印象带来的认知不公，又分为证词性不公 (testimonial injustice) 和诠释性不公 (hermeneutical injustice)。证词性不公即说话者的言语受到听者怀疑，由于信用度不足 (credibility deficit) 导致的认知不公；诠释性不公则指在某些特定的环境下，一些人群受到认知的边缘化，从而由于认知上的缺乏导致的不公平。Ottinger 认为一些地区或一些认知结构边缘化的群体区在理解空气质量数据时遇到的困难体现了"诠释性不公"，研究提出利用讲故事 (story telling) 方式加强人们对健康危害和系统性危害的认知[37]。此外，一些环境正义 (environmental justice) 人士将公众科学作为解决不公平的策略，赋权公众，使得公众有效地参与社区建设和决策，以实现环境正义[38]。

资源动员理论 (resource mobilization theory) 把社会运动参与者看成理性行动者，认为资源的组织化程度是决定一项运动成败的关键；组织化程度越高，成功的可能性越大[39]。McCarthy 和 Zald 将资源动员理论描述为机会结构的可用性，以及一个团队获取外部资源的能力，影响着团队实现目标的程度[40]。Nerbonne 和 Nelson 以资源动员理论为基础，从组织视角考察了美国无脊椎动物监测群体的组织模式和手段，以研究不同层级的支持模式对项目的影响，研究发现州一级的组织结构显著影响志愿者活动的特征和成功[41]。

行动者网络理论 (actor-network theory) 本质在于将科学研究与社会联系起来，打破了技术与社会的二元对立的思维方式，强调技术是社会的重要组成部分，社会是科学研究活动顺利开展的前提[42]。Kelly 和 Maddalena 研究了在公众科学项目中作为客体的工具如何与人类行动者一起构成网络利益联盟,研究认为工具不仅起到监视和收集数据的作用,而且能够解释、处理数据,为知识的生产和再生产做出贡献[43]。赵宇翔等通过对公众科学项目的参与者进行访谈,归纳出项目运作机制网络中所包含的行动者,根据行动者网络转译的 4 个步骤对公众科学运作过程进行分析,梳理了各行动者之间的关系,并确定第三方管理机构为核心行动者[44]。

此外,传播学领域的相关理论已被广泛应用于研究科学传播如何影响公众行为及其所产生的结果,如科学素养、科学普及等。譬如,Tang 和 Prestophik 运用框架理论 (framing theory) 探索了游戏框架和任务框架对志愿者参与公众科学行为的影响[45]。Liberatore 等研究了如何利用社交媒体来促进公众参与,认为社交媒体能够为在线社区实践提供环境支撑,以保证分散的志愿者聚集到统一的平台参与科学活动[46]。

社会技术方法有助于探索公众科学技术的优点和局限性,以及了解具体情境下人与技术之间的相互作用。因此,应用社会技术理论可以帮助研究者更深入、更系统地分析公众科学中涉及的人与技术及其带来的影响。

2.1.4 系统设计理论

从系统设计理论的角度来看,公众科学作为一个可持续的生态系统,强调机构运作、平台设计、任务设计和参与者的交互与融合。从这个层面,目前的理论研究主要涵盖转型设计和参与设计、参与式行动研究、游戏化设计等。

转型设计 (transformative design) 意味着根本的改变,是以人为中心的、跨学科的、协作的参与过程,旨在创造个人、系统和组织的行为和形式的理想且可持续的变化[47]。参与设计 (participatory design) 则强调用户参与到设计的过程中,通过考虑目标用户的知识和背景,发掘其潜在需求,从而构建有效的设计解决方案[48]。一些研究将转型设计与参与设计相结合,应用于大型复杂公众科学项目的多阶段迭代过程。譬如,在美国马萨诸塞州的水污染监测项目中,转型设计和参与设计的成功结合得到了很好的体现,参与系统涉及环境正义组织间的密切合作、科学家和设计师共同研究水污染的防治方法以及公民参与水监测的过程。这种多主体的参与式协作能够深化设计流程和参与过程,使新工具、新理论和新方法得以出现[49]。

行动研究 (action research) 是研究人员与参与者基于某一实际问题的共同理解、学习和反思。其目的是将理论与实践相结合,在真实环境中解决科学性的研究问题[50]。行动研究通常包括 5 个步骤:问题诊断、行动计划、行动执行、行动评估和学习反思[51]。Zhao 等认为公众科学项目本身体现出一种迭代发展的思想,因此可以将行动研究的范式应用于公众科学项目运作的各个阶段,具体包括项目目标制订、项目平台设计、志愿者招募与参与、数据质量控制以及项目影响传播[52]。Paige 等基于行动研究法探索了如何将公众科学作为一种教学模式引入到学生教育中,从而提升学生的科学素养[53]。

游戏化 (gamification) 是指将游戏元素运用到非游戏的情境中,最早出现在教育学领域[54]。在公众科学研究中,游戏化的意图是激发用户的初期参与动机,以及维持志愿者对高质量贡献的持续参与动机[55]。譬如,Tinati 等则在研究中发现,公众自身的奉献、学习、归属感需求,以及项目的挑战、娱乐和游戏属性等,都是激励用户参与公众科学项目的重要因素,并且用户持续参与公众科学项目的动机较加入初期可能发生根本性的改变[56]。此外,在公众科学平台设计中加入游戏化元素,不仅可以将用户的参与动机由纯粹的理性追求向自我内在驱动转变[57],还能够让用户在认知、情感和社交上获益[58]。

系统生态设计和技术人工设计强调从整体视角探索设计的优选性、技术的有效性和方案的合理性[59]。公众科学作为大型复杂的协作式科研活动,具有多样性、情境性和动态性等特征,对于全面的、系统的设计、运作和管理具有较高要求,因此,需要从系统理论的角度进一步的探索、思考和具体化。

2.2 协同创新视角下公众科学的主体要素

根据第 1 章的概念解析可知,公众科学实际上是互联网环境下基于群体参与及协作的众包形式,是一种面向科研活动的新型众包模式。众包活动的主体要素对于公众科学的主体要素有较好的借鉴和指导作用。因此,本节首先介绍众包的主体要素,在此基础上,对公众科学的主体要素进行阐释。

2.2.1 众包的主体要素

1. 发包方

发包方指的是企业或者拥有某种任务需要被解决的个体。对发包方来说,他们发布任务有 2 种方式:一种是在公司网站上发布出来,然后用悬赏金的方式吸引网民参与,这种方式除去中间方的介入,在一定程度上降低了解决问题的成本。2007 年 7 月,IBM 发起即兴创新头脑风暴的活动,开发了员工的群体智慧,从而拓展创新的领域。IBM 确定了 4 个主题,并为每一个主题准备了交互式的背景信息。最终,IBM 一共收集了 37000 多个创意,并由员工对收集的这些创意进行筛选。另一种方式则是通过中介平台发布任务,这是目前比较常见的方式,通常是发包方将任务发布在第三方平台上，并说明需要解决的问题、给出的价格及其附属条件等。

2. 接包方

接包方即接收发包方任务的互联网上的众多用户，是指那些通过互联网把自己的智慧、知识、能力、经验转换成实际收益的人，他们在互联网上通过解决科学、技术、工作、生活、学习中的问题从而获取经济收益。过去我们常常把这类群体称作"威客"，威客可以是专业的人士，也可以是兴趣爱好者。根据众包任务的不同，接包方所呈现的群体特征也有所不同。譬如，以创新创意众包为主营业务的猪八戒网 (https://zbj.com/)，其主要接包方是设计爱好者；以软件众包为主营业务的开源中国平台 (https://www.oschina.net/)，其主要接包方是专业开发人员；以外卖送餐为主营业务的美团、饿了么平台，其主要接包方则是普通大众。同时，一些以政府牵头，以社会需求和热点痛点为导向的众包任务则依靠全社会力量，吸引不同领域的接包方。譬如，上海开放数据创新应用大赛 (SODA) 吸引了企业、高校和民间机构共同建设上海市大数据生态，形成了服务数据开放者、产品开发者、应用需求者三方的完整价值体系，激发数据创新应用。

3. 平台

平台基于一定的管理规则连接发包方与接包方。发包方通过与中介平台签订合约，并缴纳一定的保证金，然后在中介平台的任务库中发布自己需要解决的任务及各种要求。接包方则通过网络注册的方式来加入众包平台，在任务库中寻找自己感兴趣且有能力解决的任务。任务完成后，平台将结果反馈给发包方。同时，发包方和接包方也能通过平台进行线上商议。国内外知名的众包平台如 Amazon Mechanical Turk、InnoCentive、猪八戒、任务中国 (http://www.taskcn.cc/) 等。

图 2.1 中展示了众包活动的 3 个主体要素，以及主体间的作用关系。

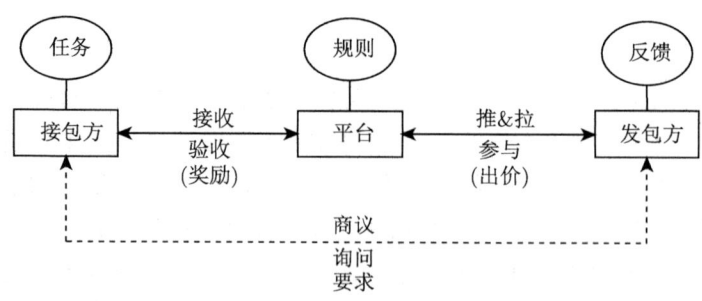

图 2.1　众包活动的主体要素及主体间的作用关系 [60]

2.2.2 公众科学的主体要素

公众科学作为众包模式在科研领域的运用，与传统众包一样，首先由3个主体要素组成：发包方、接包方和平台。其次，由于公众科学项目的本质涉及科学研究任务，这些任务通常具有时间跨度大、范围覆盖广、参与人数多等特征，较之普通众包项目在运作与管理方面更加复杂。因此，第三方机构作为项目的管理方也是公众科学主体要素不可缺少的一部分。

1. 发包方

协同创新视角下，公众科学项目具有发起主体多元性的特征。发包方不再局限为个人及企业，而是以科学家、教育培训人员、技术评估人员等组成的科研团队为主，负责项目的发起和任务的提出。发包方往往立足于具体的科研领域，如生物多样性、环境保护、天文、人文艺术等，具有一定的领域影响力。同时，发起的任务通常针对现实的科学问题，如物种监测与保护、环境污染的改善、历史资料的保存与传播等，具有一定的科学价值及社会意义。

2. 接包方

接包方主要由非职业的科学爱好者和普通志愿者组成。受利他性、认同感、归属感、兴趣爱好等内在动因及外在动因的影响，在新一代互联网环境下，任何人都有成为公众科学家的潜质。他们可以参与到科学活动的一个或多个方面，包括研究方案设计、数据采集、数据分析和处理，以及科研成果的合作发表出版等。值得注意的是，与商业众包项目不同，公众科学项目大部分是非营利性的，因此接包方不会得到物质上的报酬。此外，由于公众科学项目涵盖不同专业领域且具有科学教育属性，因此大部分的公众科学项目会给接包方进行免费培训。

3. 平台

公众科学平台具有明显的中介作用，提供公众科学项目的发布场所。由于项目实施过程的复杂性和动态性，平台作为任务的载体，在整个公众科学项目流程中都发挥着重要作用。目前公众科学项目平台主要分为两类，第三方综合型平台和自设专项型平台。发包方在平台上发布任务后，接包方按照平台的规范、引导参与公众科学项目，平台的功能、相关机会影响平台的有用性和易用性，进而影响公众科学项目的质量和效率。

4. 组织机构

这里的组织机构泛指科学家或科学团队主体以外的创新孵化基地、数字文化基地、众创工坊，甚至一些相关的非营利性组织和政府部门。引入第三方机构这一主体要素能够使项目发包方从纷繁的管理工作中解脱出来，发包方只需要提出科研问题或活动目标，机构便会协助发包方进行项目策划、任务设计、宣传推广、人员招募、激励及培训、团队管理、数据管理等，针对公众科学项目中不同阶段的问题提出切实可行的解决方案。

图 2.2 展示了公众科学的 4 个主体要素，以及主体间的作用关系。

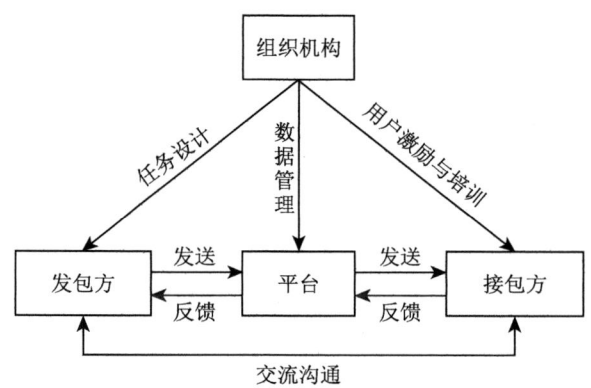

图 2.2　公众科学的主体要素及主体间的作用关系

2.3　协同创新视角下公众科学的分类体系

2.3.1　发包方角度的公众科学分类

一些研究通常倾向将公众科学项目的发包方默认为科学家和科研团队，而忽视了志愿者在项目组织、运作和管理中扮演的重要角色。近几年以草根志愿者为项目发包方及项目组织主力的公众科学实践活动正在逐步兴起并壮大，特别是在生态学、环境科学、人文学等相关领域已经展现出较大的应用前景和价值。因此，从发包方角度可以将公众科学项目分为两类：专家导向型公众科学项目和草根导向型公众科学项目。

1. 专家导向型公众科学项目

专家导向型通常指由科学家或科研机构发起的公众科学项目。在此类项目中，运作流程以科研问题为导向，呈现出自顶向下的运作模式，项目管理较为严谨，呈机械型组织管理模式。整体上看，专家导向型公众科学项目呈现出较为严谨、层级化的特征。具体来看，项目发起团队的每一个成员都有具体的职能化任务，受项目负责人的管理和调配不会因为某一个或几个成员的变动而影响项目的实施进度。然而,这种机械型的公众科学项目组织模式也会带来一定的弊端,如受层级制的束缚,容易导致效率低下、项目组成员工作被动机械、热情度不高,最终可能造成整个公众科学项目为了结项而结项,无法创造出更大的科研价值,从而丧失了公众科学项目"取之于民,用之于民"的初衷。

2. 草根导向型公众科学项目

草根导向型公众科学项目则是指由志愿者、社区或者民间非政府组织(NGO)发起的公众科学项目。在此类项目中,运作流程通常以兴趣或个人使命感为驱动,呈现出自底向上的运作模式,项目管理较为松散,呈有机型组织管理模式。整体上看,呈现出较为松散、扁平化的特征。具体来看,项目组织中没有严格的工作职责分配,志愿者可以根据自己的时间、特长、兴趣等承担不同的工作,具有较强的自主性。即便某些项目的核心成员只占极少数,但因为他们拥有丰富的经验以及对这份工作的热情,这些项目也都取得了不错的进展。同时,这些项目组织中往往不存在绝对的权力中心,或者有多个权力中心,大家相互支持与帮助,每个人在自己最擅长的领域就是领导。草根导向型项目的创始人是因为兴趣走到了一起,管理模式呈现高度的民主化与人性化,这在一定程度上促进了项目的有机发展,然而却存在较为严重的弊端,如意见分歧、人员变动等问题都有可能阻碍项目的发展。

2.3.2 志愿者参与角度的公众科学分类

协同创新视角下公众科学项目的本质则可以被界定为一种价值共创体系,公众和科学家将在这一体系框架下,通过直接或者间接的合作与协同,去解决不同的科学任务。从志愿者参与角度来看,Bonney 等将公众科学项目划分为 3 个主要类型:贡献型(contribution)、协作型(collaborative)和共创型(co-creative)[61]。随后,Shirk 等在此基础上增加两个分类,提出了公众科学项目的 5 种类型,即契约型(contractual)、贡献型、协作型、共创型和共议型(consensus)[62]。从契约型、贡献型到协作型,再到共创型和共议型,志愿者参与的程度逐渐增高,相应地,志愿者所需具备的科学素养和科研能力也逐渐增强。除了共议型项目之外,志愿者与专业科研人员的交互行为某种程度上也取决于其参与的程度。共议型项目在所有公众科学项目类型中具有一定的特殊性,因为在这种类型下志愿者起到的作用已经逐渐向专业科研人员靠拢,其自身已经具备较高的科研能力。

1. 契约型

契约型是指专业科研人员受到公众或社区团体的邀请,进行特定课题的科学项目研究,并将科研成果反馈给公众。在这一过程中,志愿者参与程度较低,大部分科研任务由科学家完成。公众仅邀请科学家实施科学研究并反馈科研成果，在项目实施的主要阶段与科学家基本无直接交流，交互程度较低。

2. 贡献型

贡献型是指项目的定题、研究框架确定、立项等流程一般由专业科研人员进行设计，志愿者仅负责为项目贡献其采集到的原始数据。在这一过程中，志愿者仅在数据采集阶段与科研人员发生交互行为，根据科研人员的要求进行数据收集工作，参与程度较低，且较少发挥主观能动性。

3. 协作型

协作型是指项目的定题、研究框架确定、立项等流程一般由专业科研人员进行设计，志愿者在负责为项目贡献其采集到的原始数据的同时，也要协助科学家进行流程设计完善、分析数据、科研成果的传播等工作。在这一过程中，志愿者的参与涉及科学项目实施过程的大部分阶段，参与程度较高。同时，需要在多方面与科学家协助，交互行为相应较多。

4. 共创型

共创型是指科学家与志愿者共同设计科研项目的一系列流程，志愿者积极主动投身于项目的实施，全面参与科研过程的各个方面。在这一过程中，志愿者的参与基本贯穿了科研项目的各个方面，与专职科学家的参与程度基本对等，参与程度高。同时，志愿者与科学家保持着密切的沟通和互动，发挥了较高的主观能动性。

5. 共议型

共议型是指无专职科研资格的志愿者能够在项目中独立进行研究，并获得专职科研机构或人员在不同程度上的认可。在这一过程中，志愿者可以极大地发挥主观能动性，独立地进行项目中的一部分科研工作，参与程度极高，但与科学家的交互程度相对较低。

2.3.3 任务反馈角度的公众科学分类

公众科学作为在特定情境下的众包任务处理和解决模式，相对于传统的科研形式，具有开放性、互动性、自主性等特征。从任务反馈视角来看，公众科学的价值贡献是多元异构的。整体上体现出非涌现型、涌现型的特征，而涌现型又可以细分为量变式涌现型和质变式涌现型。

1. 非涌现型公众科学

非涌现型公众科学指的是每个个体的贡献都是完备的，并且不能或者不需要对个体贡献进行汇聚，同时发包方对个体贡献可以进行独立评估以及开展最优化选择模式，即只有一个或者少数反馈能够最后胜出。竞赛型公众科学就具有典型的非涌现特征，志愿者独立完成任务并上传结果，最后科学家或者科研团队遴选出具有代表性或者最优的反馈。然而，非涌现型公众科学项目的进入门槛较高，要求志愿者具备较强的知识技能。

2. 量变式涌现型公众科学

涌现型公众科学指的是每个个体的贡献都只是总体的一个部分，需要对个体贡献从样本数量和分布上进行汇总和整合，对个体贡献不必进行单独评估以及最优化选择，相反更关注的是由个体反馈"聚沙成塔"后的总体态势。量变式涌现型公众科学则以较大的样本量为基础，任务偏简单、同质化，单一样本不能解释说明目标问题，需要通过对样本进行统计分析以期获得最终结果。投票型和标注型公众科学就是典型的例子。发包方并不会对单独的结果进行评估和分析，而是需要对一个时间段内回收到的全样本进行描述统计、分布式检验、聚类分析等汇总处理。

3. 质变式涌现型公众科学

质变式涌现则更强调在样本反馈累积的过程中产生质的改进、突破和飞跃，即每个样本反馈的权重并不相同，最终结果的评估并不是从数量上进行汇聚统计，而是关注质量上的递进和提升。质变式涌现型公众科学也为志愿者提供了更多相互协作的可能，最终的结果可能是在每次反馈的基础上进行迭代完善，或者在累积的过程中产生裂变式创新。生物多样性类公众科学项目具有典型的质变式涌现型特征，累积每一次关于生物样本的观察与发现，从而形成最终的科学创新与突破。

2.4 本章小结

本章重点探讨了公众科学的理论体系、主体要素和分类体系，为后续章节的研究奠定理论基础。首先，在理论体系梳理部分，对公众科学研究的理论进行划分和梳理，将其归纳为行为和认知理论、学习理论、社会技术理论和系统设计理论 4 个体系，并分别进行分析论述。其次，在主体要素部分，提出了公众科学活动的 4 个主体要素：发包方、接包方、平台和组织机构。最后，在分类体系部分，从发包方、志愿者参与和任务反馈 3 个角度探讨了公众科学项目的分类。

参 考 文 献

[1] Cialdini R B, Reno R R, Kallgren C A. A focus theory of normative conduct: recycling the concept of norms to reduce littering in public places[J]. Journal of Personality and Social Psychology, 1990, 58(6): 10-15.

[2] 韦庆旺, 孙健敏. 对环保行为的心理学解读——规范焦点理论述评 [J]. 心理科学进展, 2013, 21(4): 751-760.

[3] Cialdini R B, Kallgren C A, Reno R R. A focus theory of normative conduct: A theoretical refinement and reevaluation of the role of norms in human behavior[M]//Advances in Experimental Social Psychology. Salt Lake City：Academic Press, 1991, 24: 201-234.

[4] Preist C, Massung E, Coyle D. Competing or aiming to be average? Normification as a means of engaging digital volunteers[C]//Proceedings of the 17th ACM Conference on Computer Supported Cooperative Work & Social Computing. 2014: 1222-1233.

[5] Rimal R N, Real K. How behaviors are influenced by perceived norms: A test of the theory of normative social behavior[J]. Communication Research, 2005, 32(3): 389-414.

[6] Cooper C, Larson L, Dayer A, et al. Are wildlife recreationists conservationists? Linking hunting, birdwatching, and pro-environmental behavior[J]. The Journal of Wildlife Management, 2015, 79(3): 446-457.

[7] Ajzen I. The theory of planned behavior[J]. Organizational Behavior and Human Decision Processes, 1991, 50(2): 179-211.

[8] Miller W, Liu L A, Amin Z, et al. Involving occupants in net-zero-energy solar housing retrofits: An Australian sub-tropical case study[J]. Solar Energy, 2018, 159: 390-404.

[9] Gharesifard M, Wehn U. To share or not to share: Drivers and barriers for sharing data via online amateur weather networks[J]. Journal of Hydrology, 2016, 535: 181-190.

[10] 张轩慧, 赵宇翔, 王曰芬. 数字人文类公众科学项目冷启动阶段的公众参与动因研究 [J]. 图书与情报, 2019, 39(3): 61-72.

[11] Martin V, Christidis L, Lloyd D, et al. Understanding drivers, barriers and information sources for public participation in marine citizen science[J]. Journal of Science Communication, 2016, 15(2): 1-19.

[12] Curtis V. Motivation to participate in an online citizen science game: A study of Foldit[J]. Science Communication, 2015, 37(6): 723-746.

[13] De Vreede T, de Vreede G J, Reiter-Palmon R. Antecedents of engagement in community-based crowdsourcing[C]//Proceedings of the 50th Hawaii International Conference on System Sciences. 2017.

[14] Ryan R M, Kuhl J, Deci E L. Nature and autonomy: An organizational view of social

and neurobiological aspects of self-regulation in behavior and development[J]. Development and Psychopathology, 1997, 9(4): 701-728.

[15] Geri N, Gafni R, Bengov P. Crowdsourcing as a business model: Extrinsic motivations for knowledge sharing in usergenerated content websites[J]. Journal of Global Operations and Strategic Sourcing, 2017, 10(1): 90-111.

[16] Tajfel H, Turner J C, Austin W G, et al. An integrative theory of intergroup conflict[M]//Austin W G, Worchel S. The Social Psychology of Intergroup Relations, Monterey, CA: Brooks & Cole, 1979: 33-79.

[17] Tipaldo G, Allamano P. Citizen science and community-based rain monitoring initiatives: an interdisciplinary approach across sociology and water science[J]. Wiley Interdisciplinary Reviews: Water, 2017, 4(2): e1200.

[18] Landon A C, Kyle G T, Van Riper C J, et al. Exploring the psychological dimensions of stewardship in recreational fisheries[J]. North American Journal of Fisheries Management, 2018, 38(3): 579-591.

[19] Stryker S, Burke P J. The past, present, and future of an identity theory[J]. Social Psychology Quarterly, 2000: 284-297.

[20] 韩文婷, 宋士杰, 赵宇翔, 等. 数字人文类众包抄录平台中任务绩效的影响因素研究: 基于任务复杂度与领域知识视角 [J]. 图书与情报, 2019, 39(3): 73-84.

[21] Newman G, Zimmerman D, Crall A, et al. User-friendly web mapping: lessons from a citizen science website[J]. International Journal of Geographical Information Science, 2010, 24(12): 1851-1869.

[22] 赵宇翔, 刘周颖, 徐炜翰. 基于 Kano 模型的公众科学平台游戏化要素研究 [J]. 图书与情报, 2019, (3): 38-49.

[23] Galbraith M, Bollard-Breen B, Towns D R. The community-conservation conundrum: is citizen science the answer?[J]. Land, 2016, 5(4): 37.

[24] Festinger L. A theory of social comparison processes[J]. Human Relations, 1954, 7(2): 117-140.

[25] Diner D, Nakayama S, Nov O, et al. Social signals as design interventions for enhancing citizen science contributions[J]. Information, Communication & Society, 2018, 21(4): 594-611.

[26] Laut J, Cappa F, Nov O, et al. Increasing citizen science contribution using a virtual peer[J]. Journal of the Association for Information Science and Technology, 2017, 68(3): 583-593.

[27] Price C A, Lee H S. Changes in participants' scientific attitudes and epistemological beliefs during an astronomical citizen science project[J]. Journal of Research in Science Teaching, 2013, 50(7): 773-801.

[28] Miller J D. The measurement of civic scientific literacy[J]. Public Understanding of Science, 1998, 7(3): 203-224.

[29] Kolb D A, Boyatzis R E, Mainemelis C. Experiential learning theory: Previous research and new directions[J]. Perspectives on Thinking, Learning, and Cognitive Styles, 2001, 1(8): 227-247.

[30] Tuss P. From student to scientist: An experiential approach to science education[J]. Science Communication, 1996, 17(4): 443-481.

[31] Brossard D, Lewenstein B, Bonney R. Scientific knowledge and attitude change: The impact of a citizen science project[J]. International Journal of Science Education, 2005, 27(9): 1099-1121.

[32] Groulx M, Brisbois M C, Lemieux C J, et al. A role for nature-based citizen science in promoting individual and collective climate change action? A systematic review of learning outcomes[J]. Science Communication, 2017, 39(1): 45-76.

[33] Mezirow J. Transformative learning: Theory to practice[J]. New Directions for Adult and Continuing Education, 1997, 1997(74): 5-12.

[34] Dean A J, Church E K, Loder J, et al. How do marine and coastal citizen science experiences foster environmental engagement?[J]. Journal of Environmental Management, 2018, 213: 409-416.

[35] Schuttler S G, Sears R S, Orendain I, et al. Citizen science in schools: students collect valuable mammal data for science, conservation, and community engagement[J]. Bioscience, 2019, 69(1): 69-79.

[36] Fricker M. Epistemic injustice: Power and the ethics of knowing[M]. Oxford: Oxford University Press, 2007.

[37] Ottinger G. Making sense of citizen science: stories as a hermeneutic resource[J]. Energy Research & Social Science, 2017, 31: 41-49.

[38] Dhillon C M. Using citizen science in environmental justice: Participation and decision-making in a Southern California waste facility siting conflict[J]. Local Environment, 2017, 22(12): 1479-1496.

[39] Jenkins J C. Resource mobilization theory and the study of social movements[J]. Annual Review of Sociology, 1983, 9(1): 527-553.

[40] McCarthy J D, Zald M N. Resource mobilization and social movements: A partial theory[J]. American Journal of Sociology, 1977, 82(6): 1212-1241.

[41] Nerbonne J F, Nelson K C. Volunteer macroinvertebrate monitoring in the United States: resource mobilization and comparative state structures[J]. Society and Natural Resources, 2004, 17(9): 817-839.

[42] Callon M. The sociology of an actor-network: The case of the electric vehicle[M]//Mapping the dynamics of science and technology. London: Palgrave Macmillan, 1986: 19-34.

[43] Kelly A R, Maddalena K. Networks, genres, and complex wholes: Citizen science and how we act together through typified text[J]. Canadian Journal of Communication, 2016, 41(2).

[44] 赵宇翔, 刘周颖, 宋士杰. 行动者网络理论视角下公众科学项目运作机制的实证探索 [J]. 中国图书馆学报, 2018, 44(6): 59-74.

[45] Tang J, Prestopnik N R. Exploring the impact of game framing and task framing on user participation in citizen science projects[J]. Aslib Journal of Information Management, 2019, 71(2): 260-280.

[46] Liberatore A, Bowkett E, MacLeod C J, et al. Social media as a platform for a citizen science community of practice[J]. Citizen Science: Theory and Practice, 2018, 3(1): 1-14.

[47] Sangiorgi D. Transformative services and transformation design[J]. International Journal of Design, 2011, 5(2): 29-40.

[48] Qaurooni D, Ghazinejad A, Kouper I, et al. Citizens for science and science for citizens: The view from participatory design[C]//Proceedings of the 2016 CHI Conference on Human Factors in Computing Systems. 2016: 1822-1826.

[49] Perovich L J, Wylie S, Bongiovanni R. Pokémon Go, pH, and projectors: Applying transformation design and participatory action research to an environmental justice collaboration in Chelsea, MA[J]. Cogent Arts & Humanities, 2018, 5(1): 1483874.

[50] Lee A S. Dialogical Action Research at Omega Corporation[Z]. Society for Information Management and The Management Information Systems Research Center, 2004.

[51] Susman G I, Evered R D. An assessment of the scientific merits of action research[J]. Administrative Science Quarterly, 1978, 23(4):390-395.

[52] Zhao Y, Zhang X, Song X. Crowdsourcing in the digital humanities: An action research on the shengxuanhuai manuscript transcription[J]. Conference 2018 Proceedings, 2018.

[53] Paige K, Hattam R, Daniels C B. Two models for implementing citizen science projects in middle school[J]. The Journal of Educational Enquiry, 2015, 14(2): 4-17.

[54] Deterding S, Dixon D, Khaled R, et al. From game design elements to gamefulness: defining"gamification"[C]//Proceedings of the 15th International Academic MindTrek Conference: Envisioning Future Media Environments. 2011: 9-15.

[55] Muldoon C, O'Grady M J, O'Hare G M P. A survey of incentive engineering for crowdsourcing[J]. The Knowledge Engineering Review, 2018, 33: 1-24.

[56] Tinati R, Luczak-Roesch M, Simperl E, et al. An investigation of player motivations in Eyewire, a gamified citizen science project[J]. Computers in Human Behavior, 2017, 73:527-540.

[57] Jung J H, Schneider C, Valacich J. Enhancing the motivational affordance of information systems: The effects of real-time performance feedback and goal setting in group collaboration environments[J]. Management Science, 2010, 56(4): 724-742.

[58] Prestopnik N, Crowston K, Wang J. Gamers, citizen scientists, and data: Exploring participant contributions in two games with a purpose[J]. Computers in Human Behavior, 2017, 68: 254-268.

[59] Carroll J M, Kellogg W A. Artifact as theory-nexus: Hermeneutics meets theory-based design[C]//Proceedings of the SIGCHI Conference on Human Factors in Computing Systems. 1989: 7-14.

[60] Zhao Y, Zhu Q. Evaluation on crowdsourcing research: Current status and future direction[J]. Information Systems Frontiers, 2014, 16(3): 417-434.

[61] Bonney R, Ballard H, Jordan R, et al. Public participation in scientific research: Defining the field and assessing its potential for informal science education. A Caise Inquiry Group Report[R]. Online Submission, 2009: 58.

[62] Shirk J L, Ballard H L, Wilderman C C, et al. Public participation in scientific research: A framework for deliberate design[J]. Ecology & Society, 2012, 17(2):29-48.

第 3 章 公众科学项目的运作机制

公众科学的开展和实施强烈依赖于群体智慧和大众力量，公众参与到数据采集、数据分析和处理等多个方面，帮助科学家及科研团队进行科学分析和发现，总结提炼出有效的运作机制能够帮助公众科学项目更好地开展。因此，本章聚焦于公众科学项目的运作机制，首先，基于文献梳理了典型的公众科学项目运作模式。其次，从理论角度研究了基于科研众包模式的公众科学项目的运作机制。然后，采用多案例分析的方法，从项目发起机构角度提出了我国公众科学项目运作的组织结构。最后，从行动者网络理论的视角研究了公众科学的运作机制。

3.1 公众科学项目的运作模式探讨

3.1.1 公众科学项目的运作模式及实施框架

2009年，Bonney 等基于对康奈尔鸟类科学实验室 (Cornell Lab of Ornithology，CLO) 项目的研究，总结得出公众科学项目的运作模式。该模式将项目的开展与实施分为 9 个阶段[1]：

1. 选择研究问题

公众科学项目的形式主要适用于研究"大规模时空问题"，即所要研究的对象或内容在时间或空间上有较大跨度的问题。其次，为了吸引更多公众参与到科学项目中来，尽量选择通过一些基础性技能收集数据就能解决的问题。

2. 组建项目团队

团队可能由科学家、教育人员、技术人员、评估鉴定人员等组成。在项目规模或组织机构较小导致无法丰富团队成员结构的情况下，项目组织方可以与其他相关组织机构合作开展项目，以丰富团队人员构成的多样性。

3. 开发、测试和完善协议、数据格式以及支持性材料

对项目开展方案、数据格式以及公众的教育支持性材料进行反复设计、测试并修改完善。数据质量的控制是公众科学项目运行过程中的关键步骤，由于数据质量主要受公众在收集数据过程中的主观因素影响，因而公众科学项目中的数据往往存在一定的误差。

4. 招募公众参与者

一般通过媒体公开发布招募公告，直接群发邮件，在杂志或报纸等媒体刊登招募文章或广告等方式招募群众。如果项目对其受众有特定的要求，则招募时需要对公众加以限定，还可以与符合受众要求的群体或组织进行合作。

5. 志愿者培训

在招募公众参与者之后，项目至关重要的一步是为志愿者提供学习性支持，让志愿者接受一定的训练，以加深志愿者对项目以及相关材料的理解，并增强其对自身数据采集能力的自信度。

6. 数据的接收、编辑整理与公布

所有公众收集的数据需要被收录到项目的数据库，并进一步进行编辑和整理，以便于后续的数据分析与处理。科研人员能够根据经验识别出带有系统性或逻辑性错误的数据，并从数据库中删除此类数据以免影响分析结果。

7. 分析和解释数据

公众科学项目中的数据往往呈现的是一般性的现象或大致的模式与框架，需要通过更小规模、更具有针对性的研究来对科学问题进行更深层次的剖析。

8. 宣传项目成果

在项目研究基本完成后，可以通过发表文章、报告等渠道宣传项目的研究成果。对项目成果进行宣传是对团队成员及公众劳动成果的肯定与尊重，同时也能够提升项目的知名度，彰显公众在科学活动中的重要作用，激励更多的公众参与到科学活动中来。

9. 评估项目的后续影响

公众科学项目的最后一个阶段包括对项目的产出及后续影响进行度量与评估，鉴定项目是否完成了其在科学性和教育性上的预期目标，以便于学界今后对项目成果的利用，或指出项目的不足之处以及今后的改善提升策略。

2012年，Shirk等基于上述公众科学运作模式的9个阶段，提出了更具概括性的公众科学项目实施框架[2]，具体如图3.1所示。Shirk指出公众科学项目模式构建的核心是公众参与的质量，实施框架主要包括项目前期输入、项目实施及运行管理、项目产出成果、成果的实践运用、后续影响等阶段。其中项目前期投入必须权衡专业科研人员和公众的科学兴趣，尽量达到两者间的平衡，平衡点可能会因不同项目而异。

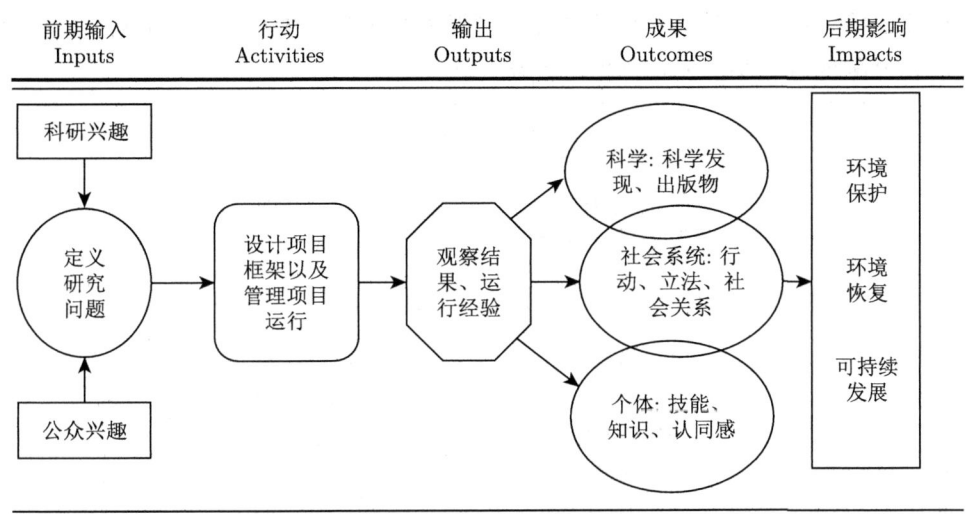

图 3.1 公众科学项目实施框架

3.1.2 案例分析：Evolution MegaLab 项目的运作模式

Evolution MegaLab 项目发起于 2009 年，是为了纪念英国生物学家、进化论的奠基人查尔斯·达尔文诞辰 200 周年而开展的公众科学项目，该项目广泛征募欧洲地区的公众，通过公众对其所在地附近带状蜗牛的数量、外貌特征、受环境影响的程度等信息进行采集，并将公众提交的数据和信息进行整合、分析，根据带状蜗牛的生存及变化状况来对生物进化课题进行研究。之所以选择 Evolution MegaLab 项目作为案例分析的对象，是由于该项目的持续时间较长、影响力较大，运作过程相对成熟，较为完整地展现了公众参与科学活动的过程及对科学活动产生的影响，对于公众科学项目运作机制的研究具有重要借鉴意义。

基于 Bonney 和 Shirk 提出的公众科学项目运作模式和实施框架[1,2]，结合 Evolution MegaLab 项目的运作流程，我们将公众科学项目的运作模式归纳为前期投入、中期行动、后期产出三大阶段，具体如图 3.2 所示。

1. 前期投入阶段

在这一阶段中，项目开展方需要完成项目启动初期的一系列基础性工作，包括项目研究问题的选择与定义、专业科研人员及管理人员团队的组建等。

在进行项目研究问题的选择与定义时，考虑到公众科学项目的公众参与、成员专业素养等因素与特征，可尽量选择所研究的对象或内容在时间或空间上有较大跨度的研究问题，且项目设计者要尽可能将交由公众处理的问题简单化，将研究问题分解成若干小单元，以便于公众理解。

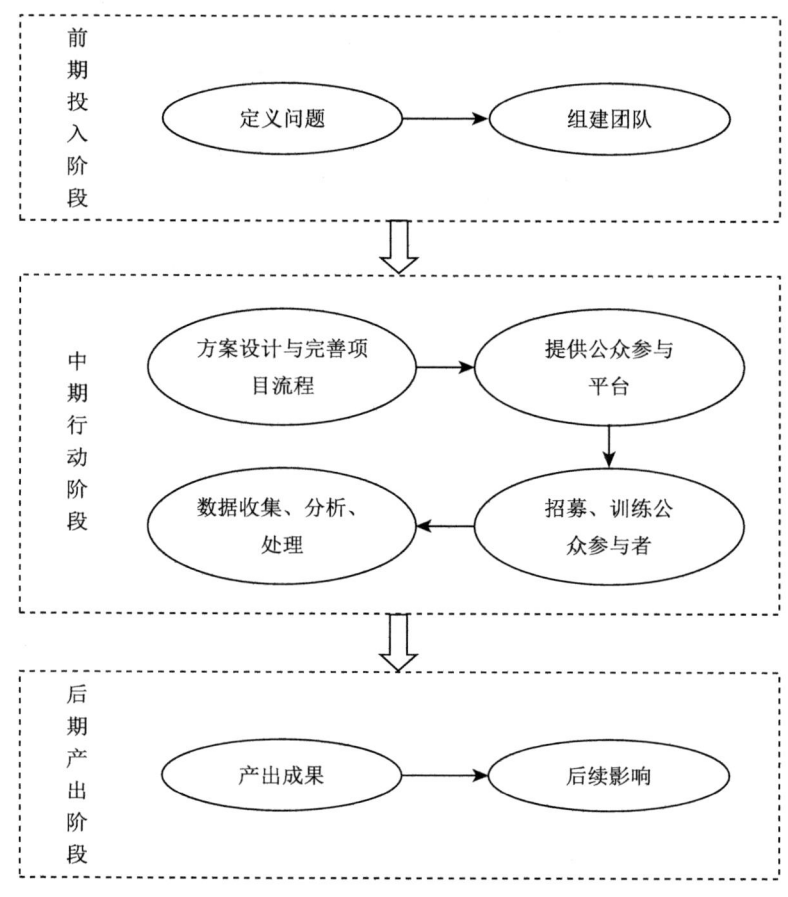

图 3.2　公众科学项目运作模式的三大阶段

在进行项目团队组建时，团队的人员结构应尽量做到多学科、多领域、多层次化，人员组成可能包括专业科研人员、教育及管理人员、专职技术人员、评估鉴定人员等。

2. 中期行动阶段

公众科学项目的主体过程及环节主要集中在这一阶段，包括项目流程的方案设计与完善、公众参与平台的提供、公众的招募与训练、数据收集与数据分析处理等活动。

项目的设计与完善既包括对项目开展过程的设计，又包括对研究方法、公众参与方法、数据格式等细节性问题的设计。可运用迭代法对项目进行设计，即通过反复设计和修改使得项目过程不断完善。在进行项目设计时要注意从公众参与的角度出发，基于公众的专业素养及能力范围来规划项目实施的具体步骤，同时也要注意项目的数据需求以及技术上的可行性。另外，在进行公众参与方法设计时，为公众制订调查协议 (survey protocol) 是十分关键的环节，调查协议应涉及项目要求公众做哪些调查、公众如何进行调查等内容，且协议内容应简单明了，复杂的协议可能导致公众采集错误的数据。

在项目行动阶段中，为公众提供参与科学活动的平台是至关重要的环节。在互联网时代下的公众科学项目中，公众参与平台多以网站、移动端 App 为主，这些平台可以提供在线数据记录、实时地图及拍照等主要功能。优秀的公众参与平台应做到公众进行在线数据录入，并引入数据保证机制；还应提供公众所需的项目相关背景资料、训练材料及资源。开通项目相关的社交媒体平台，如官方博客等，有助于公众在由项目相关人员形成的社区中进行交流互动，增进公众之间及公众与项目组织管理者之间的联系。

在完成项目设计和平台搭建之后，公众科学项目需要招募所需要的公众参与者并对其进行相关训练。首先应明确目标参与者群体，了解公众的参与动机。其次项目组织方可以通过多种渠道招募参与者，如在各种媒体上发表招募公告、学术会议上宣传项目并发布招募信息、直接联系特定公众群体等。招募工作完成后，需要对公众参与者进行训练，以使公众进一步了解项目及相关材料，明确自己在项目中的工作方法与要求，从而提高公众采集数据的质量。

在征募足够数量的公众参与者并进行训练之后，公众开始进行数据采集工作并提交数据，这一阶段的主要工作是零散数据的收集整理、数据处理与分析。公众科学项目一般使用特定的数据库收录公众采集的数据，由相关技术人员对数据集进一步编辑和整理，以便于后续的数据分析与处理。

3. 后期产出阶段

在公众科学项目后期，项目产出的成果主要包括科学性成果和社会性成果，其中科学性成果主要指项目的科研发现、论文及出版物的发表等；社会性成果主要指项目对公众参与者及学界和社会产出的成果，以及带来的后续影响。项目的科研成果应主要从项目的科学贡献和科学文献成果两方面来进行评估[3]。此外，宣传项目成果也具有重要意义，一方面是对整个项目团队及公众的付出和成果的肯定与尊重，另一方面能够扩大项目成果的影响力，提升项目知名度，凸显公众在科学活动中的重要作用，从而为公众科学项目吸引更多公众参与者。

3.2 科研众包视角下公众科学项目运作机制

3.2.1 科研众包的本质和核心驱动

科研众包的本质可以追溯到开放创新的理念。在科研众包情境下，公众科学项目显示出"任务驱动、目标导向"的特性[4]。无论是科学家或者科研团队提出任务，还是科研众包平台部署和分发任务，以及志愿者和大众参与解决任务，乃至最后科研团队和有关部门评估任务完成情况，都可以清楚地看到，任务作为核心属性贯穿了整个科研众包的流程。同时，科研众包的目标也需要在活动执行前预设，并在开展过程中不断补充完善，特别是如何保障科研目标、社会目标以及个体目标的同步发展和达成，是实施科研众包活动所必须重视的环节。

从科研众包的核心驱动要素看，志愿者、组织/社会和技术构成了主要力量。首先，从大众参与的角度，志愿者的时间盈余和认知盈余推动了科研众包的发展，有时间参与及有能力参与构成了科研众包活动有机成长的源动力。其次，从组织和社会的角度，现实的需求和可行的任务拉动了科研众包的发展。越来越多的科研项目需要大众不同程度的参与，同时，合理分解和设计的任务也能更好地降低用户的参与门槛和进入壁垒。最后，从技术的角度，移动互联网革新和智能终端普及加速了科研众包的发展，大众可以随时随地用各类 ICT 设备记录、捕捉、创作并共享不同粒度和类型的数据和信息，并借助社会化媒体进行无障碍沟通与协作。具体如图 3.3 所示。

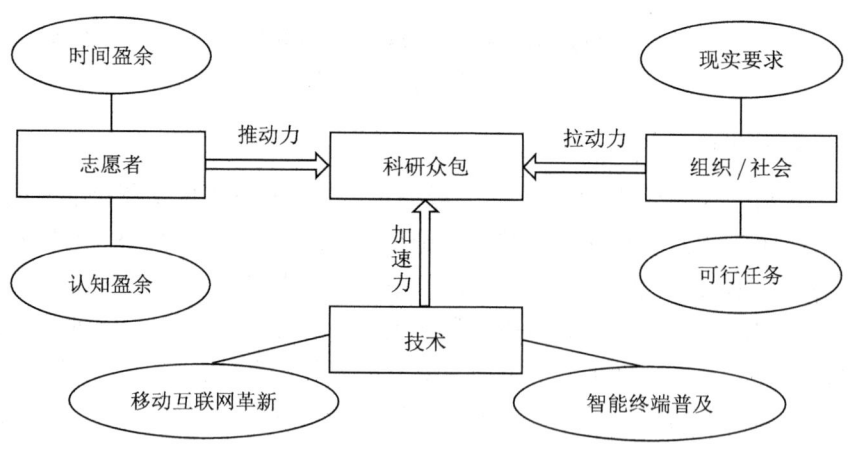

图 3.3 科研众包的核心驱动力

3.2.2 基于科研众包的公众科学项目运作模式

基于科研众包"任务驱动、目标导向"的特性，公众科学项目强调任务在运作流程中的重要作用。传统的众包研究中任务通常被作为其他实体的属性，这种做法在一定程度上隐藏了很多具体的操作步骤，因为事实上每个实体都会和任务发生联系。因此，本书认为科学任务应作为弱实体（即依赖于强实体而存在，也可作为强实体的属性）与其他 4 个实体（即公众科学 4 个主体要素）产生联系。具体如图 3.4 所示。

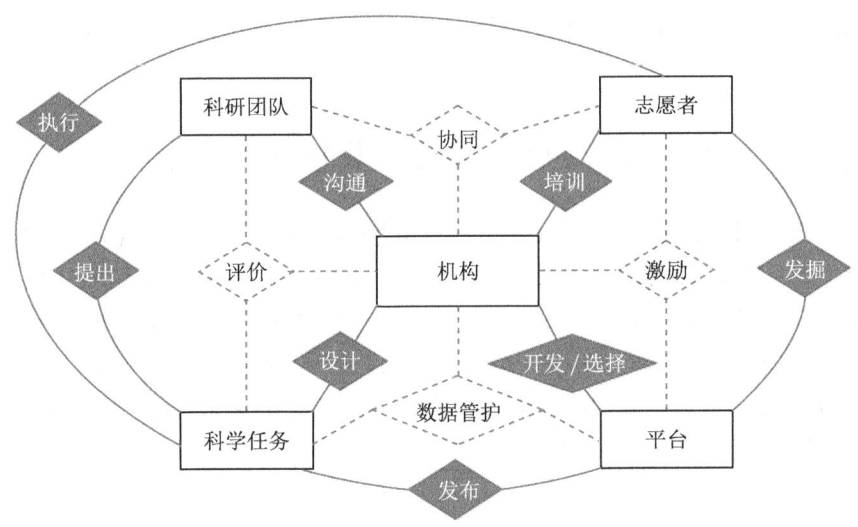

图 3.4 科研众包视角下公众科学项目的运作模式

基于科研众包的公众科学项目运作模式的 8 个主要步骤包括：①科研团队提出科学任务；②机构与科研团队沟通，从而明确科学任务；③机构在针对科研团队需求分析的基础上设计科学任务，即对任务进行必要的界定、明晰和分解；④机构开发或选用相关的科研众包平台开展公众科学项目；⑤科研团队在平台上发布设计好的科学任务；⑥平台发掘相关志愿者并进行任务推送；⑦机构对相关志愿者进行必要的科学素养及信息素养的培训；⑧志愿者执行并完成相关的科学任务。这 8 个步骤构成了公众科学项目运作的基本流程。

除此之外，还有 4 个步骤能进一步提升公众科学项目的执行效率和成功率，分别是激励、协同、评价和科研数据管护。这 4 个步骤都经由 3 个实体的交互而实现，并且每个步骤都需要以机构为主导来推动，从而进一步体现出公众科学项目运作模式中组织机构的特色。其中，激励机制是机构为了更好地吸引志愿者参与公众科学项目,而在平台上开展的一系列激励设计工作。目前有一些针对公众科学项目开展的游戏化研究都致力于解决这个问题[5-7]。协同机制是机构为了更好地联系科研团队和志愿者而开展的一系列直接或间接、线上或线下的活动,目标是为了让两个主体更好地理解对方的诉求,消除刻板印象,从而产生更高效的协作和配合。评价机制是机构帮助科研团队更好地对回收到的任务反馈进行质量评估和控制,一方面可以减轻科研团队的工作负担,另一方面可以更为客观地评估公众科学项目的结果,即在科学目标的测评之外,更全面地将教育目标和社会目标等评估指标纳入评价体系。数据管护机制是指机构对平台上的任务进行全生命周期的科研数据监管和维护,并在此基础上开展相应的知识发现和知识创新服务。

3.3 公众科学项目运作的组织结构

基于发起机构的公众科学可以分为专家导向型和草根导向型(详见 2.3.1 节),不同类型发起机构的公众科学项目呈现出不同的运作机制和组织结构。接下来结合我国公众科学项目的实施现状,选取 8 个我国公众科学项目的典型案例(表 3.1)进行分析,将专家导向型公众科学项目的运作流程归纳为自顶向下式,草根导向型公众科学项目的运作流程归纳为自底向上式,并分别从前期、中期、后期 3 个阶段展开讨论。具体运作流程如图 3.5 所示。

表 3.1 我国公众科学项目的典型案例

项目名称 (网址)	项目领域	发起机构	机构类型
公众超新星搜寻 http://psp.china-vo.org/	天文学	明星天文台	草根志愿者团体
		中国虚拟天文台	科研机构
历史文献众包 http://zb.library.sh.cn/	数字人文	上海图书馆历史文献众包中心	科研机构
带豹回家 https://homingleopards.org/	生物多样性	中国猫科动物保护联盟	草根志愿者团体
中国自然标本馆 http://www.cfh.ac.cn/	生物多样性	中国科学院植物研究所	科研机构
白鸟湖湿地保护 http://wildxj.cn/bainiaohu/	生态保护	荒野新疆	草根志愿者团体
中国自然观察 http://www.chinanaturewatch.org/	生物多样性	山水自然保护中心	草根志愿者团体
荒野追兽 http://wildxj.cn/zhuishou/	生物多样性	荒野新疆	草根志愿者团体
中国观鸟记录中心 http://www.birdreport.cn	鸟类学	全国观鸟组织	草根志愿者团体

3.3 公众科学项目运作的组织结构

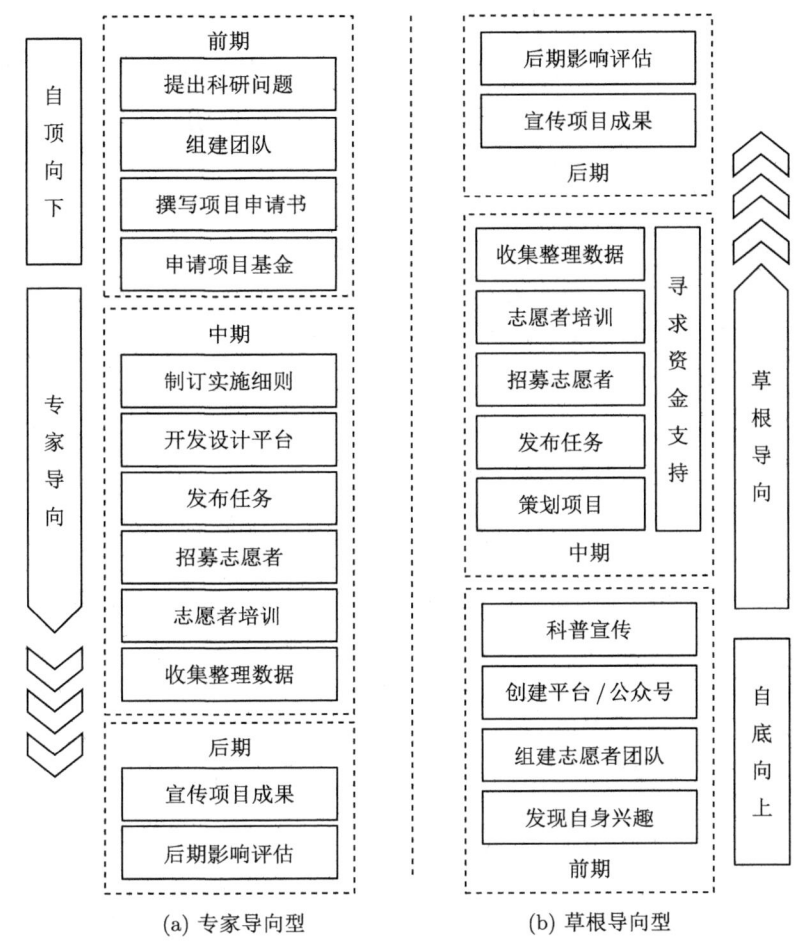

图 3.5 公众科学项目的运作流程

3.3.1 专家导向型——自顶向下

1) 前期：项目发起方 (科学家/科研机构) 开展项目初期的基础性工作，包括提出科研问题、撰写项目申请书、申请项目基金以及组建团队

科研问题的选择主要涵盖：①数据密集型问题，即单一机构无法完成大体量数据的采集、整理、抄录、分类、标注等工作，亟需大众力量的辅助。国内典型的案例有历史文献众包、公众超新星搜寻、中国自然标本馆；②科研疑难型问题，即科研人员遇到研究瓶颈，试图借助大众智慧寻找突破。这类问题通常对公众能力的要求较高，目前国内鲜有这方面的案例，国外的典型案例如折叠蛋白质 (Foldit)[8]等。在组建项目团队环节，由于科研机构的资源较为丰富，所以团队的人员结构

体现出多学科、多领域、多层次化的特征。譬如，由上海图书馆历史文献众包中心发起的历史文献众包项目，其团队成员包括上海图书馆数字人文研究员、高校教授、历史领域专家、系统开发人员等。随后，依照科研团队申请项目的流程，针对科研问题撰写公众科学项目申报书，同时申请国家或地方性的基金资助，譬如，中国自然标本馆平台属于科技部"国家基础科技条件平台"的"标本资源的标准化整理、整合与共享平台建设"项目以及"十一五"国家科技支撑计划重点项目。

2) 中期：公众科学项目投入运作的主要环节，包括制订实施细则、开发设计平台、发布任务、招募志愿者、志愿者培训、收集整理数据

制订实施细则既包括对项目开展过程的设计，也包括对研究方法、公众参与方法、数据格式等细节性问题的设计。这个过程通常不是一蹴而就的，而是根据后期的实施进程不断迭代和完善，譬如对平台的更新、对招募策略的改进等。与此同时，开发设计平台对于专家导向型公众科学项目是非常值得重视的一个步骤。因为此类项目通常没有志愿者基础，需要面临项目初期的冷启动问题。在这种情况下，平台作为连接志愿者和项目的接口，起到至关重要的作用。国内的专家导向型公众科学项目以自建专有平台为主，平台上提供数据录入、项目介绍、简单培训、数据管理等功能，并且根据用户需求不断开发新功能。譬如，历史文献众包平台自其上线一年多来，项目组针对志愿者提出的需求和反馈对平台进行不断的改进，目前已推出二期平台。平台搭建完成后便是发布任务的环节，科研机构倾向将任务进行简单化、单元化处理，从而不给志愿者造成过多精力上的负担。随后，在志愿者招募与培训阶段，首先是聚焦目标群体，科研机构通常会利用自身资源，选择合适的时机进行项目的宣传推广，譬如学术会议、知识竞赛等；其次对志愿者进行培训，专家导向型公众科学项目中并没有体现出完善的培训机制，而是倾向以平台说明的形式进行简单指导。究其原因，研究认为，一方面，目前我国专家导向型公众科学项目的任务难度不大；另一方面，科研人员通常有繁重的科研任务，因此也没有时间给志愿者进行系统性培训。最后，对于志愿者提交的数据，一般由相关技术人员对数据进行进一步编辑和整理，以便后续的数据分析与处理。譬如，中国自然标本馆平台上的动植物物种照片分类。

3) 后期：公众科学项目的成果产出阶段，包括宣传项目成果和后期影响评估

宣传项目成果主要通过论文、公开出版物、项目阶段报告、平台发布等渠道进行科学成果的展示；后期影响主要指项目对公众、学界和社会带来的影响。后期成果产出实际上是评定公众科学项目的科学价值以及社会价值的重要阶段，一方面是对整个项目团队和公众的付出的肯定；另一方面能够扩大项目成果的影响力，提升公众的科学素养[9]。我国专家导向型公众科学项目均是长周期、大尺度

的项目，目前处于中期实施阶段，所产出的成果仍然比较有限。譬如，以"中国自然标本馆"为关键词在百度学术中检索，目前仅可以检索出不到 10 篇文献。

3.3.2 草根导向型——自底向上

1) 前期：项目发起方 (民间志愿者、社区、NGO) 根据自身兴趣尝试开展一系列活动，包括发现自身兴趣、组建志愿者团队、创建平台/公众号、科普宣传

从我国公众科学的案例来看，多数草根导向型公众科学项目的发起人都是从兴趣出发的。譬如，荒野新疆最早是一个户外运动团队，一次野外蝴蝶考察的户外经历使得组织负责人认识到环境中的脆弱面，从而开始逐步转型为环境保护组织。类似地，带豹回家的发起人亦是因为对大型猫科动物的热爱，从而投身到公益事业中。一方面，兴趣趋向一种主动性，使其内心愿意投入到某件事物上；另一方面，兴趣让其产生更深刻的思考，并且从中找到社会使命感。随后，这些志愿者利用线上社交平台 (如微博、豆瓣、贴吧等) 以及线下户外活动寻找志同道合的朋友，从而组建一个类似于兴趣联盟的志愿者团队。早期的团队组建完毕后，创始人们在进行小规模活动的同时，利用互联网渠道创建对外展示的平台，记录团队活动的内容，展开科普宣传，从而吸引更多关注。值得注意的是，由于草根导向型项目的前期资金有限，所以前期主要是借助于第三方公共平台作为活动展示及科普宣传的窗口，譬如微博话题、微信公众号等。同时，除了线上的科普宣传外，志愿者们也会走进社区开展一些线下活动，如白鸟湖湿地保护项目启动前期曾以白头硬尾鸭这个濒危物种为主题，利用捏泥塑的方式让社区居民了解白头硬尾鸭的体貌特征，进而加深公众对于濒危物种的认识。总的来说，在草根导向型公众科学项目发展的前期，兴趣是重要的驱动力。

2) 中期：项目发起方 (民间志愿者、社区、NGO) 由前期的兴趣驱动逐渐转为使命驱动，并尝试发起一些科研性质的长周期活动，科学家则作为顾问为项目提供咨询和指导。这一阶段包括策划项目、发布任务、招募志愿者和培训、收集整理数据，同时试图从多渠道募集项目资金

项目策划通常由团队创始人共同完成，主要包括制订项目目标、定义项目阶段、估算项目成本、时间、技术等。从目前来看，我国草根导向型公众科学项目的目标大部分都是为了保护生态环境，寄托了志愿者们对生态环境的美好愿景。与专家导向型项目简单化、单元化的任务属性不同，草根导向型项目的任务更具探索性、协作性、区域性，并且有较强的实地参与性。同时，相比基于平台操作的任务的灵活性，此类任务对志愿者的时间、精力以及户外能力的要求较高。譬如，中国观鸟记录中心举办的香格里拉观鸟节活动，邀请全国鸟类爱好者集结在香格

里拉参加为期两天的观鸟拍摄任务,志愿者们可以组队也可以单独行动,跋山涉水、餐风饮露为该地区的鸟类普查做出科学贡献。在志愿者招募阶段,事实上前期的志愿者团队活动以及面向大众的科学宣传活动已经为项目积累了一定的目标群体,那么对于如何吸引潜在志愿者,各个项目有其不同的特点,常见的有:在微信、微博等社交媒体发布志愿者招募信息;寻找与企业、其他 NGO 团体以及学校社团的合作机会;发动项目区周边居民的力量;举办亲子活动、竞赛等。总的来说,草根导向型项目尝试使用多重渠道,借助多方力量,从而吸引更多志愿者加入到行动中。在志愿者培训阶段,通常采用老志愿者带新志愿者的模式进行团队活动,同时,项目创始人也会亲力亲为,为志愿者们进行相关培训。我国草根导向型项目的数据是多样化的,如摄影照片、红外设备监测数据、地理位置数据、村落的摸底走访数据、保护区居民的访谈数据等。这些数据在物种监测、生物多样性保护、环境治理方面具有巨大的科研价值。因此在数据分析阶段,项目方会借助科研人员的力量,共同对这些数据进行整理分析。此外,经费困难是草根导向型公众科学项目遇到的普遍问题,前期暂未形成规模时往往是由几个创始人自己垫资,后期稍有影响力后项目方会通过以下几个渠道筹集资金:一是在公益平台上发起筹款,例如带豹回家项目在腾讯公益募捐平台上共筹集资金 439909 元;二是寻求企业资助,例如汇丰银行资助的中国自然观察项目;三是申请公益基金会的支持,例如北京巧女公益基金会对白鸟湖湿地保护项目的支持。

3) 后期:草根导向型公众科学项目的成果产出阶段,包括宣传项目成果和后期影响评估

目前来看,我国草根导向型公众科学项目集中在生态保护、生物多样性等自然科学领域,这些项目的发起方共同形成了一个有机的整体。他们会定期讨论、交流项目经验;将一手数据编纂成册,以供公众查阅;开展项目报告会,分享阶段性成果;同时也会共同举办科普展,向大众普及科学知识。另外,这些项目的数据均是开放获取,已经有学者尝试使用这些数据进行科学研究,并取得了一定的科研成果,譬如北京大学自然保护与社会发展研究中心利用中国自然观察的数据在生物多样性的国内外核心期刊中发表了多篇文章[10,11]。总的来看,我国草根志愿者团队一直为发展环境保护事业而不懈努力,并且在科普扫盲、政策倡导方面做出了突出贡献。

3.3.3 我国公众科学项目的组织管理框架

我国两种主导模式的公众科学项目均存在各自的利与弊。其中,专家导向型公众科学项目虽然有较为充沛的资金以及较强的科研价值,但科研的"高帽"下

容易导致项目不接地气,从而缺乏群众基础。同时,科学家和科研团队作为项目的管理者,往往精力有限,致使项目推进较为缓慢。草根导向型公众科学项目虽然具有一定的群众基础并且体现出较强的社会价值,但是由于项目资金匮乏、管理松散等问题不可避免会影响项目的实施规模。通过分析不难发现,这两种主导模式的项目在利与弊上呈现出一种互补的状态,二者可以通过合作来取得平衡。与此同时,目前在项目管理、信息资源管理等领域已经积累了一些成熟的理论及实践经验,但尚未被我国公众科学项目所重视。部分科学家/科研机构发起的项目有体制内的弊病,但缺少体制内的影响力;而草根发起的项目常常过度依赖创始人,项目没有真正被组织起来。关于这个问题,国内外的学者提出了自己的见解,譬如,Newman 等认为未来的公众科学需要成立项目小组去协同政府部门、企业、协会、期刊以及网络基础设施等,共同打造更好的公众科学服务模式[12]。我们认为应加入第三方组织机构 (如知识服务机构、数字人文基地等),通过构建矩阵式项目管理机制,去驱动、管理并维系公众科学项目的发展[13]。我们认为加入第三方组织机构是进一步发展我国公众科学实践项目的必要之举。鉴于此,本章提出机构视角下我国公众科学项目的管理框架 (图 3.6)。事实上,引入第三方机构能够使项目发起方从纷繁的管理工作中解脱出来,发起方只需要提出科研问题或活动目标,机构便会协助发起方进行项目策划、任务设计、宣传推广、人员招募及培训、团队管理等,针对公众科学项目中不同阶段的问题提出切实可行的解决方案。同时,第三方机构可以在专家导向型项目和草根导向型项目之间搭起一座桥梁,发挥二者的优势,实现两类项目中发起方、志愿者、平台、任务的协同发展,完善制度、强化管理,从而进一步推进 "互联网+" 环境下科研众包的服务模式。

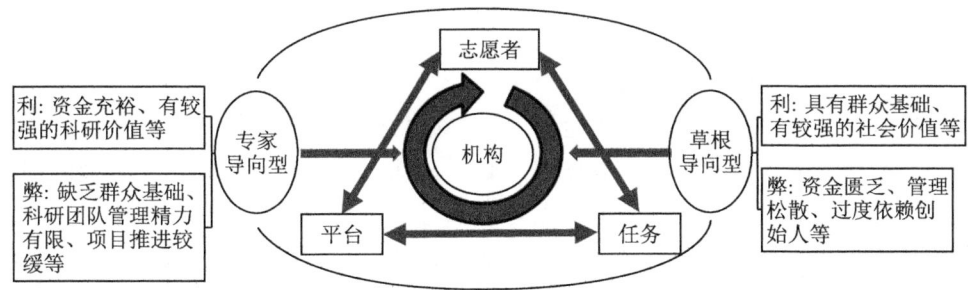

图 3.6 我国公众科学项目的组织管理框架

3.4 基于行动者网络理论的公众科学项目运作实证探索

3.4.1 行动者网络理论

行动者网络理论是 20 世纪后半叶,由科学知识社会学家 Callon[14]、Latour[15]、Law[16] 等提出的理论。行动者网络理论的本质在于将科学研究与社会联系起来,打破了技术与社会的二元对立的思维方式,强调技术是社会的重要组成部分,社会是科学研究活动顺利进行的前提[17]。据此,行动者网络理论将科学研究从更为宏观的社会层面进行分析,充分调动社会网络中各异质行动者的积极性。其中,异质行动者包括人类行动者 (如组织、个人等) 和非人类行动者 (如物质、意识等)[18]。另外,行动者网络理论基于广义对称性原则 (generalized symmetry principle),即将人类行动者与非人类行动者置于同等重要的位置,并通过转译来分析各行动者的障碍、利益以及各行动者之间的相互联系、作用和影响。随后,将各行动者的利益结合起来,从而形成一个动态的行动者利益联盟。对于转译这一过程,Callon 进行详细地描述,包括问题化 (problematization)、利益赋予 (interessment)、招募 (enrollment) 和动员 (mobilization)4 个步骤[19]。各行动者也必须要通过"强制通行点"(obligatory passage point,OPP),即行动者网络发起者根据自己的目标,对各行动者所面临问题提出的解决措施。各行动者对强制通行点问题解决的满意程度,决定其是否能顺利进入行动者网络,以及行动者网络利益联盟的稳定程度。行动者网络理论提供了一个较为系统的视角,在社会学、计算机科学、教育学、管理学等学科都有较为广泛的运用。通过分析行动者的目标、面临的障碍、利益能够较为全面地分析公众科学项目管理中涉及的行动者及其之间的关系,为深入探究项目的运作机制提供坚实的理论基础。

3.4.2 访谈设计及样本选择

目前,国内外有关公众科学运作机制的实证研究较少,缺乏相关的数据支撑,因此,本章采用开放式访谈来获取有关数据。基于行动者网络理论中涉及的问题化、行动者识别、转译和强制通行点 4 个概念,对公众科学的运作机制进行访谈设计与解构。访谈内容分为 3 个部分:第一部分,了解受访者的基本信息,如年龄、教育背景、学科背景、参与过的公众科学项目等;第二部分,了解公众科学项目各行动者的任务和彼此之间的关系,如参与公众科学的方式、对公众科学的认知、所要承担的任务,以及与其他行动者的联系等;第三部分,了解公众科学项目中各行动者的障碍和利益,以及对公众科学项目的建议,如参与过程所面临的难点、获得的利益、公众科学项目成功实施过程中的关键要素、公众科学项目运作机制的改善建议等。希望通过此次访谈,逐步梳理出公众科学中行动者要素的构成,了解各行动者在参与公众科学过程中的联系,并依照转译的 4 个步骤对现有的公众科学的行动者构成进行解析,分析各行动者的障碍与利益因素。希望能够为后续的公众科学项目运作机制研究提供参考。

根据公众科学运作过程涉及的行为主体,将公众参与者、项目组织人员和专业科研人员、任务设计人员、数据管理人员、平台开发与设计人员作为访谈对象。研究通过众包社区、豆瓣小组、微信朋友圈、知乎论坛等社会化媒体邀请有意愿参与本次访谈的公众参与者 (60 人);通过高校联系正在主持或参与公众科学项目的专业科研人员 (12 人);通过数字人文机构联系负责公众科学项目的相关人员 (32 人)。最终经过分层抽样,选取了 24 位公众参与者、6 位专业科研人员、4 位项目组织人员、4 位任务设计人员、4 位数据管理人员和 4 位平台开发与设计人员,共计 46 人。根据受访者在公众科学项目中所扮演的角色,对每位访谈者进行编号,并按照性别和受教育程度进行分类,访谈对象的基本情况如表 3.2 所示。

表 3.2 访谈对象的基本信息

访谈对象	编号	性别	年龄/岁	受教育程度	学科背景
公众参与者	C1~C6	男	24~28 (3 人),31~45 (3 人)	本科	计算机科学、统计学、物理学、生命科学、电子科学与技术
	C7~C12	女	26~30 (3 人),31~48 (3 人)	本科	高分子材料、市场营销
	C13~C18	男	26~33 (3 人),36~43 (3 人)	研究生	管理科学与工程、地质学、环境科学、新闻传播、历史学
	C19~C24	女	24~35 (3 人),40~46 (3 人)	研究生	天文学、艺术设计、护理学、材料科学、社会学
专业科研人员	R1~R3	男	32 (1 人),36~56 (2 人)	研究生	生物学、计算机科学、地理信息系统
	R4~R6	女	38 (1 人),35~45 (2 人)	研究生	管理科学与工程、计算机科学、图书情报
项目组织人员	S1~S2	男	33~39 (1 人),41~46 (1 人)	研究生	生物学、环境科学、天文学、图书情报
	S3~S4	女	37~42 (1 人),51~54 (1 人)	研究生	地球科学、农学、水资源保护、高分子材料
任务设计人员	T1~T2	男	27~35 (2 人)	本科 (1 人)、研究生 (1 人)	市场营销、视觉传达
	T3~T4	女	28~34 (2 人)	本科	广告学、动画学
数据管理人员	D1~D2	男	26~40 (2 人)	研究生	计算机技术、网络技术
	D3~D4	女	27~37 (2 人)	研究生	计算机技术、软件工程
平台开发与设计人员	P1~P2	男	25~35 (2 人)	本科 (1 人)、研究生 (1 人)	计算机技术
	P3~P4	女	25~40 (2 人)	本科 (1 人)、研究生 (1 人)	计算机技术、设计学

访谈者的年龄主要分布于 24~56 岁，受教育程度均为本科及研究生学历，学科背景比较多样，有计算机技术、地理信息系统、高分子材料、网络技术等工科，也有管理科学与工程、图书情报、社会学、新闻传播、市场营销等人文社科类学科，还有天文学、物理学、地质学、生物学等理科。在访谈过程中，围绕设计的访谈内容对其进行访谈，每次访谈时间约为 60~70 分钟。在受访对象的同意下，对访谈过程进行全程录音并在访谈结束后将其转化为文字资料。

3.4.3 公众科学项目中的行动者网络

公众科学网络中人类行动者既包括公众参与者、专业科研人员、项目组织人员、任务设计人员、数据管理人员、平台开发与设计人员等个人，也包括科研机构/团队、第三方管理机构等组织。非人类行动者包括培训资源、智能终端、移动互联网、科学研究设备等物质范畴要素，也包括知识、技能和经验等意识形态要素。通过对访谈资料的整理与分析，各个行动者之间的关系表现：

科研机构/团队、第三方管理机构和平台是公众科学项目顺利展开的重要支撑。科研机构/团队能够提供一定的物质资源来配合公众科学项目的展开。第三方管理机构能够协调公众参与者与科研机构/团队之间的沟通与合作。一方面，第三方管理机构通过指导项目组织人员对公众参与者的培训，使其能够顺利地参与到公众科学项目中，并且通过指导任务设计人员将科学家的科研任务以易于理解的方式向公众参与者展示，搭建科学家与公众参与者之间的沟通桥梁；另一方面，第三方管理机构通过指导数据管理人员来确保数据的安全和质量，为科研机构/团队后期的数据分析工作打好基础。平台提供了公众参与科研众包的方式和机会，也为项目组织人员、任务设计人员和数据管理人员提供了管理公众科学项目的渠道。

专业科研人员是公众科学项目的研究主体，公众参与者是公众科学项目的参与主体，项目组织人员、任务设计人员、数据管理人员、平台开发与设计人员是科学研究的辅助。首先，通过与第三方管理机构的沟通，平台开发人员搭建公众科学平台，提供公众参与者参与渠道并为任务设计、激励机制设计、数据上传与存储等提供相应的技术支撑。随后，项目组织人员招募和培训公众参与者，使公众参与者逐渐掌握公众科学项目实施必备的知识、技能和经验。接着，任务设计人员对任务进一步明确与设计，并利用公众科学平台、社交媒体等渠道发布任务。在公众参与者完成任务后，数据管理人员主要负责对公众参与者上传的数据进行安全维护，以及对数据质量的控制。专业科研人员对数据进行处理和分析。

培训资源、智能终端、移动互联网、科学研究设备是公众科学网络中的重要构成，也是公众科学项目能够高效实施的保障。培训资源能够帮助公众参与者提升自身的科学素质。由于大多数的公众科学项目要求公众参与者以线上或线上和线下相结合的方式来完成，所以，智能终端和移动互联网是公众科学项目参与的必要物质条件。现代化的科学研究设备能够帮助研究人员对公众参与者所上传的资料和数据进行更为细致的分析。

知识、技能和经验是科学研究环节的必备要素。项目发布与组织人员需要具备一定的知识、技能和经验来分解任务。专业科研人员需要具备一定的知识、技能和经验来评估与分析数据。公众参与者的知识、技能和经验水平也会对公众科学的顺利展开产生一定的影响。因此，大部分公众科学项目在招募公众参与者之后，都会对其进行培训，帮助其了解项目运作的过程。甚至有些专业性较强的公众科学项目，直接在特定的高校专业或者民间团体中招募具备特殊知识素养的人员进入研究项目。实际上，公众科学项目运作的顺利与否，产出的成果能否经过同行检验，都直接取决于公众参与者的知识、技能与经验。

3.4.4 公众科学网络中异质行动者的转译过程分析

本节将基于 Callon 提出的问题化、参与、招募和动员这 4 个转译步骤[19]，通过对访谈资料的梳理，逐步确定核心行动者、分析行动者的障碍和利益以及可以克服障碍的方法，以此来帮助公众科学行动者网络形成稳定的利益联盟。

1. 问题化——确定核心行动者

在行动者网络理论中，相比于其他行动者，核心行动者具有更高的权威性，是共同目标和强制通行点 (OPP) 方案的提出者，是异质行动者矛盾与冲突的化解者，是网络中各个行动者的协调者和管理者。

目前，公众科学项目一般由科研机构/团队发起，如康奈尔实验室发布的 eBird 项目。该项目凝聚全球鸟类爱好者，共有三十多万人参与并贡献了大量珍贵的鸟类研究数据信息。我国目前也在效仿其公众科学的研究模式，典型的案例就是 2007 年中国科学院植物研究所建设的中国自然标本馆生物多样性信息平台，旨在推动中国范围内的植物物种分类系统的建立。总的来说，科研机构/团队对公众科学项目的实施起到了重要的引领作用。根据项目规划和研究目标，科研机构/团队利用其在相关领域内的领导地位召集专业科研人员，并提供相关的培训资源、智能终端、移动互联网、科学研究设备，使得公众参与者能够利用相关知识和技术独立地进行观测、收集数据，同时，专业科研人员也能够利用相关资源进行科学研究，为科学研究的顺利进行提供保障。但是，值得注意的是，科研机构/团队和专业科研人员共同在公众科学项目的运作过程中主要承担的是数据分析、科研成果的产出等研究工作，并不能起到化解行动者网络中行动者之间矛盾与冲突的作用，所以，科研机构/团队和专业科研人员不能担任公众科学项目中核心行动者的角色。

公众参与者是公众科学项目的重要参与主体。在访谈过程中，有些被调查者 (C2，C17) 认为公众科学应该由专业的人士来完成，自身缺乏所需的专业素养，并且只有较少的时间来支持研究。他们的知识、技能和经验在不接受培训的前提下能否完成相应的公众科学研究项目还有待商榷。另外，公众参与者没有完全深入地了解公众科学的运作机制、无法清楚地认识到行动者网络中的各行动者之间的利益关系。并且，公众参与者对同处于网络节点中的其他行动者也无法起到足够的约束与示范作用，不能提出能够被其他行动者认可和接受的强制通行点 (OPP) 方案，从而无法保证行动者网络的顺利运行。因此，在行动者网络中，公众参与者不能担任核心行动者这一角色。

通过对访谈资料的分析，研究认为第三方管理机构是公众科学项目行动网络中的核心行动者。根据科研机构/团队的预期目标及需求，第三方管理机构设置公众科学项目中行动者们的共同目标——顺利实施和完成公众科学项目。另外，第三方管理机构能够合理地规划和引导公众科学项目的进展、协调科研机构/团队和公众参与者之间的沟通、提供各行动者参与渠道、设计公众科学任务并对所收集的数据进行管理与维护。总的来说，第三方管理机构在公众科学项目中起到了协调和管理的作用，所以，核心行动者由第三方管理机构来承担较为合适。

基于上述分析，公众科学的行动者网络关系如图 3.7 所示。

2. 参与——行动者的利益与障碍

科研机构/团队。科研机构/团队在公众科学项目网络中存在的主要障碍是缺乏对潜在公众参与者科学素养教育的足够重视，对公众参与者科学知识的普及力度稍显不足 (R3)，导致公众科学项目在招募公众参与者时耗时耗力。科研机构/团队需要耗费一定的资金购买相应的物质资源对公众参与者进行培训，这些都导致了公众科学项目运作成本的上升 (R1，R3)。值得注意的是，科研机构/团队也缺少相应的政策支持 (R5)，无法充分借助社会组织/机构的力量来推动公众科学项目的展开。在所获得的利益方面，科研机构/团体使得公众所贡献的珍贵数据的价值得以实现，分析数据所取得的研究成果不仅能够提升自身的知名度，而且还能对其他科研机构/团队起到科研模范作用 (R2，R4)。

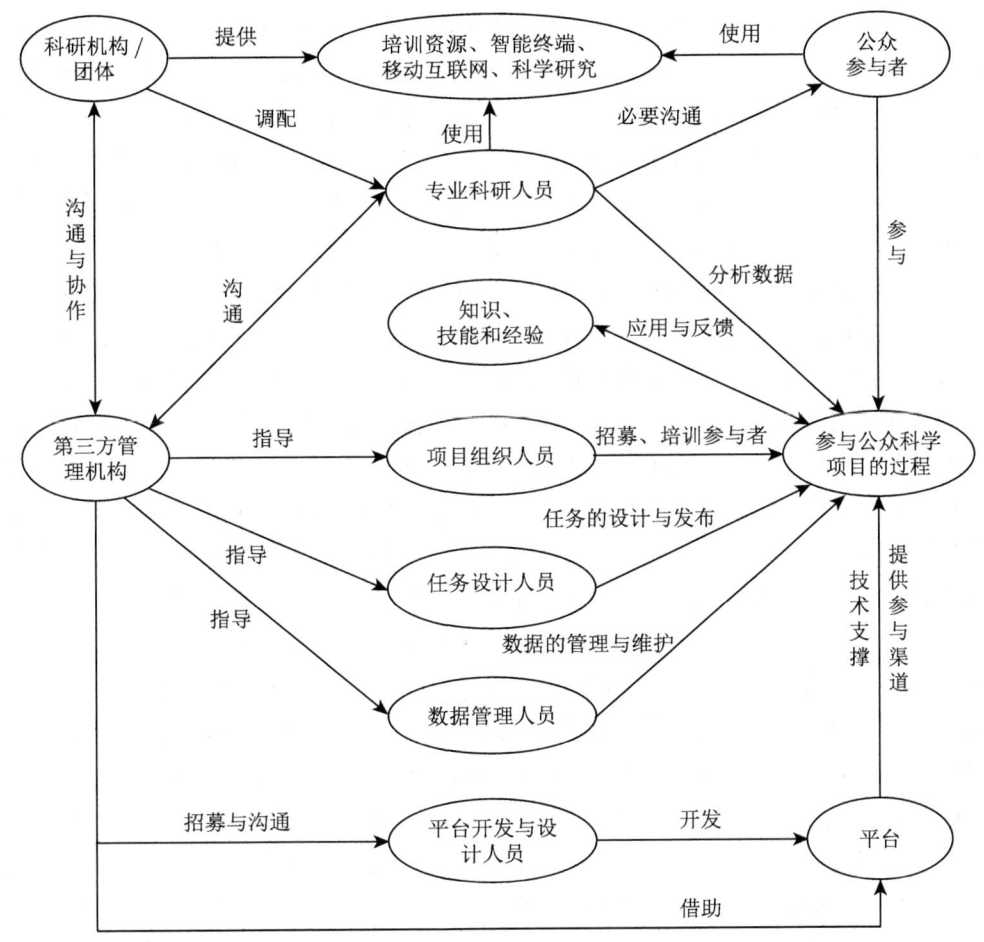

图 3.7 公众科学的行动者网络及其相互关系

第三方管理机构。第三方管理机构与科研机构/团队的良好沟通，以及其对项目组织人员、任务设计人员和数据管理人员的正确引导是公众科学顺利开展的前提。第三方管理机构所面对的障碍在于对科研机构/团体研究目标的认知存在一定的偏差，从而导致在指导项目组织人员的过程中会有失偏颇 (S1)。另外，第三方管理机构缺乏对项目组织人员、任务设计人员、数据管理人员的筛选机制 (R6)。这三类人员自身的信息素养和科学素养影响其对公众科学的了解程度，直接会对公众科学项目中任务的发布和活动的组织产生较大的影响 (S3, T2, D1)。利益在于通过公众的反馈，第三方管理机构可以不断提升自身的服务水平，并扩大自身的知名度 (C4, P2)。

平台。目前较多的公众科学项目需要公众参与者以图片或音频的方式采集信息，尤其是自然科学类的公众科学项目，如 eBird 需要公众参与者上传所在地区鸟类的照片和声音，Evolution MegaLab 需要公众参与者上传蜗牛的壳色、数量、所处环境等信息。由此，平台面临的障碍主要在于平台对公众参与者所上传的大量数据(如文字、图片、音频等)的技术支撑力度(P3)。另外，平台是否能够满足任务设计人员对任务及激励机制的设计也是其所面临的障碍之一(P4)。在利益方面，平台的用户量会有一定程度的增加，相应的，平台自身的知名度也会逐步提高(P2)。

专业科研人员。专业科研人员长年处于研究者岗位，所存在的障碍在于专业科研人员的专业素养易与公众参与者形成沟通鸿沟，这会对两者的合作互动关系造成一定的影响，降低公众参与者的研究热情(R3)。另外，公众参与者上传的数据不仅包括结构化的数据，还包括半结构化和非结构化的数据，如图片、音频、视频等。目前对视频图像数据挖掘的技术不够成熟是专业科研人员所面临的障碍(R2)。利益是专业科研人员能够充分利用公众参与者所贡献的珍贵数据。通过分析公众参与者所分享的数据，专业科研人员能够不断提升自身处理数据的能力(R5)。并且，在分析完数据之后，所发布的研究成果对提升专业科研人员的声誉大有裨益(R2)。

项目组织人员。在公众科学项目的宣传和激励机制设计方面，项目组织人员需要考虑招募公众所需花费的经济成本和时间成本、激励机制是否有效(S1，S3，S4)。另外，项目组织人员在培训方面(培训规划和培训模式)也面临相应的障碍(S4)。目前，公众科学参与者主要是根据项目介绍来参与公众科学项目。在参与的过程中，公众参与者不可避免地会遇到自身无法解决的问题。如果对公众参与者进行分阶段的培训，公众参与者能够较为顺利地完成公众科学任务，这会对公众参与者后期的持续参与具有重要的影响。另外，现有的培训模式主要是以线下的形式举行，而公众参与者的空闲时间较为分散，在这种情况下，线下培训的适用性稍显不足。项目组织人员所能获得的利益是对项目能够有较为前卫的认知，从而提升自身的科学素养(S1)。并且，通过招募与培训公众参与者，项目组织人员还丰富了组织项目的经验(S2)。

任务设计人员。在障碍方面，首先，任务设计人员缺乏专业素养，不能很好地理解研究目标，导致所发布的任务不能达到既定的研究目标(T3)；其次，任务设计人员在任务设计方面也具有一定的障碍，存在所设计的任务模式较难吸引公众的积极参与(T2，T4)、平台无法提供任务模式的技术支撑(T1)。在利益方面，任务设计人员在设计任务的过程中不仅能够积累相应的经验、提升自身的设计能力(T2)，而且自身的科学素养在设计过程中也得以提升(T4)。

数据管理人员。数据管理人员所面临的障碍主要在于现有的安全分析算法或模型的成熟度不能完全保障多样化数据的安全(D2)。另外，由于缺乏对公众科学项目的实践经验，公众参与者在完成任务的过程中上传的数据不符合要求或者存在一些错误，导致数据质量较低 (D3)。数据管理人员的科学知识水平也会对数据评审和质量控制存在一定的障碍 (D1)。在利益方面，维护数据安全的过程中，数据管理人员会积累一些技术漏洞方面的修复经验，这在一定程度上能够强化和提升自身的数据安全技术水平 (D4)。通过制定和实施相应的质量控制策略，数据管理人员积累了数据质量控制经验 (D3)。

平台开发与设计人员。公众科学平台主要是给公众参与者提供相应的参与渠道，并为公众科学项目的顺利实施提供相应的技术支撑。所面临的障碍主要在于开发人员对公众科学项目的了解程度不够，从而导致平台需求分析不到位，影响平台在实际应用中的效果 (P1)。此外，平台的交互也是开发和设计人员所面临的障碍，平台的易用性、可用性、交互设计会对用户体验造成一定的影响 (P2)。在利益方面，平台开发和设计人员能够丰富自身的项目平台开发和设计经验 (P2, P3)。

公众参与者。在公众科学项目中，公众参与者是项目的参与主体，是数据的来源。公众参与者存在的障碍较为明显，其一，认知差异 (C10, C20)。公众参与者与专业科研人员之间存在着一定的认知差距，公众参与者的任务完成情况未必能达到科研机构/团队的期望。另外，公众参与者自身的信息素养水平较低，必要的数据收集技能主要依赖于培训，缺乏必备的科学素养。其二，缺乏主动性 (C3)。公众参与者对公众科学任务及其意义不太了解，导致公众的参与热情不高。其三，空闲时间较少 (C15)。公众参与者在完成相关任务之后，获得的利益在于能够提高学习能力和分析、解决问题的能力 (C16, C22)，同时，自身的科学素养、信息素养和媒介素养也会潜移默化地不断提升 (C20, C24)。

培训资源、智能终端、移动互联网和科学研究设备。所存在的障碍主要在于如何实现培训资源的合理分配，以及如何利用这些资源完成公众科学项目的研究 (R2)。另外，维护价值较高的资源和研究设备所面临的经济压力也是障碍之一 (S4)。利益在于培训资源、智能终端、移动互联网和科学研究设备等资源的利用率得到提升，能够更好地服务于专业科研人员和公众参与者 (R6)。

知识、技能和经验。障碍主要凸显在公众科学项目所需数据与公众参与者贡献数据之间的对接、公众参与者贡献数据的价值实现两个方面。在利益方面，公众参与者、专业科研人员、项目组织人员、任务设计人员、数据管理人员、平台开发与设计人员的知识、技能和经验得到充分的利用 (C9, C15)。另外，专业科研人员通过对公众参与者贡献数据的分析与挖掘，能够丰富人们对事物的认知，并且，对分析结果的深入探索和思考或许能够创造更多的知识 (R2)。

公众科学网络行动者及实现途径如图 3.8 所示。

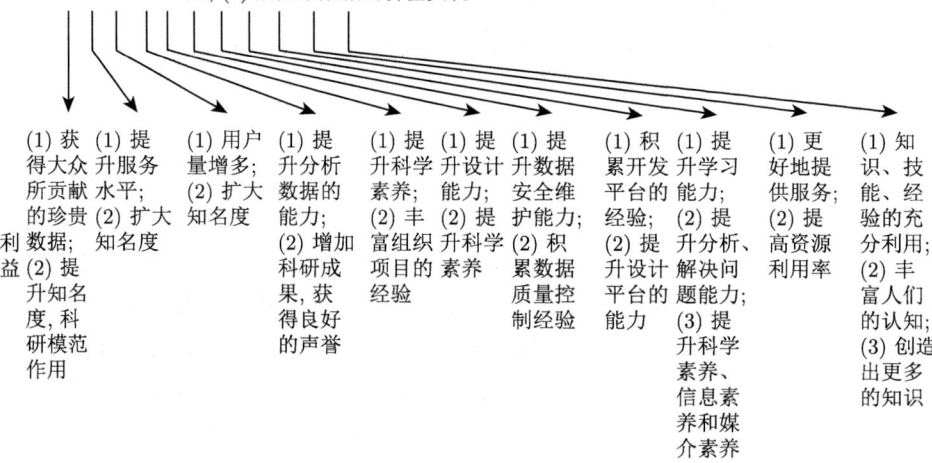

图 3.8 公众科学网络行动者的利益及其实现路径

3. 招募——各行动者的加入

核心行动者通过与各行动者的协商将其吸引到网络中,并为其清除所面临的障碍,明确目标并赋予行动者相应的任务。第三方管理机构作为核心行动者,其在项目实施过程中,一方面,需要根据项目预案将公众参与者、专业科研人员、项目组织人员、任务设计人员、数据管理人员、平台开发与设计人员等人类行动者吸引到网络中来。第三方管理机构需要招募平台开发与设计人员来构建相应的公众科学平台，为各行动者提供参与渠道。项目组织人员能够帮助科研机构/团队招募公众参与者。任务设计人员设计公众科学任务并激发公众参与者的参与热情。公众参与者通过平台为公众科学项目贡献珍贵的数据资料。数据管理人员主要承担维护数据安全，并保障数据质量。随后，专业的科研人员承担清洗数据、分析数据和产出科研成果等工作。此外，另一方面，第三方管理机构也需要合理调配培训资料、科学研究设备等非人类行动者，为公众科学项目提供资源和研究设备上的支持。

4. 动员——利益联盟的形成

动员是在核心行动者与其他行动者进行协商后，各行动者按照既定的安排行动，并将网络中的所有行动者高效地组织起来，为实现目标组成利益联盟。公众参与者和专业科研人员是公众科学运作网络中的参与主体和研究主体。作为公众科学项目中的数据来源方，公众参与者本应成为网络中的重要参与主体，但是根据访谈内容的分析，公众缺乏主动参与公众科学项目的积极性。访谈中 C23 提到"由于忙于工作，个人闲暇时间较少；自己对公众科学的主题不是很感兴趣，并且任务有一些枯燥无味"。研究认为，在招募培训方面，项目组织人员可以采用线下、线上相结合的方式来对公众参与者进行培训。公众参与者无须花费大块时间来完成培训，只需利用碎片化时间来学习相关知识、技能和经验 (C5, S4)。在任务的设计方面，任务设计人员可以对任务设置难度等级，来帮助公众参与者根据自身能力来选择任务 (C8, T1)。另外，可以适当加入一些游戏化元素激发公众的参与热情，如故事线、积分、排行榜等 (C20)。同时，平台对多样性任务的设计及多元化数据的上传需提供坚实的技术支撑 (S2)。此外，研究认为为了吸引公众参与公众科学任务，任务设计人员也需承担一定的推广工作，利用合适的渠道和方式号召公众参与到公众科学项目中来 (C16, T3)。在数据管理方面，科研机构/团队需根据自身所需的数据，对公众贡献的数据设置一定的标准 (C14, D3)。对于非结构化或半结构化的数据，需给数据管理人员提供相应的筛选机制，避免由于过度筛选所造成的数据浪费 (D3)。总之，科研机构/团队和第三方管理机构需加强沟通与交流，充分考虑到网络中各行动者的障碍与利益，并为其设置共同的目标。在实现共同的目标的过程中，各行动者互相协作并从中获得相应的利益会促使利益联盟的形成，从而推动公众科学项目的顺利展开。

3.5 本章小结

由于发起主体的多元性、参与方的广泛性和异质性、实施过程的复杂性和动态性，公众科学项目的运行机制和管理模式存在诸多难点。因此，本章立足于公众科学项目的顶层架构设计，在梳理典型的公众科学项目运作模式的基础上，从理论刍议、案例分析和实证探索三个部分分别展开研究。在理论刍议部分，本书探索了科研众包视角下公众科学项目的运作机制，研究认为加入第三方组织机构这一实体，以"机构观"的思想去驱动、管理并维系公众科学项目的发展，可以重构并完善公众科学项目的运作模式。在案例分析部分，本书选取了我国8个典型的公众科学项目案例，对其进行比较和系统性分析，将专家导向型公众科学项目的运作模式归纳为自顶向下式，草根导向型公众科学项目的运作模式归纳为自底向上式。研究认为，这两种项目类型的运作模式呈现出一种互补的状态，二者可以通过合作来取得平衡。在实证探索部分，本书基于行动者网络理论，对46名受访者的访谈结果进行分析，得出人类行动者和非人类行动者是公众科学运作机制网络的构成要素，随后，逐步确定核心行动者、分析行动者的障碍、利益，以此来帮助公众科学行动者网络形成稳定的利益联盟，为公众科学项目的运作提供一定的理论指导。

参考文献

[1] Bonney R, Cooper C B, Dickinson J, et al. Citizen science: A developing tool for expanding science knowledge and scientific literacy[J]. BioScience, 2009, 59(11): 977-984.

[2] Shirk J L, Ballard H L, Wilderman C C, et al. Public participation in scientific research: A framework for deliberate design [J]. Ecology and Society, 2012, 17(2): 29-48.

[3] Mankowski T A, Slater S J, Slater T F. An interpretive study of meanings of citizen scientists make when participating in Galaxy Zoo[J]. Education Research, 2011, 4: 25-42.

[4] Zhao Y C, Zhu Q. Conceptualizing task affordance in online crowdsourcing context[J]. Online Information Review, 2016, 40(7): 938-958.

[5] Preece J. Citizen science: New research challenges for human-computer interaction[J]. International Journal of Human-Computer Interaction, 2016, 32(8): 585-612.

[6] Prestopnik N R, Tang J. Points, stories, worlds, and diegesis: Comparing player experiences in two citizen science games[J]. Computers in Human Behavior, 2015, 52: 492-506.

[7] Prestopnik N, Crowston K, Wang J. Gamers, citizen scientists, and data: Exploring participant contributions in two games with a purpose[J]. Computers in Human Behavior, 2017, 68: 254-268.

[8] Curtis V. Motivation to participate in an online citizen science game: A study of Foldit[J]. Science Communication, 2015, 37(6): 723-746.

[9] 练靖雯, 张轩慧, 赵宇翔. 国外数字人文领域公众科学项目的案例分析及经验启示 [J]. 情报资料工作, 2018, (5): 32-40.

[10] Guan T, Wang F, Li S, et al. Nature reserve requirements for landscape-dependent ungulates: The case of endangered takin (Budorcas taxicolor) in Southwestern China[J]. Biological Conservation, 2015, 182: 63-71.

[11] Wang F, Mcshea W J, Wang D, et al. Shared resources between giant panda and sympatric wild and domestic mammals[J]. Biological Conservation, 2015, 186: 319-325.

[12] Newman G, Wiggins A, Crall A, et al. The future of citizen science: emerging technologies and shifting paradigms[J]. Frontiers in Ecology & the Environment, 2012, 10(6): 298-304.

[13] 赵宇翔. 科研众包视角下公众科学项目刍议: 概念解析、模式探索及学科机遇 [J]. 中国图书馆学报, 2017, 43(5): 42-56.

[14] Callon.M. The sociology of an actor-network: The case of the electric vehicle[J]. Mapping the Dynamics of Science and Technology, 1986, 20(1): 19-34.

[15] Latour B. Science in Action: How to Follow Scientists and Engineers through Society[M]. Cambridge: Harvard University Press. 1987.

[16] Law J. Notes on the theory of the actor-network: ordering, strategy, and heterogeneity[J]. System Practice. 1992, 5(4): 379-393.

[17] 王程韡. 重新发现信息社会: 来自行动者网络理论的回答 [J]. 长沙理工大学学报 (社会科学版), 2011, 26(5): 27-32.

[18] Latour B, Sheridan A, Law J. The pasteurization of France[M]. Cambridge: Harvard University Press, 1993.

[19] Callon M. Some elements of a sociology of translation:domestication of the scallops and the fishermen of St Brieuc Bay[J]. Sociological Review, 1984, 32(S1): 196-233.

第 4 章 公众科学的任务设计研究

任务设计 (task design) 是公众科学项目成功实施的关键要素。相较于传统商业环境的众包模式,公众科学具有更强的领域性和路径依赖性。传统的众包任务设计并不能有效应对协同创新视角下的公众科学项目。因此,本章节聚焦于公众科学的任务设计研究。首先,从理论视角提出基于任务驱动的公众科学项目匹配模型,在此基础上探索不同类型公众科学项目的任务匹配设计。其次,立足于游戏化理论,从实证角度研究公众科学任务的游戏化设计,并提出公众科学任务的游戏化设计评价指标体系。

4.1 公众科学中的任务设计

任务 (task) 作为公众科学的核心要素,与接包方、发包方、平台和第三方机构 4 个主体相互作用,贯穿于公众科学项目运作的各个阶段。考虑到公众科学"任务驱动"的特征,在任务设计时需要重点关注以下 3 个任务特征:任务粒度、任务描述、任务自主性等,详见表 4.1。

表 4.1 任务要素特征

要素特征	概念解释	文献来源
任务粒度	任务贡献过程中所需的最小个人投入,与任务的复杂性、难度、创新性等相关。分为三类:低粒度为常规任务,中粒度为创造性任务,高粒度为复杂任务	文献 [1−3]
任务描述	对任务背景、需求、能力要求、完成方式、期限等的说明,描述方式可以分为平铺直叙和引人入胜	文献 [4−6]
任务自主性	任务执行过程中的接包方的自由度,如果被赋予更多的决定权和创造力,参与者会更愿意参与其中	文献 [7−9]

基于任务粒度,众包任务可分为常规任务、创造性任务和复杂任务三类[10]。公众科学环境下,常规任务大都是需要多人完成的简单工作,例如数据收集、图片识别、打分等。创造性任务大都是排他型的,该类任务需要接包方具有相应技能和创新思维,最终会在广大投标中选出最佳方案。复杂任务与创造性任务的区别在于前者任务复杂度更高,更具专业性,解决问题耗时更长,接包方大多为领

域专家或具有相关技能的业余人员。但公众科学项目更注重其公众性，过于复杂的任务，其门槛过高、受众面过小，这类任务往往并不适用于公众科学。对于低粒度任务，平铺直叙、简洁明了的任务说明，可以使用户更直观准确地了解任务的需求，保障任务正确完成[11]。对于创造性任务，为了吸引用户的广泛参与，任务表述不再局限于图文，多媒体元素的融入，以讲故事(story telling)的形式阐述任务，可以帮助接包方深度理解任务需求，Schulze 等更是提出可以在任务设计中融入游戏化的元素，增强项目的趣味性[5]。任务的自主性与公众在项目中的参与程度有关[12]，部分公众科学项目只希望公众参与数据采集阶段，很少让接包方发挥主观能动性，而有些公众科学项目运作流程中，公众可以协助科学家进行项目的完善，全面参与科研的各个方面。

同时，在公众科学项目中，大多数任务通常是信息密集型的，涉及不同形式的信息行为，如生成、检索、传播、聚合和评价等。在生态领域中，公众科学任务通常是对各类动物、植物、环境等相关信息进行收集、识别和分类[13-15]。在数字制图和导航的领域中，公众科学任务涉及基于位置感知数据的收集，并利用用户所报告的数据创建数字地图[16,17]，如位置测量[18]，地理空间信息[19]和室内空间信息[20,21]等。在数字人文领域中，公众科学任务体现在手稿抄录、文本翻译和校对等。

事实上，公众科学项目的任务设计直接影响到用户的参与意愿[22]和参与质量[23]。Rotman 认为正确的任务匹配是众包项目的关键[24]。Zichermann 和 Cunningham 在其著作 *Gamification by Design* 中指出游戏化在任务设计及激发用户参与两个方面具有显著成效[25]。因此，为了提升用户参与意愿和参与质量，本书聚焦于公众科学项目的任务设计研究，重点解决以下两个研究问题：①任务设计如何与公众科学项目相匹配；②如何将游戏化设计指标引入到公众科学的任务设计中。

4.2 公众科学任务的匹配设计

4.2.1 匹配理论概述

在信息系统研究领域和管理学领域中，存在着大量体现出匹配思想的理论与模型，模型中各变量间相互作用影响，以达到最好的绩效。1995 年 Goodhue 和 Thompson 提出了任务技术匹配(task-technology fit model，TTF)[26]模型。用户的使用绩效会受信息技术的影响，技术与所支持的任务必须很好地匹配才能有助于工作绩效的提高。技术-绩效链(technology-to-performance chain，TPC) 模型作为任务技术匹配的概念化表达,是 TTF 的核心[27]。技术特征和任务特征在最初模型中得到关注,共同影响任务技术匹配度。随着研究的深入,个人特征也被纳入 TTF 中并得到广泛的应用[28]。

人力资源领域中,人与环境匹配 (person-environment fit,P-E Fit) 理论有着丰富的内涵,包含人与组织匹配 (person-organization fit,P-O Fit)、人与工作匹配 (person-job fit,P-J Fit)、人与人匹配 (person-person fit,P-P Fit)、人与群体匹配 (person-group fit,P-G Fit) 等多维度。Kristof 从一致性匹配和互补性匹配讨论 P-E Fit[29]。而 Cable 和 DeRue 基于 Kristof 的互补性匹配[30],将其分为:①工作要求与个人能力的匹配。工作的要求可以通过执行工作所需的技能、学识和能力 (合称 KSAs) 来衡量[31],而个人能力可以从教育和经历中获得,并通过测试、访谈等方法来检测。②个人需求与工作供给的匹配。个人需求包括心理需求、兴趣爱好和价值等,工作供给包括报酬、职业特征和其他工作属性[32]。

4.2.2 基于任务驱动的匹配模型

对于任务匹配 (task fit),国内外文献有多种表述方法,如任务分配 (task assignment)[33]、任务选配 (task matching)[34]、任务推荐 (task recommendation)[35]、任务递送 (task routing)[36] 等,这些概念进一步证实了公众科学项目中任务匹配研究的必要性和可行性。结合 TTF 模型和 P-E Fit 理论,在任务匹配中,提炼出 4 个要素主体:技术、任务、个人、组织。在本书的第 2 章节中,我们提到公众科学由发包方、接包方、平台和第三方机构 4 个主体要素构成,结合前文分析,第三方机构是公众科学项目行动网络中的核心行动者,负责引导项目进展、指导任务设计等,因此公众科学的发包方、接包方、平台和第三方机构分别可以对应组织、个人、技术和任务,进而将传统的任务匹配模型融入具体的公众科学情境中,4 个维度共同影响着公众科学项目的有效执行。发包方、接包方和平台之间的匹配关系,可以基于任务进行转移,具体如图 4.1 所示。

1. 任务与接包方匹配 (task-provider fit,T-P Fit)

根据史特金定律,基于 UGC(用户生成内容) 模式的网站上,90% 的用户是沉默着的,只有 1% 的用户在贡献,10% 的用户参与评价。此外,研究表明从事相同任务的软件项目工作者,他们之间的生产效率差距可达 10~40 倍[37]。因此,在公众科学情境下,将任务特征与个人特征相匹配,才能保证项目绩效。任务与接包方的匹配具有双向性,一方面,可以依托网络平台将任务分配给目标用户;另一方面,用户结合自身的能力水平、兴趣爱好和参与动机,发挥主观能动性,选

4.2 公众科学任务的匹配设计

择合适的任务。

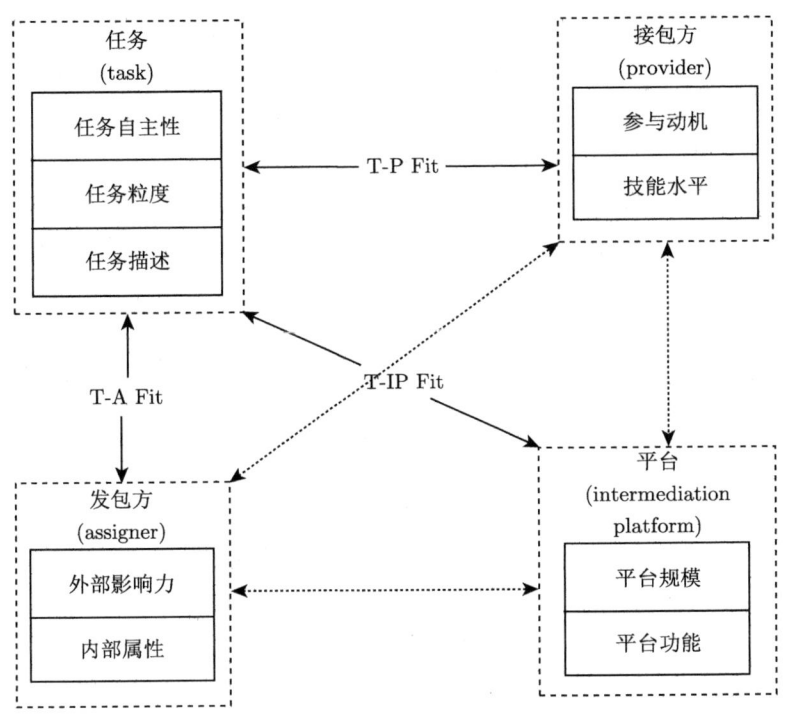

图 4.1 基于任务驱动的公众科学项目匹配模型

公众科学项目前期,发包方会通过各类社会化媒体或群发邮件的形式,发布公告招募参与者。互联网环境下,网络社群大量涌现,结合项目的任务基本属性(领域、意义、目标等),可以通过网络传播迅速扩散信息,触达目标核心用户。在第三方综合型科研众包平台上,根据接包方的基本信息(擅长领域、兴趣爱好等)、历史参与公众科学项目情况(参与任务数量、任务完成情况等)、行为日志(日常浏览、检索情况等),构建用户的个人画像,当新的公众科学任务发布时,系统将以此为依据进行个性化推送。正如 Horowitz 和 Kamvar 所揭示的 "如果你想要预测用户生成的内容,首先要清楚他们过去所创造的内容"[38]。目前很多平台都有用户成长体系,通过评分、累积经验值这类游戏化元素,接包方可以获得相应的等级称号,该等级代表着接包方的技能水平。具备相关领域知识仅是完成公众科学任务的前提条件,技能水平的高低才是真正衡量接包方能否顺利完成任务的关键。非涌现型公众科学项目任务粒度高,对接包方有一定的专业技能要求,因此在匹配时,平台会优先考虑高质量用户,提高项目解决的成功率。

在任务与人通过平台交互的过程中，存在着推送和拉取 (push & pull) 两个关键步骤。平台将任务与用户匹配的同时，接包方也可以选择适合自己的任务。公众科学项目大多缺乏外部刺激 (物质、金钱等)，志愿者、民间科学家利用碎片化时间，为科研领域贡献微薄之力，因此，公众参与任务更具有主观性。接包方选择任务时，任务特征会直接影响公众是否参与任务。任务信息的显示方式会影响人的认知模式[39]，公众科学任务的任务描述方式分为平铺直叙和引人入胜两类。前者简明扼要的阐述，能让接包方快速了解任务，简单的任务设计有效降低门槛，让用户更容易参与。科研领域本身对公众是陌生的，对于偏复杂的任务，引人入胜的描述能给用户带来沉浸式体验，其趣味性和娱乐性能刺激用户参与，更好地完成任务。因此，很多公众科学项目借助游戏化的任务设计来激励用户的参与。

兴趣类用户往往对于任务的领域、易操作性比较敏感，他们不愿投入过多的时间在任务上，更倾向低粒度任务，因而量变式涌现型公众科学项目 (见 2.3.3 节) 会成为这类接包方的首选。对于技能水平较高的用户，更希望任务具有挑战性和自主性，以竞赛式为主的非涌现型公众科学项目 (见 2.3.3 节)，任务粒度较高，能增强接包方的自我认同，获得自我满足感。公众科学项目有时具有一定的专业门槛，需要通过培训，使得接包方获得相应准入技能。面对偏复杂的项目，当任务所属领域与用户自身所擅长领域相匹配时，学习成本更低，公众更愿意参与任务。

2. 任务与平台匹配 (task-intermediation platform fit，T-IP Fit)

平台作为公众科学项目中沟通发包方和接包方的桥梁，为公众科学项目营造一个在线的虚拟空间，保障项目的有序运转。任务与平台的匹配，可以看成任务特征和技术特征 (平台特征) 的匹配，与 TTF 理论相一致。作为一个双向匹配过程，一方面，发包方基于任务自身特性选择合适的公众科学平台；另一方面，平台依托自身优势，吸引发包方，通过不断完善相关机制、功能，满足任务需求。

在互联网协同创新环境下，公众科学项目不断涌现，很多网络平台应运而生。作为发包方，只有选择合适的平台发布科学任务，才能有效解决科研难题。公众科学项目具有领域特殊性，不同领域的任务只有发布到相关领域的平台上，才能找到合适的志愿者。非涌现型公众科学项目，任务粒度较高，一般发布在第三方综合型平台，通过考察该平台同类任务的完成情况、用户活跃数、用户整体技能水平等，发包方判断是否适宜发布。涌现型公众科学项目一般样本需求量较大，任务粒度较低，此类任务建议选择自设专项型平台，方便任务的分解，简化任务设计从而降低志愿者的参与门槛。综合型平台相对机制较为成熟，而专项型平台可以针对项目特色进行个性化定制,打造任务专属功能满足项目需求。公众科学项目常常解决大规模时空问题,InnoCentive 科研众包网站,集结了全球的"最强大脑",依托平台优势,任务能在此找到最合适的解决者。数字人文领域也开展了很多公众科学项目,例如斯莱德档案项目、盛宣怀档案项目等,图书馆等机构用户体量较大,同时参与者信息素养水平偏高,为公众科学项目的开展奠定了先天优势。因而发包方在选择平台时,可以结合自身任务需求,从平台规模出发,找到理想的平台。发包方除了根据任务内容、所属领域进行选择平台外,平台上任务的展示对志愿者能否正确高效理解任务至关重要,因而平台的任务描述机制也成为任务与平台匹配考量的要素之一。此外,平台的功能、知名度、安全性等也会影响发包方的选择,进而影响任务与平台的匹配。

目标导向性强的信息系统完成任务的交互效率高[39],公众科学平台的用户界面、功能和机制等将影响用户与平台的交互,在子任务的完成过程中,平台的便捷性会让用户产生较好的交互体验,对特定网站形成用户依赖。公众科学项目需要对公众进行信息素养和科学素养的培训,新人引导、新手培训等功能可以方便用户快速参与任务。社区和论坛功能方便发包方与接包方以及接包方之间沟通交流,在 Galaxy Zoo 的官方论坛 Talk 中,减少了讨论栏目的层级,主要分为观测对象和讨论两个分区,用户在首页答题后可直接跳转到观测对象的讨论页面,用户选择和共享话题的区间更加灵活[40]。数据质量控制一直是公众科学项目运作中不容忽视的问题,从人员的选拔,数据的采集、处理,到成果的产出,每一步都需要严格把控。

3. 任务与发包方匹配 (task-assigner fit,T-A Fit)

任务与发包方匹配可以看成任务特征与组织特征的匹配。发包方基于现有资源、领域权威性提炼出研究任务,因而任务与发包方密切相关。由于公众科学项目常常引入第三方机构进行项目的监管,科学家提出任务后,需要丰富发包方主体,教育人员、技术人员、评估鉴定专家等纷纷加入科研团队,共同把控项目的流程,保证项目的有序开展。

发包方应当结合自身的内外部属性细化任务,涌现型公众科学项目所需样本量较大,发包方的外部影响力会成为能否吸引志愿者的初期因素。科研团队如果包含领域权威人物、且负责项目经验丰富,用户反馈效果良好,再次开展项目会首先赢得公众的认可。公众科学项目包含"取之于民,用之于民"的理念,用户更看重自身参与项目所带来的贡献意义,因此第三方机构在任务设计阶段应该充分利用发包方的优势,加强宣传,梳理项目实施的可行性,团队成员内互相配合以保障任务的顺利开展,通过任务与科研团队自身匹配获得公众青睐。

公众科学的任务会有一个迭代优化的过程,项目运作之初机构和科研团队需不断沟通与磨合,明确任务需求,进行任务分解。同时,任务的自主性让志愿者在参与过程也会积极表达,将自己立场和要求反馈给科研团队,融入发包方的任务设计,从而使公众科学的"生产过程本身,成为一个新的起点"[40]。Galaxy Zoo 星系动物园第一代要求志愿者按椭圆、并合、旋涡三类星系对星系图片加以区分,项目在 2009 年提前完成,用户反馈可以参与更复杂的任务,所以该项目延续至今,已经到了第四代,志愿者观察的图片难度更大,分类问题也更加细化。

4.2.3 不同类型公众科学项目的匹配设计

由于公众科学项目具有较强的情境依赖性,不同情境问题的解决范式也不同。公众科学项目分为非涌现型公众科学项目、量变式涌现型公众科学项目和质变式涌现型公众科学项目三类,不同类型任务在不同匹配维度上关注点有所差异。在任务设计阶段,第三方机构应了解发包方的诉求,充分考虑任务的粒度、自主性、描述方式等,结合游戏化的方式,提高任务的趣味性。在平台选择阶段,平台的有用性和易用性会对任务的呈现和个性化推荐产生影响,最终影响公众科学绩效。在接包方匹配时应当有效搜集关键数据,完善个性化推荐系统,同时通过技术功能实现平台的示能性,满足用户的激励需求。最终,结合上文不同任务匹配维度的分析,我们得出不同类型公众科学项目匹配对比分析结果,详见表 4.2。

表 4.2 不同类型公众科学项目匹配对比分析

	项目	非涌现型公众科学项目	量变式涌现型公众科学项目	质变式涌现型公众科学项目
	科研众包模式	竞赛式	投票评选式	维基协作式
	典型案例	Foldit	Galaxy Zoo	Evolution MegaLab
	所需样本量	样本适时收敛	越大越好	越大越好
发包方	外部影响力	所需影响力较大,吸引具有一定专业能力的人才参与,以期获得最佳方案	所需影响力较低,通过接包方的普遍认同,广泛参与,获得大量样本	所需影响力最大,多方参与、协作共创,充分体现公众科学研究解决大规模跨时空问题
	内部属性		涉及多学科领域	
接包方	参与动机	注重自我展示与表达,追求自我认同和成就感	以兴趣爱好为主	互相协作,增强社区归属感
	技能水平	门槛最高,参与者自身素质差异明显	门槛最低,以基础技能为主	通过培训获得相关技能
平台	平台规模	以综合型平台为主	综合、专项型平台都有	以专项型平台为主
	平台功能	功能较多,需要激励机制	功能相对简单	功能较多,注重群体协作

4.3 公众科学任务的游戏化设计

4.3.1 公众科学任务的游戏化设计评价指标体系构建

1. 一级指标确定

公众科学任务自身往往具有一定的专业门槛和跨时空特征,需要对参与用户进行相应的基础技能培训和操作引导,同时公众科学任务也担负着向公众普及科学知识、增强科学意识的教育任务。鉴于现有研究中鲜有与公众科学任务游戏化设计相关的研究成果,而公众科学任务的游戏化设计和教育游戏均存在显著的教育性与游戏化特征,因此对公众科学任务的游戏化设计评价指标体系构建而言,教育领域相关游戏化设计评价指标研究成果将具有较高的借鉴意义。本书对国内外教育游戏评价领域较为成熟的指标体系研究文献进行整理和归纳,结果如表 4.3 所示。

表 4.3 教育游戏评价指标体系研究进展

文献	名称	主要指标维度
Mcfarlane 等 (2002)[41]	TEEM 教师评价框架	可行性、相关度、游戏设计与导航、易用性、安装
Galvis 等 (2002)[42]	学习游戏评价设计标准	游戏反馈、可控性、学习支持、特殊需求适应性、学习机会、教育机会、惊喜程度
Mena(2012)[43]	E/E Grid 评价体系	教育性、游戏性
Annetta 等 (2011)[44]	严肃游戏评价体系 (SEGR)	教育性、游戏性
鲍雪莹 (2016)[45]	信息素养教育游戏的评价指标体系	有效性、交互性、游戏体验、学习体验
范云欢等 (2008)[46]	网络教育游戏评价指标体系	游戏性、教育性、技术性
叶长青等 (2009)[47]	数字化教学游戏三维评价体系	知识、认知过程、游戏属性

首先,从表 4.3 中可以窥见,尽管现有教育游戏评价指标体系众说纷纭,但包含教育性和游戏性两个基础维度已是学界共识,因此在公众科学任务的游戏化设计中,除根据项目内容制定相应的教育目标外,设计者还应将游戏质感、反馈、激励机制等影响用户游戏交互体验的因素纳入考虑范畴,故将教育目标和游戏交互体验作为评价体系的一级指标。其次,在上述评价体系中也可以发现游戏系统中的可用性、易用性、技术性等因素也是影响游戏化评分的关键因素。而在公众科学任务游戏化设计中,由于任务自身的开放性、群体协作性,大量不同背景的用户在系统内部进行检索、传播、聚合和评价等多种信息行为,对系统的稳定性、易用性等方面提出了更高的要求,因此选择系统保障作为游戏化设计评价体系的

一级指标。此外，不同于教育游戏侧重于游戏的教育目标，公众科学任务普遍存在教育和科学双重属性。虽然科研众包下的公众科学项目打破了科学研究与公众间的藩篱，让公众接触、理解乃至参与科研成为可能，但科研任务的简化并不意味着科学标准的降低或科学意识的淡薄，因此有必要将科学目标作为一级指标，以评价任务游戏化设计中内容的科学性。

综上，选定教育目标、科学目标、游戏交互体验、系统保障4个维度作为公众科学任务游戏化设计评价体系的一级指标。

2. 二级指标确定

1) 教育目标维度

公众科学任务自身带有显著的教育特征。在项目的发起阶段，需要对用户开展培训以确保所有参与者有能力完成相关科研任务；而在项目的推进过程中，科研任务内容和复杂度也可能发生迭代，用户需要及时学习并掌握相关技能才能够顺利完成任务。为保证教学效果，在公众科学任务游戏化设计中，首先需要确保游戏情境和背景应与项目内容、任务要求相匹配，使用户在培训中能够明晰任务目标、意义及完成期限，掌握任务所需技能。其次，基于认知理论，用户思维由认识理解向分析创造转变的过程是循序渐进、逐渐深入的，公众科学任务游戏化设计需要拥有完整清晰、符合用户认知规律的逻辑结构，游戏由易到难逐步提升，根据项目进展依次传授相关知识技能。同时，为防止用户在使用过程中出现操作或认知障碍，游戏中应提供详细的注解和完备的操作指引。最后，公众科学任务能够提升用户的科学素养，因此游戏内容的实际价值也是教育效果评判的关键指标。

综上，教育目标维度的具体评价内容如表4.4所示。

表4.4 教育目标维度的具体评价内容

一级指标	二级指标	指标说明
教育目标	情境适应性	游戏情境和背景与公众科学项目内容、任务要求相匹配，能够满足教育培训目标
	内容逻辑性	游戏内容逻辑结构清晰，难度逐步提升，依次传授相关知识技能，符合用户认知规律
	目标明确性	用户能够明晰游戏的教学目标，完整掌握公众科学项目内容
	学习指导性	游戏中能够提供有效的新手引导和帮助功能
	内容价值性	游戏内容能够让用户技能和知识水平得到提升，能够切实解决公众科学任务中的问题

4.3 公众科学任务的游戏化设计

2) 科学目标维度

与传统科研项目相比,公众科学项目中的科学传播范式已经由原先的科学普及、公众接受理解科学模式逐渐向公众参与并设计科学的新模式演变。为确保项目内容、实施过程的科学严谨性,实现有效完成科研任务和提升公众科学素养的双重目标,有必要对公众科学任务的游戏化设计内容的科学性相关指标开展评估。

首先,在公众科学任务开展过程中可能存在海量计算、大规模的样本采集、多样性分析等复杂的任务行为[48],因此公众科学任务游戏化设计需要严格遵循科学标准,才能够保证最终结果的有效性。其次,游戏化设计内容还要能够实现提升公众科学素养的目标。关于科学素养评估,Miller 最早提出了科学素养三维模型,包括对科学知识和术语的理解、对科学研究方法和过程的理解以及科学与社会间的相关关系的理解 3 个方面[49]。王素则认为科学素养应包含四大核心要素:对科学技术、术语、方法有一定认知;理解科学、技术和社会三者间关联;拥有科学精神,对科学保持一定的好奇和严谨的态度;能够利用科学技术进行创造或解决世界问题[50]。同时,一个具有科学素养的公民应该理解科学,积极参与科学,对科学保持一定的好奇和严谨的态度,据此科学态度和科学意识也应该在评价指标中占有一席之地[51]。此外,作为一项跨越时空的大型科研任务,公众科学任务需要参与者群体协作才能够完成。因此,在游戏中有必要设计交流与讨论功能,有助于促进不同科研团队在时间维度和空间维度的交流和创新,优化科研资源的配置[48]。

综上,科学目标维度的具体评价内容如表 4.5 所示。

表 4.5 科学目标维度的具体评价内容

一级指标	二级指标	指标说明
科学目标	严谨性	游戏内容能够严格遵循科学依据
	知识性	游戏能够加深用户对科学术语和相关概念的理解
	方法性	游戏能够引导用户理解科学过程和方法
	参与创造性	用户能在游戏中发挥创造性,参与到科学研究中
	科学意识	用户能够在游戏中认识到科学技术对个人和社会的影响,感知自己的贡献价值,明确使命感
	可交流性	用户能够在游戏中与科学家或其他参与者进行交流、沟通、互助

3) 游戏交互体验维度

游戏化是指在非游戏的情境中融入游戏化元素[52],在游戏化设计中游戏元素的合理利用能够增强用户参与的动机,从而提高参与者的黏性和解决实际问题。Huotari 等则更加强调游戏化设计为用户带来的游戏性体验,他认为游戏化项目不仅仅体现在游戏化机制的植入,而是利用游戏般的体验来强化服务和功能,最终创造更多的价值[53]。抛开公众科学任务游戏化设计的教育和科学外衣,游戏化设计的核心还应该是游戏，因此从用户的游戏交互体验角度对游戏化设计品质进行评价顺理成章。

Chou 对用户游戏行为长期观察后总结出，游戏化中影响用户参与体验的八大核心驱动力，具体包括：重大使命感和召唤、进度与成就感、创造授权与反馈、所有权与拥有感、社交影响与同理心、稀缺性与渴望、未知性与好奇心、亏损与逃避心[54]。因此，在公众科学任务游戏化设计中应囊括以下 4 点：第一，成就感。用户能够在游戏中实现自我价值，获得成就感。第二，互动性。互动性既是公众科学项目的显性特征，也是科研任务完成的前提条件[48]，因此游戏中要能够满足用户的社交性、社区归属感需求，使用户间可以互相交流、竞争或合作。第三，激励机制。在游戏中设置奖惩激励机制，研究表明经验、勋章等游戏机制能够显著提升用户的持续参与欲望。第四，娱乐性。作为游戏化基本特性之一，娱乐性是人们参与、沉浸在游戏中的重要因素。而在公众科学任务游戏化设计中，应注意弱化科学研究在公众心目中的严肃印象，增强游戏趣味性，满足用户的探索需求和娱乐需求。

此外，O'Brien 等在研究中还发现美学对用户体验存在正向激励，因此强化公众科学任务展示的艺术感，能让原本枯燥的任务变得更加形象生动[55]。而听觉、视觉、触觉多种感知的叠加组合，让用户能够全身心投入游戏，满足用户的沉浸式体验。最后，游戏化设计需要满足用户的自主和控制需求，在游戏中用户能够自主选择游戏难度、时长，或者对游戏中各类设置选项进行控制以满足其个性化需求。

综上，游戏交互体验维度的具体评价内容如表 4.6 所示。

表 4.6 游戏交互体验维度的具体评价内容

一级指标	二级指标	指标说明
游戏交互体验	沉浸感	用户能够全身心投入游戏，实现沉浸状态，获得多重感官体验
	成就感	用户能够在游戏中实现自我价值，获得自我认可
	艺术感	在游戏中融入多媒体元素，画面或情节设计精良，为用户提供良好的艺术欣赏体验
	互动性	游戏能够满足用户的社交性、社区归属感需求，用户间可以互相交流、竞争或合作
	感知可控性	用户在游戏内拥有充分的自主性，能够根据需求进行操控，如自主选择游戏难度、画质、音量等
	娱乐性	游戏充满趣味性，能给用户带来愉悦感
	激励机制	游戏中存在奖惩激励机制，例如以经验、勋章、积分乃至物质奖励等形式刺激用户的持续参与欲望

4.3 公众科学任务的游戏化设计

4) 系统保障维度

由于公众科学任务大都依托技术平台，因此用户参与行为将无可避免地涉及大量信息技术的使用，信息技术接收模型尝试从理性角度分析了技术的有用性、易用性、态度等因素对用户行为意图的影响[56]。在教育领域的游戏化实践中，已经积累了大量游戏案例，这些游戏本质上类似于软件产品，而公众科学项目中的众包平台作为在线应用本身也需要从技术维度进行分析。因此，我们将借鉴教育游戏评价中的系统和技术性相关指标完成系统维度的指标构建。

在系统维度评估中，可用性是最为重要的评价指标之一。可用性研究领域专家 Nielsen 在研究中指出，可用性评价包含 5 个维度：可记忆性、可学习性、高效性、容错性和满意度[57]。而在实际应用中，可用性因侧重点不同又进一步分解为交互效率、用户界面、软件内容等。由此可见，倘若将公众科学任务游戏视作一个完整的信息系统，其可用性设计状况将对整个系统的交互效率、用户满意度等指标产生深远影响。此外，在公众科学项目中，不同背景的参与者在科研任务中扮演不同的角色，如数据采集者、汇报者、设备共享者等，用户能够在群体协作模式下完成研究设计、协作式信息分析、辅助式研究开发等工作。因此，公众科学项目游戏化系统需要具备一定的开放性，降低所有潜在参与者的进入门槛，同时该系统也为用户在线协作活动提供必要的技术支持。

系统保障维度的评价内容如表 4.7 所示。

表 4.7 系统保障维度的具体评价内容

一级指标	二级指标	指标说明
系统保障	系统稳定性	系统运行过程中稳定可靠，容错性强
	系统易用性	该游戏易于用户操作和使用，用户使用门槛较低
	响应及时	用户与系统的交互过程中，系统反馈及时，用户操作得到有效响应
	界面友好	界面设计满足用户的认知和心理，设计美观，操作清晰，让用户得到较为舒适便捷的使用体验
	开放协作性	系统向所有潜在用户开放，并支持用户在线协作完成科研任务

5) 评价指标体系的最终确定

在分别完成教育目标、科学目标、游戏交互体验和系统保障 4 个维度的评价指标体系构建后，各维度指标间存在部分重合，故剔除不同维度内概念相近的二级指标，仅保留该指标在核心维度的表达，最终确定公众科学项目游戏化设计评价指标体系包含 4 个维度 (A~D) 共计 22 项指标，具体如表 4.8 所示。

表 4.8 公众科学项目游戏化设计评价指标体系

一级指标	二级指标	指标说明
教育目标 A	情境适应性 A1	游戏情境和背景与公众科学项目内容、任务要求相匹配，能够满足教育培训目标
	内容逻辑性 A2	游戏内容逻辑结构清晰，难度逐步提升，依次传授相关知识技能，符合用户认知规律
	目标明确性 A3	用户能够明晰游戏的教学目标，完整掌握公众科学项目内容
	学习指导性 A4	游戏中能够提供有效的新手引导和帮助功能
	内容价值性 A5	游戏内容能够让用户技能和知识水平得到提升，能够切实解决公众科学项目中的问题
科学目标 B	严谨性 B1	游戏内容能够严格遵循科学依据
	知识性 B2	游戏能够加深用户对科学术语和相关概念的理解
	方法性 B3	游戏能够引导用户理解科学过程和方法
	参与创造性 B4	用户能在游戏中发挥创造性，参与到科学研究中
	科学意识 B5	用户能够在游戏中认识到科学技术对个人和社会的影响，感知自己的贡献价值，明确使命感
游戏交互体验 C	沉浸感 C1	用户能够全身心投入游戏，实现沉浸状态，获得多重感官体验
	成就感 C2	用户能够在游戏中实现自我价值，获得自我认可
	艺术感 C3	在游戏中融入多媒体元素，画面或情节设计精良，为用户提供良好的艺术欣赏体验
	互动性 C4	游戏能够满足用户的社交性、社区归属感需求，用户间可以互相交流、竞争或合作
	感知可控性 C5	用户在游戏内拥有充分的自主性，能够根据需求进行操控，如自主选择游戏难度、画质、音量等
	娱乐性 C6	游戏充满趣味性，能给用户带来愉悦感
	激励机制 C7	游戏中存在奖惩激励机制，例如以经验、勋章、积分乃至物质奖励等形式刺激用户的持续参与欲望
系统保障 D	系统稳定性 D1	系统运行过程中稳定可靠，容错性强
	系统易用性 D2	该游戏易于用户操作和使用，用户使用门槛较低
	响应及时 D3	用户与系统的交互过程中，系统反馈及时，用户操作得到有效响应
	界面友好 D4	界面设计满足用户的认知和心理，设计美观，操作清晰，让用户得到较为舒适便捷的使用体验
	开放协作性 D5	系统向所有潜在用户开放，并支持用户在线协作完成科研任务

4.3.2 公众科学项目游戏化设计评价指标权重的确定

通过文献分析，完成了公众科学项目游戏化设计相关评价指标体系构建，包含 4 个维度共计 22 项指标。为进一步确定不同指标间的重要性，采用层次分析法，邀请专家评分并构建判断矩阵，计算评价体系内各项指标权重。

公众科学项目游戏化设计相关研究目前还处于起步阶段，研究团体较为零散，

4.3 公众科学任务的游戏化设计

并且国内公众科学项目尚未普及，参与者规模较小。为保证研究的科学性和严谨性，我们邀请公众科学项目研究人员以及其他深入参与过游戏化和公众科学项目设计的业界人员作为群体决策专家。共计发放调查问卷 20 份，回收问卷 20 份，有效问卷 17 份，无效问卷 3 份，问卷整体有效率为 85%。

1. 指标权重计算

收集所有专家数据后，对其进行平均值运算，将运算结果作为建立判断矩阵的依据，确定指标的两两相对重要性，建立判断矩阵并计算出权重，具体如表 4.9 所示。

表 4.9 各级指标判断矩阵及权重

一级指标 A~D 权重					
一级指标	A	B	C	D	W_i
A	1	1/21	1	2	0.2389
B	2	1	2	2	0.3944
C	1	1/2	1	1	0.1972
D	1/2	1/2	1	1	0.1694
二级指标 A1~A5 权重					
教育目标 A	A1	A2	A3	A4	A5	W_i
A1	1	3	2	4	1/2	0.2692
A2	1/3	1	1/2	2	1/3	0.1082
A3	1/2	2	1	3	1/3	0.1663
A4	1/4	1/2	1/3	1	1/4	0.0675
A5	2	3	3	4	1	0.3888
二级指标 B1~B5 权重					
科学目标 B	B1	B2	B3	B4	B5	W_i
B1	1	4	3	3	2	0.3931
B2	1/4	1	1	1/2	1/4	0.0839
B3	1/3	1	1	1/2	1/3	0.0949
B4	1/3	2	2	1	1/2	0.1540
B5	1/2	4	3	2	1	0.2742
二级指标 C1~C7 权重					
游戏交互体验 C	C1	C2	C3	C4	C5	C6	C7	W_i
C1	1	1/4	1	1/3	1/2	1/5	1/4	0.0467
C2	4	1	3	2	3	1/3	1	0.1/317
C3	1	1/3	1	1/3	1/2	1/5	1/4	0.0486
C4	3	1/2	3	1	1	1/4	1/3	0.0996
C5	2	1/3	2	1	1	1/5	1/4	0.0762
C6	5	3	5	4	5	1	2	0.3461
C7	4	1	4	3	4	1/2	1	0.2105

续表

系统保障 D	二级指标 D1~D5 权重					
	D1	D2	D3	D4	D5	W_i
D1	1	1/2	3	3	2	0.2579
D2	2	1	3	4	3	0.3932
D3	1/3	1/3	1	1	1/2	0.0949
D4	1/3	1/4	1	1	1/3	0.0831
D5	1/2	1/3	2	3	1	0.1709

2. 一致性检验

当判断矩阵的阶数 $n > 2$ 时，往往难以构造出具有良好一致性的判断矩阵，因此有必要进行一致性检验以判定由判断矩阵计算出的权重是否合理。对于一致性的检验，首先引入各个判断矩阵的最大特征根 $\lambda_{\max}$，再由 $CI = \dfrac{\lambda_{\max} - n}{n - 1}$，求出 CI 的大小，最后引入指标 RI 值。通过查看相应阶数的 RI 值来检验判断矩阵的一致性。倘若判断矩阵的阶数 $n \leqslant 2$，则判断矩阵具有较强的一致性；如果判断矩阵的阶数 $n > 2$，判断矩阵的一致性指标 CI 与相同阶数的平均随机一致性指标 RI(表 4.10) 的比值，称为随机一致性比率 CR，即 $CR = \dfrac{CI}{RI}$。

表 4.10 判断矩阵阶数的 RI 数值表

阶数 n	1	2	3	4	5	6	7	8	9
RI 值	0.00	0.00	0.58	0.90	1.12	1.24	1.32	1.41	1.45

当 $CR < 0.1$ 时，判断矩阵通过一致性检验，此时判断矩阵具有较高的一致性。根据上述方法，计算出各判断矩阵的一致性检验结果如表 4.11 所示。

表 4.11 各级指标判断矩阵一致性检验

层级	$\lambda_{\max}$	CR	一致性检验
一级指标	4.0608	0.0228	< 0.1000
教育性 A	5.1149	0.0256	< 0.1000
科学性 B	5.0781	0.0174	< 0.1000
游戏性 C	7.2018	0.0247	< 0.1000
系统性 D	5.1084	0.0242	< 0.1000

从表 4.11 中可以发现，各判断矩阵的 CR 值均小于 0.1，所有判断矩阵均通过一致性检验，具有满意的一致性。

3. 指标权重分析

通过一致性检验后，将各级权重逐层相乘计算总权重，整合所有子层次指标权重计算结果，最终确定公众科学任务游戏化设计评价各项指标的权重系数，具体如表 4.12 所示。

表 4.12 公众科学项目游戏化设计评价指标权重

一级指标	权重	二级指标	权重	组合权重	排序
教育目标 A	0.2389	情境适应性 A1	0.2692	0.0643	6
		内容逻辑性 A2	0.1082	0.0258	15
		目标明确性 A3	0.1663	0.0397	10
		学习指导性 A4	0.0675	0.0161	17
		内容价值性 A5	0.3888	0.0929	3
科学目标 B	0.3944	严谨性 B1	0.3931	0.1551	1
		知识性 B2	0.0839	0.0331	13
		方法性 B3	0.0949	0.0374	11
		参与创造性 B4	0.1540	0.0607	7
		科学意识 B5	0.2742	0.1081	2
游戏交互体验 C	0.1972	沉浸感 C1	0.0467	0.0092	22
		成就感 C2	0.17231/2	0.0340	12
		艺术感 C3	0.0486	0.0096	21
		互动性 C4	0.0996	0.0196	16
		感知可控性 C5	0.0762	0.0150	19
		娱乐性 C6	0.3461	0.0683	4
		激励机制 C7	0.2105	0.0415	9
系统保障 D	0.1694	系统稳定性 D1	0.2579	0.0437	8
		系统易用性 D2	0.3932	0.0666	5
		响应及时 D3	0.0949	0.0161	18
		界面友好 D4	0.0831	0.0141	20
		开放协作性 D5	0.1709	0.0290	14

从表 4.12 可以发现：

公众科学项目游戏化设计评价指标体系的权重分布呈现两极化，极差达到 0.1459。其中，严谨性和科学意识权重均大于 0.1，说明作为科学研究活动，科学性仍然是公众科学项目游戏化设计中首要考虑的因素。此外，权重排序前 3 的严谨性、科学意识、内容价值性等指标的权重系数明显高于其他指标，这也与公众科学项目的教育、科学双重目标相吻合。

虽然公众科学项目游戏化设计需要强调游戏内容的科学性和教育性，但娱乐性与系统易用性分列第 4、5 位，同样不可忽略。娱乐性靠前凸显了用户对有趣、愉快的游戏体验的需求，而系统易用性则表明在公众科学项目移植到游戏化情境中，系统技术层面用户更看重的是能否更加便捷，有效地理解、执行任务。

在权重前 10 的二级指标中，教育目标和科学目标分别拥有 3 项，游戏交互体验和系统保障各自拥有 2 项，这表明游戏化设计评价指标体系一级指标设置较为合理，能够涵盖多数重点细分指标。此外值得注意的是，虽然娱乐性、系统易用性、系统稳定性、激励机制等指标受到部分重视，但游戏交互体验和系统保障两个维度下的二级指标权重整体排名仍相对靠后，说明在公众科学项目游戏化设计中，游戏只是一种表征形式，是触发用户参与动机的辅助手段，尚未真正成为设计重点。

综上所述，在构建的公众科学项目游戏化设计评价指标体系中，教育和科学维度比重较大，游戏和系统维度相对较弱。在一级指标的权重中科学目标 (0.3944)、教育目标 (0.2389)、游戏交互体验 (0.1972)、系统保障 (0.1694)，其中，科学性相关维度重要性最高，系统保障维度权重占比最低。表明现阶段专家更加看重游戏化背后的实施效果，即实现公众科学项目的预期教育和科学目标，对游戏化设计中用户体验和系统设计方面的关注还有待加强。

4.3.3 公众科学项目游戏化设计评价指标体系应用与分析

1. 项目背景及评价体系应用

在一些任务粒度较高的公众科学项目中，接包方在任务理解上存在一定难度，若采取平铺直叙式的简单描述，很容易让用户对任务理解产生偏差，甚至放弃任务。因此这类任务往往更需要进行游戏化设计优化用户体验，吸引更多的用户参与以达到项目预期。Foldit(折叠蛋白质游戏) 是较为成功的高粒度公众科学项目之一，该项目 2008 年发布，玩家通过游戏内工具拖拽旋转蛋白质骨架，使得蛋白质能量最低。整个任务中用户有较强的自主性，可以通过不断尝试提高自己的分数并将总结出来的一些高分技巧转化成下一版本的工具，未来还可能依托大众智慧设计全新的蛋白质。用户在游戏过程中得到有效反馈，有较强的参与感。高任务自主性使得用户更愿意参与并分享传播这类项目，最终实现项目目标。因此，我们选择 Foldit 项目作为测评对象。

鉴于公众科学项目的参与者主要还是普通大众，在实验者选择上还从用户体验维度出发，筛选出了 12 名对普通游戏或教育游戏都有使用经验并且了解公众科学的普通用户。邀请他们在体验 Foldit 游戏后，结合个人经验和感受对游戏各项指标评分 (5 分制：1 分最低，5 分最高)。最后，在收到所有用户评分数据后，结合评价指标体系指标权重计算出 Foldit 任务设计的最终总得分为 3.5937 分，具体如表 4.13 所示。

4.3 公众科学任务的游戏化设计

表 4.13 Foldit 任务游戏化设计评价指标得分

二级指标	原始平均分	加权得分	总得分
情境适应性 A1	3.9000	0.2508	
内容逻辑性 A2	3.6000	0.0929	
目标明确性 A3	3.8000	0.1509	
学习指导性 A4	3.4000	0.0547	
内容价值性 A5	3.6000	0.3344	
严谨性 B1	4.3000	0.6669	
知识性 B2	3.3000	0.1092	
方法性 B3	3.8000	0.1421	
参与创造性 B4	3.6000	0.2185	3.5937
科学意识 B5	3.3000	0.3567	
沉浸感 C1	2.6000	0.0239	
成就感 C2	2.7000	0.0918	
艺术感 C3	2.8000	0.0269	
互动性 C4	2.7000	0.0529	
感知可控性 C5	3.5000	0.0525	
娱乐性 C6	2.5000	0.1708	
激励机制 C7	3.1000	0.1287	
系统稳定性 D1	4.5000	0.1967	
系统易用性 D2	3.6000	0.2398	
响应及时 D3	4.0000	0.0644	
界面友好 D4	3.5000	0.0494	
开放协作性 D5	4.1000	0.1189	

2. 结果分析与讨论

本次测评满分为 5 分，Foldit 任务最终得到 3.5937 分，总体得分较高。结合表 4.13 数据可以发现，Foldit 在教育目标维度的游戏化设计得到用户的普遍认可，如目标明确性、情境适应性、内容价值性等。用户的实际游戏体验也表明 Foldit 游戏的科学教育目的得到落实，项目科研任务被完整移植入游戏情境，每步操作的提示能明确地告知用户操作方法，得分进度条能有效显示当前的进度，每步操作都能得到有效反馈，游戏系统稳定性、系统易用性和开放协作性较好。

然而，Foldit 任务设计也存在明显的缺陷，如游戏性维度指标得分相对较低，艺术感、沉浸感、互动性等指标得分均低于 3 分。经由事后访谈得知，用户普遍认为该游戏有难度，一是项目本身为英文界面，存在阅读理解门槛；二是公众生物水平欠缺，基础知识不够扎实。此外游戏整体设计不够精良，趣味性较低，虽然能比较高效的应对公众科学项目任务，也添加了玩家对战、游戏排名等游戏元素，但游戏界面过于简单直白、缺乏情节铺垫，导致用户游戏体验欠佳，持续参与意愿快速降低。

综上，Foldit 任务的游戏设计简洁、系统友好，并且任务目标清晰明确，能够帮助用户快速理解任务内容，提高参与者在蛋白质结构预测方面能力。通过 Foldit 游戏可以窥见，游戏化设计对公众科学项目推进存在直接的积极作用。在公众科学任务的游戏化进程中，发包方还需要加强游戏沉浸式体验方面的相关设计，在平台系统维度方面做好技术把控，保障系统的稳定性和易用性，让用户在参与过程中得到顺畅的游戏体验，才能达成公众科学项目的教育与科学目标。

4.4 本章小结

任务设计是公众科学项目开展的重要环节。本章从任务设计角度研究公众科学项目匹配和任务游戏化设计。在公众科学任务匹配设计部分，以任务技术匹配理论、人与环境匹配理论为基础，将公众科学项目的任务特征，与公众科学主体的技术特征、个人特征和组织特征相结合，从任务驱动角度出发，构建出公众科学项目的匹配模型，揭示了公众科学项目面向任务的特性。在公众科学任务游戏化设计部分，从公众科学项目任务驱动的特征出发，利用层次分析法和案例分析法，构建了科研众包视角下公众科学项目游戏化设计评价指标体系，包含教育目标、科学目标、游戏交互体验、系统保障 4 个维度共计 22 项评价指标。

参 考 文 献

[1] Zhao Y, Zhu Q. Effects of extrinsic and intrinsic motivation on participation in crowdsourcing contest: A perspective of self-determination theory[J]. Online Information Review, 2014, 38(7): 896-917.

[2] Brambilla M, Ceri S, Mauri A, et al. Community-based crowdsourcing[C]// Proceedings of the Companion Publication of the 23rd International Conference on World Wide Web Companion. International World Wide Web Conferences Steering Committee, 2014: 891-896.

[3] Kulkarni A, Can M, Hartmann B. Collaboratively crowdsourcing workflows with turkomatic[C]//Proceedings of the ACM 2012 Conference on Computer Supported Cooperative Work. ACM, 2012: 1003-1012.

[4] Sampath H A, Rajeshuni R, Indurkhya B. Cognitively inspired task design to improve user performance on crowdsourcing platforms[C]//Proceedings of the 32nd Annual ACM Conference on Human Factors in Computing Systems. ACM, 2014: 3665-3674.

[5] Schulze T, Krug S, Schader M. Workers' task choice in crowdsourcing and human computation markets[C]//Proceedings of the 33rd International Conference on Information Systems. 2012.

[6] 吴聪, 赵宇翔, 朱庆华. 基于任务展示示能性的众筹项目视频分析——以众筹网为例 [J]. 数据分析与知识发现,2017,1(10):64-76.

[7] Kaufmann N, Schulze T, Veit D. More than fun and money. Worker motivation in crowdsourcing-A study on mechanical turk[C]//Proceedings of the 17th Americas Conference on Information Systems (AMCIS). 2011, 11: 1-11.

[8] Alam S L, Campbell J. Crowdsourcing motivations in a not-for-profit glam context: The australian newspapers digitisation program[C]//The 23rd Australasian Conference on Information Systems, 2012: 1-11.

[9] Pilz D, Gewald H. Does money matter? Motivational factors for participation in Paid-and Non-Profit-Crowdsourcing communities[C]//Eleventh International Conference Wirtschaftsinformatik. 2013.

[10] Zhao Y, Zhu Q. Evaluation on crowdsourcing research: Current status and future direction[J]. Information Systems Frontiers, 2014, 16(3): 417-434.

[11] Finnerty A, Kucherbaev P, Tranquillini S, et al. Keep it simple: Reward and task design in crowdsourcing[C]//Proceedings of the Biannual Conference of the Italian Chapter of SIGCHI. ACM, 2013: 1-4.

[12] 夏恩君, 赵轩维, 李森. 国外众包研究现状和趋势 [J]. 技术经济, 2015, 34(1): 28-36.

[13] Ansari S, Binder J, Boue S, et al. On crowd-verification of biological networks[J]. Bioinformatics and Biology Insights, 2013, 7: 307-325.

[14] Mason A D, Michalakidis G, Krause P J. Tiger nation: Empowering citizen scientists[C]//Digital Ecosystems Technologies (DEST), 2012 6th IEEE International Conference on. IEEE, 2012: 1-5.

[15] Carlier A, Salvador A, Cabezas F, et al. Assessment of crowdsourcing and gamification loss in user-assisted object segmentation[J]. Multimedia Tools and Applications, 2016, 75(23): 15901-15928.

[16] Kawajiri R, Shimosaka M, Kashima H. Steered crowdsensing: incentive design towards quality-oriented place-centric crowdsensing[C]//Proceedings of the 2014 ACM International Joint Conference on Pervasive and Ubiquitous Computing. ACM, 2014: 691-701.

[17] Wang Y, Jia X, Jin Q, et al. QuaCentive: a quality-aware incentive mechanism in mobile crowdsourced sensing (MCS)[J]. The Journal of Supercomputing, 2016, 72(8): 2924-2941.

[18] Uzun A, Lehmann L, Geismar T, et al. Turning the OpenMobileNetwork into a live crowdsourcing platform for semantic context-aware services[C]//Proceedings of the 9th International Conference on Semantic Systems. ACM, 2013: 89-96.

[19] Goncalves J, Hosio S, Ferreira D, et al. Game of words: tagging places through crowdsourcing on public displays[C]//Proceedings of the 2014 Conference on Designing Interactive Systems. ACM, 2014: 705-714.

[20] Bockes F, Edel L, Ferstl M, et al. Collaborative landmark mining with a gamification

approach[C]//Proceedings of the 14th International Conference on Mobile and Ubiquitous Multimedia. ACM, 2015: 364-367.

[21] Reinsch T, Wang Y, Knechtel M, et al. CINA-A crowdsourced indoor navigation assistant[C]//Proceedings of the 2013 IEEE/ACM 6th International Conference on Utility and Cloud Computing. IEEE Computer Society, 2013: 500-505.

[22] Tinati R, Van Kleek M, Simperl E, et al. Designing for citizen data analysis: A cross-sectional case study of a multi-domain citizen science platform[C]//Proceedings of the 33rd Annual ACM Conference on Human Factors in Computing Systems. 2015: 4069-4078.

[23] Gadiraju U, Yang J, Bozzon A. Clarity is a worthwhile quality: On the role of task clarity in microtask crowdsourcing[C]//Proceedings of the 28th ACM Conference on Hypertext and Social Media. 2017: 5-14.

[24] Rotman D, Hammock J, Preece J J, et al. Does motivation in citizen science change with time and culture?[C]// Companion Publication of the, ACM Conference on Computer Supported Cooperative Work & Social Computing. ACM, 2014:229-232.

[25] Zichermann G, Cunningham C. Gamification by Design: Implementing Game Mechanics in Web and Mobile Apps[M]. O'Reilly Media, Inc., 2011.

[26] Goodhue D L, Thompson R L. Task-technology fit and individual performance[J]. MIS Quarterly, 1995: 213-236.

[27] 闵庆飞, 张克亮. 手机微博技术-任务匹配的影响因素及其对用户采纳行为的影响——基于可用性视角的实证研究 [J]. 技术经济, 2014, 33(3): 48-53.

[28] 鲁耀斌, 沈平, 陈致豫. 基于 TTF 的不同类型的组织移动商务采纳案例研究 [J]. 工业技术经济, 2007, 26(6): 48-53.

[29] Kristof A L. Person-Organization Fit: An integrative review of its conceptualizations, measurement and implications[J]. Personnel Psychology, 1996, 49(1): 1-49.

[30] Cable D M, DeRue D S. The convergent and discriminant validity of subject fit perceptions[J]. Journal of Applied Psychology, 2002, 87: 875-884.

[31] Caldwell D F, O'Reilly C A. Measuring person-job fit with a profile-comparison process[J]. Journal of Applied Psychology, 1990, 75(6): 648.

[32] Sekiguchi T. Person-organization fit and person-job fit in employee selection: A review of the literature[J]. Osaka Keidai Ronshu, 2004, 54(6): 179-196.

[33] Ho C J, Jabbari S, Vaughan J W. Adaptive task assignment for crowdsourced classification[C] //Proceedings of the 30th International Conference on Machine Learning (ICML-13). 2013: 534-542.

[34] Yuen M C, King I, Leung K S. Task matching in crowdsourcing[C]//Internet of Things. IEEE, 2012:409-412.

[35] Geiger D, Schader M. Personalized task recommendation in crowdsourcing information systems—current state of the art[J]. Decision Support Systems, 2014, 65: 3-16.

参考文献

[36] Feldman M, Bernstein A. Cognition-based task routing: Towards highly-effective task-assignments in crowdsourcing settings[C]// Proceedings of the International Conference on Information Systems. 2014.

[37] 李勇军, 郭基凤, 缑西梅. 软件"众包"任务分配方法 [J]. 计算机系统应用, 2015, 24(2): 1-6.

[38] Horowitz D, Kamvar S D. The anatomy of a large-scale social search Engine[C]// Proceedings of the 19th International Conference on World Wide Web. ACM, 2010: 431-440.

[39] 丁婧, 易树平, 杨文彩, 等."任务-人"匹配对人-信息系统交互效率影响的探讨 [J]. 人类工效学, 2007(03): 49-51.

[40] 胡昭阳, 汤书昆. 众包科学: 网络时代公众参与科学的全新尝试——基于英国"星系动物园"众包科学组织与传播过程的讨论 [J]. 科普研究, 2015, 10(4): 12-20, 34.

[41] McFarlane A, Sparrowhawk A, Heald Y. Report on the educational use of games[M]. TEEM (Teachers evaluating educational multimedia), Cambridge, 2002.

[42] Galvis A, Moeller B. Rubric for assessing or designing playful learning spaces[J].Playspace Public Paper, 2002,(5):4-7.

[43] Mena R J R. Game assesement using the e/e grid[M]//Serious Educational Game Assessment. Brill Sense, 2011: 95-117.

[44] Annetta L A, Lamb R, Stone M. Assessing serious educational games: The development of a scoring rubric[M]//Serious educational game assessment. Brill Sense, 2011: 75-93.

[45] 鲍雪莹. 信息素养教育游戏的评价指标体系构建及应用研究 [D]. 南京: 南京大学, 2016.

[46] 范云欢, 崔金英. 网络教育游戏评价量规的开发与应用研究 [J]. 中国教育信息化,2008 (3):10-12.

[47] 叶长青, 王海燕, 王萍. 数字化教学游戏三维评价体系架构 [J]. 远程教育杂志, 2009, 17(6): 71-73.

[48] 赵宇翔. 科研众包视角下公众科学项目刍议: 概念解析、模式探索及学科机遇 [J]. 中国图书馆学报, 2017, 43(5): 42-56.

[49] Miller J D. Scientific literacy: A conceptual and empirical review[J]. Daedalus, 1983: 29-48.

[50] 王素. 科学素养与科学教育目标比较——以英、美、加、泰、中等五国为中心 [J]. 外国教育研究, 1999, (2): 5-9.

[51] 冯翠典. 科学素养结构发展的国内外综述 [J]. 教育科学, 2013(6):62-66.

[52] Hamari J, Koivisto J. Why do people use gamification services?[J]. International Journal of Information Management, 2015, 35(4):419-431.

[53] Huotari K, Hamari J. Defining gamification - A service marketing perspective[C]// 16th International Academic Mindtrek Conference. ACM, 2012.

[54] Chou Y K. Gamification & Behavioral Design[EB/OL]. [2019-03-28] http://yukaichou.com/gamification-examples/octalysis-complete-gamification-framework/.

[55] O'Brien H L, Toms E G. The development and evaluation of a survey to measure user engagement[J]. Journal of the American Society for Information Science and Technology, 2010, 61(1): 50-69.

[56] Davis F D. Perceived usefulness, perceived ease of use, and user acceptance of information technology[J]. MIS Quarterly, 1989: 319-340.

[57] Nielsen J. Designing web usability: The practice of simplicity[M]. New Riders Publishing, 1999.

第 5 章 公众科学的平台游戏化研究

游戏化 (gamification) 是指将游戏思维和游戏化元素引入到非游戏的情境中。在公众科学平台中融入游戏化设计,通过游戏化元素来激励用户参与是推动公众科学项目良好运营的有效途径。因此,本章聚焦于公众科学平台的游戏化研究,首先从理论层面探索了公众科学平台的游戏化框架设计和游戏化元素应用,其次基于 Kano 模型从实证角度对公众科学平台的游戏化元素进行研究。

5.1 公众科学中的平台游戏化

游戏化的概念源于这样一种观念:游戏是一种享乐型自我目标系统的巅峰形式[1]。游戏化的意图是激发用户的参与动机,以及增加或改变某一特定行为。大多数游戏化应用都是从游戏中借用设计模式,以提高任务完成过程中的游戏体验为目标,如提升自主感、成就感等[2]。在游戏化元素的应用中,积分是最明显的游戏化组件。通常,平台会将积分与排行榜相结合来营造平台中的竞争感。另外,积分与其他游戏化元素进一步结合使用也能起到较好的游戏效果,例如,时间限制[3]、团队成员之间进行能力的比较[4] 以及徽章和具体目标任务[5,6]。

在众包领域中,学者认为,可以把游戏化看作是一种试图将参与者动机从纯粹理性的目标导向转向自我目的性、内在驱动的活动。通过这种动机的重新定向,在众包工作的执行中影响参与者的行为。换而言之,游戏化元素为内在动机提供助力[7,8],例如分数、徽章、排行榜、头像和故事等经常被用在游戏化设计中来激励用户的持续参与[9]。而在传统的非游戏化众包平台中,游戏化通常以奖励形式出现,如利用计件工资支付或竞赛奖励等来激发用户参与众包的动机。

在公众科学领域中,游戏化的意图首先是增强用户使用公众科学平台的动机,其次是触发或改变某一特定的行为。大多数游戏化应用都是从游戏中借用设计模式,提高类似游戏的体验。例如,掌控、自主、流畅或悬疑等感觉[10,11]。如果在公众科学平台中加入游戏化元素,可以把它看作是一种将参与者从纯粹地完成任务转为由内在动机驱动而参与的设计。通过这种动机的重新定向,在公众科学活动执行中的参与者行为也会进行相应调整[7,8]。由于公众科学的成功很大程度上取决于参与用户的数量,因此公众科学平台需要通过借鉴游戏的思路,设计出具有激励性的元素来提升参与行为。

然而，目前大多数研究关注游戏化设计在商业众包平台中的应用，鲜有研究关注公众科学平台中游戏化的实施框架以及对用户参与行为的影响。基于科研众包的公众科学平台和商业众包平台两者所侧重的游戏化的差异，在商业众包平台中那些对用户参与行为具有显著影响的因素或许对于公众科学平台参与者的影响较弱，并且，公众科学平台的游戏化设计与自身平台特色相融合，使得公众科学平台的游戏化框架和元素有一定的独特性。

鉴于此，本章节聚焦于公众科学平台中的游戏化研究，重点探索以下 3 个问题：公众科学情境下，如何设计平台游戏化框架？针对不同类别的公众科学平台，如何选取不同的游戏化元素进行组合应用？不同的游戏化元素如何影响用户的参与满意度？

5.2 面向公众科学平台的游戏化框架设计及元素应用

5.2.1 面向公众科学平台的游戏化框架设计

1. 公众科学平台的主要功能模块及对应的常见游戏化元素

公众科学平台一般由第三方机构设计、管理和运营，平台在接收到发包方递交的任务后，会对任务进行一系列处理，并推送给相关的接包方去完成。作为承载公众科学任务的场所，公众科学平台从将发包方所委托的任务进行包装与发布，到对接包方的反馈进行收集与筛选，都遵循着一套完整的基本运作流程。这个运作流程通常会涉及 4 个主要功能，即任务设计、用户交互、反馈检验和激励机制，如图 5.1 所示。在任务设计功能方面，科学家、科研机构等发包方主体向平台提供的只是问题本身，而并非设计好的公众科学任务。因此，第三方机构会基于平台对任务进一步设计，以易于理解的方式向接包方展示。在用户交互功能方面，公众科学平台作为双方的中介，起到传达、分配、收集等作用。在参与整个公众科学的过程中，用户会与平台产生各种交互行为，例如发包方对任务设计的考核、接包方对与自身能力相匹配的任务的检索、任务结果的提交等。在反馈检验功能方面，发包方会对众多接包方上传的任务结果进行反馈检验。反馈形式主要有 2 种类型，即涌现型和非涌现型，涌现型需要对所有任务反馈进行汇总并筛选出有用的反馈，而非涌现型则需要按照一定的标准进行检验，从众多反馈中选择出一个或几个最优反馈[12]。在激励机制方面，Organisciak 认为要使公众参与其中，相应的酬劳是必需的，而金钱的激励会使用户参与众包的主动性大大提升[13]。因此，

5.2 面向公众科学平台的游戏化框架设计及元素应用

公众科学平台的任务都会设置一定的奖励,以此来提升接包方参与的积极性与主动性。

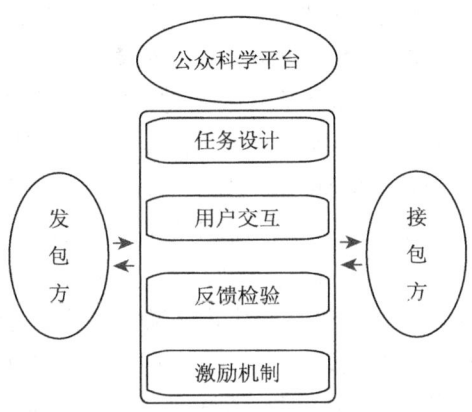

图 5.1 公众平台的主要功能模块

通过这 4 个主要功能模块,公众科学平台完成了最基本任务的发放与收集。值得注意的是,这 4 个功能模块对于同一任务,具有一定的内在整合性,然而基于平台整体的视角,这些模块的认知和操作并非单纯意义上的线性关系。特别在很多情况下,平台是多任务共存的,因此各功能模块之间的并发性和并行能力就显得格外重要。如果公众科学平台为了提升用户参与度而采取游戏化模式,即需要在这 4 个模块中嵌入不同的游戏化元素以达到更好的效果。游戏化元素并非排他的,更多的时候是在不同的模块中都或多或少有所应用。表 5.1 总结了各功能模块对应最为常见的游戏化元素,以及这些元素的主要功能。

表 5.1 常见的游戏化元素与主要功能

功能模块	游戏化元素	功能
任务设计	难度星级、倒计时、教程	在任务列表处设计难度星级,便于接包方在接取任务时选择力所能及的任务,减少难度不匹配而导致的流失; 增加任务倒计时功能,增加用户完成任务的紧迫感,带来良性竞争; 对于相对较难的任务配有简易教程,提升用户体验
用户交互	排行榜、团队	通过各类排行榜,如接包方贡献排行榜、发包方信誉排行榜等,便于用户进行筛选对象; 通过组建团队,增加用户凝聚力,捆绑后可以减少流失
反馈检验	评分	通过大众评选,如投票形式或招标方式,增加用户的良性竞争,也便于发包方进行有效的验收
激励机制	经验、勋章、积分、成就	通过传统的勋章、积分,作为除了金钱报酬之外的奖励,提升用户成就感; 通过设置成就,需要特殊的达成条件,使任务的完成更具趣味性,增加用户体验,提升成就感

2. 公众科学平台的游戏化框架设计

将公众科学平台的游戏化框架设计为自内而外的逐层包裹模式,如图 5.2 所示。该模型分为 3 层,首先需要明确公众科学平台游戏化的内核,即平台的主体——公众科学平台的属性分类、活动参与的对象,以及平台所承载和传递的具体任务。其次,在确定内核后,需要建立一套完整的运作机制对平台进行规范,该运作机制由 4 个模块支撑,即任务设计、用户交互、反馈检验和激励机制,这也是公众科学平台运作时最基本的环节。最后,在平台结构完整、功能齐全的基础上,融入多种游戏化元素,根据不同元素侧重的激励效果嵌入平台的各个环节。同时,游戏化元素需要公众科学平台自身的支撑,从而对平台起到包装点缀的效果,以达到激励用户的目的。因此,该模型由内核确定公众科学平台的基本属性,在此基础上再由机制构建完整的运营平台,最后再融入具有激励效用的游戏化元素,为自内而外不断加筑自身的 3 层框架。该框架有助于从体系结构上规范公众科学平台中融入游戏化元素的流程和步骤,并为众包平台的设计师和运营管理方提供有的放矢的操作指南和行动要领。

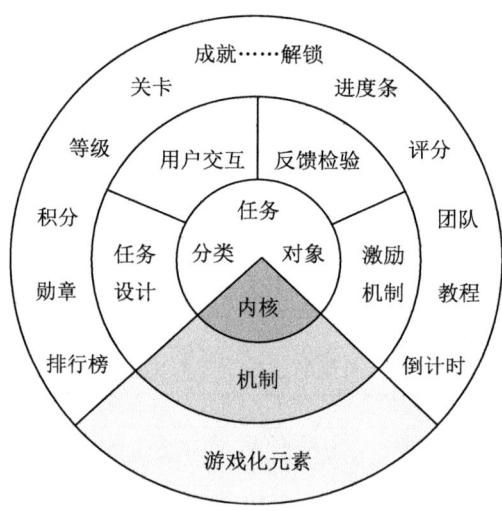

图 5.2 公众科学平台的游戏化设计框架

5.2.2 面向公众科学平台分类的游戏化元素应用

公众科学平台是开展公众科学活动的公共场所,对发包方和接包方之间的信息传递、任务发布以及反馈评估起到重要的渠道效应,并发挥着不可或缺的中介作用。在公众科学平台上开展游戏化设计,首先需要考虑平台类型上的差异。尽管已构建了面向公众科学平台的游戏化框架，然而在实际应用中不同的平台往往需要不同的游戏化元素。对于平台的分类，不同的研究视角催生了不同的分类方式。譬如，钟辉新等将众包平台分为商业模式和系统模式这两个维度，其中系统模式又分为专家型和分布型，商业模式分为基于大型搜索引擎的网站和独立的威客网站[14]。解新华则按照众包的应用方向，将众包平台分为积分型、悬赏招标型、知识能力出售型和地图型四大类[15]。

根据前人的研究结果，结合现有的公众科学平台实例，将平台从其所承载的任务种类分为种类繁杂、涉及领域广的综合型平台，和用以研究专门的领域问题，专业化程度相对较高的专项型平台。其中，综合型公众科学平台包括阿里众包、任务中国、Amazon Mechanical Turk (MTurk)、InnoCentive 等，聚集了来自科研院所或企业的科学任务需求，所发布的任务种类繁多，涵盖了众多行业。专项型公众科学平台则是以完成某项研究或科研工作为实际目标的领域化科研众包平台，例如鸟类保护领域的 eBirds 平台、天文和航空领域的星系动物园 (Galaxy Zoo)、数字人文领域的上海图书馆盛宣怀手稿众包平台等。另外，从用户采纳和使用的角度，需要考虑公众科学平台在推广过程中的初始采纳和后续使用两个不同阶段。初始采纳阶段和后续使用阶段的游戏化设计策略往往有较大的差异，需要有针对性地基于公众科学平台开展相应的游戏化激励措施。其中，初始采纳阶段主要面临的是如何解决用户的冷启动问题，而后续使用阶段则需要考虑如何维持用户群体的活跃度并增强平台的适应性和黏性。因此，不同的游戏化元素会映射到不同的用户动机层面，从而产生不同的效果。

鉴于此，我们尝试从公众科学平台类型以及用户使用阶段这两个不同维度进行分类，4 个类别分别是"专项型平台的初始采纳""专项型平台的后续使用""综合型平台的初始采纳"和"综合型平台的后续使用"。以文献研究为基础，从实际公众科学平台案例出发，针对每个分类提出相应的游戏化元素进行讨论，对这 4 个类别平台的特征异同点进行分析。最后通过引入不同的游戏化元素，以达到不同的游戏化目标，使平台的问题得到一定程度的改善。常见的游戏化元素对应的公众科学平台分类图如图 5.3 所示，表 5.2 详细列举了游戏化元素的功能。由于各类游戏化元素并不是严格排他的，因此本书仅列出各分类中较为常用的游戏化元素。

1. 专项型平台的初始采纳

随着公众科学项目对平台的使用逐渐增加，许多针对专业研究领域的公众科学平台也应运而生。例如上海图书馆的盛宣怀手稿众包平台 (http://zb.library.sh.

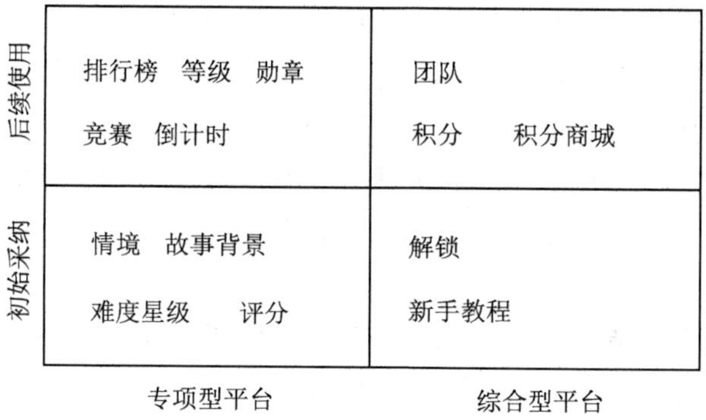

	专项型平台	综合型平台
后续使用	排行榜 等级 勋章 竞赛 倒计时	团队 积分 积分商城
初始采纳	情境 故事背景 难度星级 评分	解锁 新手教程

图 5.3 常见的公众科学平台游戏化元素

表 5.2 面向公众科学平台分类的游戏化元素功能

分类	游戏化目标	游戏化元素	游戏化元素功能
专项型平台初始采纳	克服冷启动	故事背景	通过附加任务的背景故事,研究完成的未来蓝图等,增加用户参与时的使命感
		情境	通过融入图像、音像、视频等突出特定的情境,增加用户参与时的临场感
		新手教程	通过简易的新手教程,使刚接触平台的新用户更快熟悉平台
		难度星级	通过设置难度星级使用户有自主性进行任务筛选,减少能力不匹配
		评分	通过反馈评分给予用户肯定,同时有助于筛选
专项型平台后续使用	增加用户黏性	排行榜	通过列出贡献排行榜、完成次数排行榜等多类榜单,给用户成就感,增加用户黏性
		等级	通过不断地获取经验值及等级的提升,使重复的完成任务有一定的追求感
		勋章	通过不同头衔的勋章,或达到一定要求所给的成就勋章,增加用户成就感
		竞赛	通过竞赛形式,刺激用户对排名的追求
		倒计时	通过给任务完成加上倒计时,给任务设置难度,给用户挑战性
综合型平台初始采纳	克服冷启动	教程	通过教程引导用户对平台功能与操作更快地上手
		解锁	通过解锁版块、功能等,强化用户对功能与操作的记忆
综合型平台后续使用	增加竞争力	团队建设	通过设计组队任务,组建团队,加强平台内用户交流,增强用户间的凝聚力,减少用户流失,将用户捆绑,增加其稳定性
	增加用户黏性	积分商城	通过设置商城,使用户积攒的积分可以兑换虚拟或实体商品,来刺激用户持续使用积攒积分

cn/),借助群众力量将历史名人生平稿件、书信等文字记录加以辨识、誊抄,并进行数字化,以供专家学者进行史学研究。但由于该项目刚刚起步,平台也在建立之初,任务层面的搭建尚有诸多需要完善之处,目前平台的参与用户量还不高。

平台是根据科研项目的确立而构建的，因此在平台建立伊始，由于科研项目的推广还未普及，或平台功能不够完善，存在着显著的冷启动问题，无法迅速吸引大量用户的参与，科研项目进程也因此而滞缓。另一方面，从用户角度来看，对于了解不多甚至未接触过的领域，往往需要时间去了解与学习，包括对领域科学知识的入门和对平台自身功能的探索。因此，在平台的初始采纳阶段，首先可以通过故事背景，设置情境，赋予用户临场感、使命感等，让初次接触平台的用户对所使用的平台的任务目的有所了解，并通过新手教程的引导，帮助用户快速熟悉平台的功能与操作。将任务设置难度星级，以供用户根据自身能力进行筛选。同时通过用户初期任务的反馈进行合理的评分，一方面对那些已经取得一定成果的用户进行奖励，增强其参与的信心；另一方面帮助平台筛选合适的用户，根据用户的能力和任务的需求进行有效匹配，并推荐合理难度的任务给不同级别的用户。

2. 专项型平台的后续使用

当专项型平台建立后经过良好的推广已拥有大量用户，且具有相当成熟的运营模式和平台功能，可以为科学家提供具有较强目的性的科研帮助时，这类平台则需更多关注用户使用后期的体验。譬如，eBird(www.ebird.org) 是目前全世界最大的赏鸟记录数据库及共享平台，搜集来自世界各地 30 万用户的赏鸟记录，已经提供 1 亿 5 千万笔鸟类分布数据。参与者不仅可以展示自己的赏鸟成果，也可以查阅、下载他人的赏鸟成果，包括鸟类图片、声音，还可以查阅热门观鸟地点和鸟类分布图等。再如，星系动物园 Galaxy Zoo(www.galaxyzoo.org)，是一个邀请大众参与，帮助分类超过 100 万星系的在线天文学项目。参与者根据图片上显示的星系，判断其形态特征，每个星系都被不同的用户分类 20 次，从而得到一个更加准确、可靠的数据库。这些公众科学平台都是较为典型的专项型众包平台。

以上是已成熟的公众科学平台，大多数用户到达后续使用阶段，因此这类平台所面临的最大问题是如何增强用户黏性，使平台能够持续运作。由于专项型平台的特征，平台任务本身带有较为鲜明的领域特色，在特定的研究背景或商品种类之中鲜有竞争，因此这类平台需要考虑的是，如何在任务类型和规则已经被用户熟知的情况下进行游戏化设计留住用户，减少因为任务的千篇一律和平台的一成不变而消磨用户的兴趣，导致用户流失。因此，对于已经多次完成任务的后续使用的用户，突出其贡献或参与度，增强用户的成就感，可以有效增加其继续参与的可能性。例如，常见的排行榜、等级、勋章等，甚至可以通过竞赛、倒计时等相对有挑战的方式来刺激用户参与。

3. 综合型平台的初始采纳

综合型公众科学平台是指借助综合的众包平台进行任务的发布与项目的运营，这种平台大部分是由商业运作，是互联网上最为常见的一类众包平台，往往规模较大且承载数量巨大、种类众多的任务，任务以翻译、标注、投票、竞赛等类型居多。然而，这些平台的运作模式与传统商业众包运作模式大抵相近，即发包方发布任务，接包方接取、完成并上传，最后经过发包方验收，达成任务。随着信息通信技术的高速发展，市场上也出现了一批以计算机语言代码为需求的承载大量发布的任务的众包平台，这类平台的运作模式与传统的综合型平台相似，同样是处理各行各业的任务难题，而区别在于发包方验收的是接包方编写的代码形式的反馈。

无论是传统的还是新兴的综合型公众科学平台，在平台建立之初都需要经历用户的使用初期。在没有学科背景限制下的综合型平台，其功能是用户首先需要接触到的，而平台能否被采纳，更多的也是取决于其功能是否强大且完备。因此，对于初始采纳的用户，选择平台更关注的是其功能，平台功能具有引导性的元素是必不可少的。可以通过教程引导、解锁来强化平台的功能，让用户在使用中自然而然地接触到不同的功能模块，循序渐进地学习操作，了解功能并牢记操作方式，更容易操作。

4. 综合型平台的后续使用

国内发展较早的猪八戒网（www.zbj.com），国外较为成功的 InnoCentive（www.innocentive.com）和 Amazon Mechanical Turk（www.mturk.com），这些平台已运营得相当成功并拥有大量用户，无论是其外部构建还是内部运营机制都遵循着相似的范式。相比于使用后期的专项型平台运作，综合型平台面临更大的问题是来自众多同类综合型平台的激烈竞争。对于发布任务的发包方和接取任务的接包方，提供众包服务的平台众多，如何能够吸引或者留住这两方，则成为能够在那些功能与操作方式都很接近的综合型平台中脱颖而出的核心。因此，在后续使用时，综合型平台需要增加竞争力以留住对该类平台运作范式早已熟悉的用户。可以通过组队任务来构建团队，以此对用户进行捆绑，同时开设积分商城，由任务积累的积分在平台发挥更多的功效，促使用户持续使用平台。

5.3 基于 Kano 模型的公众科学平台游戏化元素研究

5.3.1 Kano 模型

Kano 模型是一种质量评价模型，反映的是产品或服务的各质量属性高低与用户满意度之间的关系。在早期的质量管理领域，研究者普遍认为产品质量属性与用户满意度是纯粹的线性关系，即一项产品的属性参数越好，用户对该产品的满意度就越高；各属性参数越差，消费者就越不满意。1959 年，Herzberg 提出了著名的双因素理论，这一理论也被称为激励-保健理论[16]。当激励因素得到满足时会增强员工的工作积极性，但得不到满足时并不会降低其积极性；当保健因素得到满足时不会增强员工的工作积极性，一旦得不到满足，就会降低员工的工作积极性。

受到 Herzberg 研究的启发，1984 年，日本研究者 Kano 将双因素理论引入到质量管理领域并加以改进，提出了质量评价的 Kano 模型[17]。Kano 模型将产品的质量属性划分为魅力质量 (A)、一维质量 (O)、必备质量 (M)、无差异质量 (I) 和反向质量 (R)。各类质量属性与用户满意度关系如图 5.4 所示。从图 5-4 可以看出，只有当必备质量很充分时用户才会感觉满意，说明必备质量属性是用户认为该产品应该具有的属性。一般而言，必备质量属性是产品或服务的基本属性。魅力质量属性是用户未预料的产品质量属性，这种用户意料之外的质量元素会大幅提高用户的满意度。魅力质量元素未被满足对用户的满意度不会产生太大影响。无论一项产品质量属性参数如何，用户对该产品的满意度都不会有任何变化，则判定为无差异质量。一维质量则与传统认识的质量属性相同，即产品的属性参数越好，用户对该产品的满意度就越高。反向质量属性是对用户产生反向作用的属性，其参数越大，用户满意度越低，两者呈线性关系。

目前，在图书情报领域，基于 Kano 模型来研究用户与数字资源交互满意度的影响因素[18]、图书馆的服务质量[19,20]、社会化媒体的用户需求[21]等相关文献较多。较少有研究基于 Kano 模型从游戏化角度来探索其对用户参与的激励作用。Kano 模型能够从正向和反向两个角度更好地理解服务/产品的相关质量属性对用户需求及满意度的影响，并且 Kano 模型对服务/产品元素进行分类具有较大的优势。在技术和资金有限的情况下，对服务/产品质量属性的五类划分有助于运营者在服务/平台开发和运营过程中有重点地进行优化。鉴于此，我们采用 Kano 模型对公众科学平台的游戏化元素进行研究，以期为公众科学平台的游戏化设计与改进提供一定的指导。

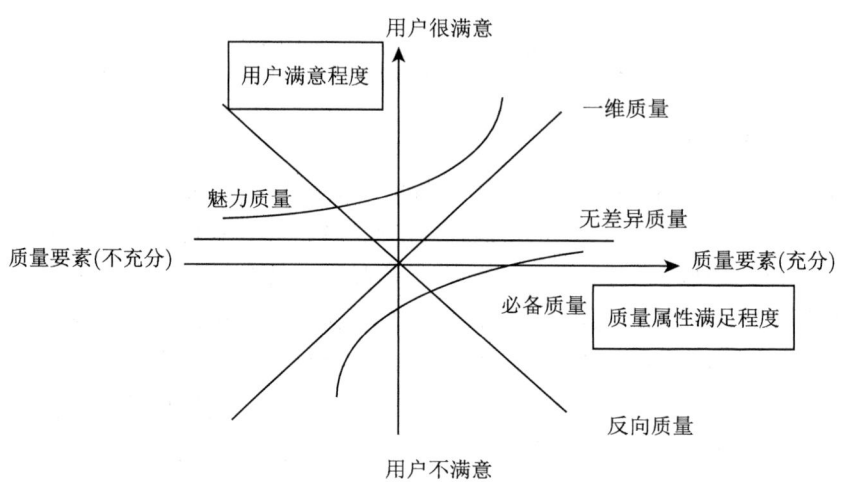

图 5.4　Kano 模型基本框架各类质量属性与用户满意度关系图

5.3.2　公众科学平台的游戏化元素设计及调研

公众科学平台将科研机构/组织与社会公众群体连接起来。公众科学平台在接收到科研机构/组织递交的任务后，会对任务进行一系列处理，并推送给社会公众完成。基于前期关于公众科学平台游戏化框架和游戏化元素的研究，以及对公众科学平台实例及相关文献的搜集和梳理，归纳总结出公众科学项目中游戏化任务设计、交互设计、反馈设计以及奖励设计 4 个评价维度及具体游戏化元素，如表 5.3 所示。

1. 问卷初始权重设置

使用李克特 5 级量表设计重要度问卷，根据上文总结的 5 个维度下的具体元素问项为问卷题项，重要度从高到低的评价划分为 5 个等级，分别为非常有必要、有必要、一般、没必要、非常没必要。在一般的问卷设计中，一般默认评价等级之间的指数距离是相等的，即认为各个评价等级间的差距是相同的。但事实上，由于每个人对于评价等级语义的理解不尽相同，所以在问卷设计时，我们没有将评价等级设置成等距的，而是采用了较为广泛使用的模糊语意转换法。模糊语意转换法的原理是将各评分项转化成三角模糊函数，通过得分计算获得具体的权重值。由于已将各游戏化元素重要度划分为 5 个评价等级，选取它们对应的 5 项语义，重要度从高到低所对应的权重值分别为 0.885、0.700、0.500、0.300、0.115。

5.3 基于 Kano 模型的公众科学平台游戏化元素研究

表 5.3 公众科学平台游戏化元素题项

维度	题号	游戏化元素题项	文献来源
任务设计	1	为公众科学项目赋予故事和情节	Taylor 等 (2008)[22]
	2	故事情节设计借鉴史实事件或影视作品的情节等	Mary (2010)[23]
	3	用户在项目中作为主人公存在	Clyde (2008)[24]
	4	在项目过程的不同阶段设置任务关卡	Mary (2010)[23]
	5	发布的任务有难度系数的标识	Markey 等 (2008)[25]
交互设计	6	设计群体协作任务	Battles 等 (2011)[26]
	7	项目存在用户交流系统	Battles 等 (2011)[26]
	8	用户在项目中存在竞争和排名	Doshi (2006)[27]
反馈设计	9	用户可以得到实时任务完成度或 PK 等的信息反馈	Mary (2010)[23], Smale (2011)[28]
	10	用户可以获得其在该项目中获得的勋章、成就的展示	Donald (2008)[29]
	11	设计用户在项目中的经验等级	Markey 等 (2008)[25]
	12	设置升级标志并伴随新功能解锁	Markey 等 (2008)[25]
奖励设计	13	对用户任务的完成进行相应的奖励	Smith 和 Baker (2011)[30]
	14	在项目进程的各个阶段都设有相应的奖励	Mary (2010)[23]
	15	用户在项目中得到的奖励可以用来进行实物的兑换	Smith (2007)[31]
	16	用户未能达到预期目标时进行相应惩罚	Markey 等 (2012)[32]

2. 前测问卷

设计的问卷内容涉及公众科学以及游戏化设计方面的专业知识,虽然在问卷中我们会做一些解释说明,但是没有接触过该方面知识的被调查者在问卷题项的理解上可能会出现一些问题。另外,实证问题主要来源于文献调研和案例分析,这些总结得出的问卷问题缺乏成熟的理论作为支撑。为了进一步对设计的问卷题项进行优化改进,在进行正式的问卷调查之前,首先开展了前测问卷调查分析。前测问卷题项内容为表 5.3 中的 16 个题项的正向和反向问题。通过实地发放,向被调查者共发放前测问卷 50 份,有效填写的问卷共计 49 份。

随后,使用 SPSS 对前测问卷的统计数据进行信度和效度分析。一般采用 Cronbach's α 系数来衡量问卷信度,系数值大于 0.7 作为最低满足标准。并计算每个题项同整体的相关关系 CITC 以及 CAID 对题项进行筛选,对于 CITC 系数小于 0.4 且 CAID 系数大于问卷整体 α 系数的指标,应该从指标集中删除。计算得出第 16 个游戏化元素题项符合删除条件。在公众科学平台游戏化设计实例中,该题项确实作为奖励设计的一个重要元素而存在,由于其含义与维度中的其他元素不太一致,可能导致被调查者的评分受到影响。综合考虑后决定在正式问卷中删除该题项。

3. 正式问卷

经过前测问卷题项的调整，删除第 16 个题项，并修改重要度问卷中容易引起歧义或不易理解的题项描述，最终形成了 15 个游戏化元素的正式调查问项。问卷共分为 3 个部分：第一部分是被调查者基本信息。包括个人的性别、年龄、文化程度以及职业。第二部分是元素重要度调查。采用李克特 5 级量表来测量游戏化各元素对激励用户参与的重要性程度。第三部分是 Kano 问卷调查。邀请被调查者对公众科学平台中具备某游戏化元素和不具备这种游戏化元素两种情况的满意度进行问卷设计，用户对正反两个问题的评价选项为 Kano 模型经典的五类评分，即"喜欢""理所应当""无所谓""能忍受"以及"不喜欢"。

我们于 2018 年 5 月起参与了上海图书馆盛宣怀档案公众科学项目 (以下简称"盛档")，并协同策划了"盛档"项目在高校的活动。对来自图书情报学、计算机科学、教育学和设计学等领域的学生和教师进行"盛档"背景的普及，以及对"盛档"公众科学平台的使用与操作进行指导。经过培训和使用公众科学平台后，参与者均对公众科学和游戏化有一定认识与理解，符合问卷所需调查对象的要求。因此通过"问卷星"网站线上发放和实地发放两种形式对参与过"盛档"项目的人群发放调查问卷。共回收问卷 151 份，除去答题时间过短的、答案重复过多的以及同一 IP 地址多次填写的相似度高的问卷，最终得到有效问卷 138 份，其中大部分来源于实地发放。被调查者的基本信息如表 5.4 所示。

表 5.4 被调查者基本信息统计表

项目	分类	人数	比例
性别	男性	65	47.1%
	女性	73	52.9%
年龄	≤20 岁	63	45.7%
	21~25 岁	49	35.5%
	26~30 岁	20	14.5%
	≥31 岁	6	4.3%
文化程度	本科	71	51.4%
	硕士	59	42.8%
	博士	8	5.8%
职业	学生	133	96.4%
	教师	5	3.6%

被调查者的男、女人数之比为 47.1:52.9，男女比例较为均衡。由于报名参加上海图书馆盛宣怀档案公众科学项目的主要群体是本科生，且大多以大一新生为主，年龄段在 20 岁以下的被调查者占比最高 (45.7%)，并且大多数被调查者的职

业均为学生 (96.4%)。被调查者文化程度分布由高到低依次为本科 (51.4%)、硕士 (42.8%) 和博士 (5.8%)。

5.3.3 基于 Kano 模型的游戏化元素调研分析

1. 信度和效度分析

信度表示的是研究结果的可靠性程度，效度表示的是研究的真实性和准确性程度。利用 SPSS 统计软件分别对游戏化元素重要性问卷和 Kano 问卷进行信度和效度分析，计算元素设计 4 个维度的 15 个设计指标的相关指标。

首先，对问卷进行信度分析。目前研究中测量问卷的信度普遍使用的指标是 Cronbach's α 系数，系数值大于 0.7 作为最低满足标准[33]。由于实际问卷部分包括游戏化元素重要度问卷和 Kano 正反归类问卷两部分，所以对这两部分问卷进行总体和各个维度的 Cronbach's α 系数计算。SPSS 分析结果显示问卷总体、重要度问卷和 Kano 问卷的信度依次为 0.887、0.823 和 0.806，都处于较好的状态。具体每个维度的 Cronbach's α 值见表 5.5 和表 5.6。无论是重要度问卷还是 Kano 问卷中的任务设计、交互设计、反馈设计和奖励设计 4 个维度的 Cronbach's α 系数值都在 0.7 以上，表明问卷具有较好的信度。

表 5.5 重要度问卷信度分析表

维度	问卷题号	信度
任务设计	1~5	0.838
交互设计	6~8	0.751
反馈设计	9~12	0.782
奖励设计	13~15	0.813

表 5.6 Kano 问卷信度分析表

设计元素评价维度	问卷题号	正向问题信度	反向问题信度
任务设计	1~5	0.902	0.886
交互设计	6~8	0.798	0.707
反馈设计	9~12	0.839	0.762
奖励设计	13~15	0.872	0.809

接着，对问卷进行效度检验，包括内容效度和结构效度两个部分。在内容效度方面，问卷中游戏化元素指标均是在对公众科学平台的游戏化研究进行文献研究的基础上推理得到的，且每个元素都来源于现有的公众科学平台游戏化实例。同时，基于前测问卷调查的反馈对题项内容表达进行修正。因此，内容效度较好。在结构效度方面，通过探索性因子分析法 (EFA) 来进行结构效度检验。在进行探索

性因子分析之前，需要进行 KMO 检验和 Bartlett 球形检验。其中 KMO 检验用来比较变量之间的相关系数和偏相关系数；Bartlett 球形检验用来验证变量之间是否独立。各维度 KMO 值反映了各元素间相关性的多少，KMO 值越高表明元素间的相关性越强，一般要求高于 0.7。Bartlett 球形检验一般要求小于 0.01。SPSS 计算可知，正式问卷中重要度问卷部分、Kano 问卷正向问题部分和反向问题部分的总体样本数据的 KMO 值为 0.795、0.815 和 0.763，Bartlett 球形检验显著性 Sig.<0.000<0.01，表明三部分问卷样本效度较好。重要度问卷、Kano 正向和反向问卷中各维度的相关检测值如表 5.7～表 5.9 所示。

表 5.7 重要度问卷因子分析表

设计维度	KMO 值	Bartlett 球形检验	题项	各题项因子载荷	解释总方差/%
任务设计	0.835	0.000	1	0.729	78.10
			2	0.736	
			3	0.797	
			4	0.819	
			5	0.827	
交互设计	0.745	0.001	6	0.691	72.43
			7	0.709	
			8	0.773	
反馈设计	0.799	0.000	9	0.794	76.20
			10	0.815	
			11	0.688	
			12	0.751	
奖励设计	0.801	0.000	13	0.785	78.50
			14	0.758	
			15	0.812	

从表 5.7 中数据看出，重要度问卷、Kano 问卷正向和反向问题中各维度的 KMO 值普遍都不太高，基本都处于刚刚高于最低要求 0.7 的状态。重要度问卷、Kano 问卷正向和反向问项中各维度的 Bartlett 球形检验均为 Sig.<0.01，较为理想。每个维度各题项因子载荷值也比较理想，基本都在 0.6 以上。每个维度的解释度都达到最低标准 0.6 以上。综上所述，问卷的效度符合要求。

2. 重要度问卷分析

通过对重要度问卷的分析来测量各游戏化元素的重要程度。提到使用李克特 5 级量表设计重要度问卷，重要度从低到高的评价划分为非常没必要、没必要、一般、有必要和非常有必要。这 5 个选项的权重分别为 0.115、0.300、0.500、0.700 和 0.885。

5.3 基于 Kano 模型的公众科学平台游戏化元素研究

表 5.8 Kano 问卷正向题项因子分析表

设计维度	KMO 值	Bartlett 球形检验	题项	各题项因子载荷	解释总方差/%
任务设计	0.859	0.000	1	0.778	80.98
			2	0.757	
			3	0.829	
			4	0.836	
			5	0.849	
交互设计	0.769	0.001	6	0.731	74.97
			7	0.726	
			8	0.792	
反馈设计	0.784	0.000	9	0.816	78.75
			10	0.833	
			11	0.725	
			12	0.776	
奖励设计	0.848	0.000	13	0.802	80.10
			14	0.771	
			15	0.830	

表 5.9 Kano 问卷反向题项因子分析表

设计维度	KMO 值	Bartlett 球形检验	题项	各题项因子载荷	解释总方差/%
任务设计	0.806	0.000	1	0.724	76.60
			2	0.709	
			3	0.785	
			4	0.799	
			5	0.813	
交互设计	0.729	0.002	6	0.708	71.67
			7	0.698	
			8	0.744	
反馈设计	0.743	0.001	9	0.773	74.95
			10	0.796	
			11	0.690	
			12	0.739	
奖励设计	0.774	0.000	13	0.758	76.37
			14	0.732	
			15	0.801	

被调查者选择评分等级个数与等级对应标准值相乘，并求和得到每个元素的重要度值。比如，第一个题项被调查者选择 5 个评分的个数分别为 40、49、28、16 和 5，则第一个题项的重要度值为 40×0.885+49×0.7+28×0.5+16×0.3+5×0.115＝89.075。同理计算出其余元素的重要度值，为了更加直接方便地比较各元素的重要程度，计算各元素的相对重要性，游戏化元素的具体计算数值如表 5.10 所示。

表 5.10 游戏化元素重要度统计表

设计维度	题号	题项	重要度值	重要度百分比/%
任务设计	1	为公众科学项目赋予故事和情节	89.075	6.86
	2	故事情节设计借鉴史实事件或影视作品的情节等	80.070	6.17
	3	用户在项目中作为主人公存在	87.520	6.74
	4	在项目过程的不同阶段设置任务关卡	88.550	6.82
	5	发布的任务有难度系数的标识	90.385	6.96
交互设计	6	设计群体协作任务	73.050	5.62
	7	项目存在用户交流系统	75.390	5.81
	8	用户在项目中存在竞争和排名	89.445	6.89
反馈设计	9	用户可以得到实时任务完成度或 PK 等的信息反馈	85.935	6.62
	10	用户可以获得其在该项目中获得的勋章、成就的展示	89.230	6.87
	11	设计用户在项目中的经验等级	81.210	6.26
	12	设置升级标志并伴随新功能解锁	86.950	6.70
奖励设计	13	对用户任务的完成进行相应的奖励	95.480	7.36
	14	在项目进程的各个阶段都设有相应的奖励	93.325	7.19
	15	用户在项目中得到的奖励可以用来进行实物的兑换	92.355	7.11

从表 5.10 中可以看出，重要度问卷得出的数据表明，公众科学平台中比较重要的游戏化元素为第 13、14、15 元素。相对不太重要的为第 6、7、2 元素。实际上，重要度问卷得到的游戏化元素重要度百分比绝大多数都处于 6% 到 7% 之间，并不能清楚明了的体现游戏化元素的重要性排序。因此，还需要结合 Kano 问卷对元素进行归类，分析各元素的重要程度和对用户满意度的影响关系，从而为公众科学平台的游戏化设计提供参考。

3. Kano 问卷分析

1) 游戏化元素归类

进行 Kano 问卷分析。根据问卷数据进行相关 Kano 模型计算，即对游戏化元素进行分类。Kano 模型分类规则如表 5.11 所示。

表 5.11 Kano 模型分类规则表

游戏化元素		不具备该元素				
		喜欢	理所应当	无所谓	能忍受	不喜欢
具备该元素	喜欢	Q	A	A	A	O
	理所应当	R	I	I	I	M
	无所谓	R	I	I	I	M
	能忍受	R	I	I	I	M
	不喜欢	R	R	R	R	Q

计算元素被归于每个质量类别中的比例，即在每个类别中的隶属度将元素归

5.3 基于 Kano 模型的公众科学平台游戏化元素研究

类到其隶属度最高的类别之中。当某一元素在最高与次高的两类隶属度之间差距小于或等于 5%时，则采用 Berger 提出的归类方法，即通过计算用户满意度系数进行归类[34]。相对满意系数是增加满意系数与减少不满意系数之和，计算公式如下：

$$S_i = \frac{A_i + O_i}{A_i + O_i + M_i + I_i} \tag{5-1}$$

$$D_i = \frac{M_i + O_i}{A_i + O_i + M_i + I_i} \tag{5-2}$$

式中，A_i、O_i、M_i、I_i 分别表示游戏化元素评价表中第 i 个元素被归类为 A、O、M、I 的比例。S_i 为第 i 个元素的增加满意系数，即产品提供满足该项质量属性时用户满意度提升的比例；D_i 为第 i 个元素的减少不满意系数，即产品不满足该质量属性时用户满意度下降的比例。

如果相对满意系数的值大于 1.1 就属于魅力质量 (A) 元素，系数值在 0.9 至 1.1 之间就属于一维质量 (O) 元素，系数值小于 0.9 就属于必备质量 (M) 元素。各个元素在 Kano 二维模型不同质量类别的隶属度和最终判定归类如表 5.12 所示。

表 5.12 Kano 模型游戏化元素归类表

题号	游戏化元素在各质量类别中的隶属度					是否差异过小 (<5%)	相对满意系数	归类
	魅力质量 (A)/%	一维质量 (O)/%	必备质量 (M)/%	无差异质量 (I)/%	反向质量 (R)/%			
1	37.68	23.19	31.88	7.25	0.00	否	—	A
2	27.54	17.39	15.22	35.51	4.35	否	—	I
3	44.20	19.57	21.74	14.49	0.00	否	—	A
4	22.46	26.81	29.71	15.94	5.07	2.9	0.87	M
5	21.01	32.61	40.58	5.80	0.00	否	—	M
6	39.13	13.77	12.32	24.64	10.14	否	—	A
7	21.74	28.26	11.59	36.96	1.45	否	—	I
8	32.61	26.09	29.71	7.97	3.62	否	—	A
9	25.36	43.48	29.00	2.17	0.00	否	—	O
10	26.81	39.86	31.88	14.49	0.00	否	—	O
11	13.77	21.74	24.64	31.16	8.70	否	—	I
12	23.19	29.00	26.09	15.22	6.52	2.91	0.95	O
13	13.04	36.23	50.00	0.72	0.00	否	—	M
14	15.22	38.41	44.93	1.45	0.00	否	—	M
15	35.51	26.09	25.36	10.14	3.00	否	—	A

从表 5.12 可以看出，通过对被调查者评分数据的统计，大多数元素有比较明确的类别归属，仅有少数题项在不同类别中隶属度最小差距小于 5%，需要进行相对满意度系数计算。经进一步计算，题项 4 的用户相对满意系数小于 0.9，被归

类为必备质量 (M)。题项 12 的用户相对满意系数在 0.9 至 1.1 之间，被归类为一维质量元素 (O)。游戏化元素经过 Kano 模型的分类，第 1、3、6、8、15 元素被归类为魅力质量 (A)；第 9、10、12 元素被归类为一维质量 (O)；第 4、5、13、14 元素被归类为必备质量 (M)；第 2、7、11 元素被归类为无差异质量 (I)。

此外，除了表 5.12 的元素隶属度相关数据外，还根据式 (5-1) 和式 (5-2) 对各元素的增加满意系数和减少不满意系数进行计算，并绘出用户满意系数分布图（图 5.5）。

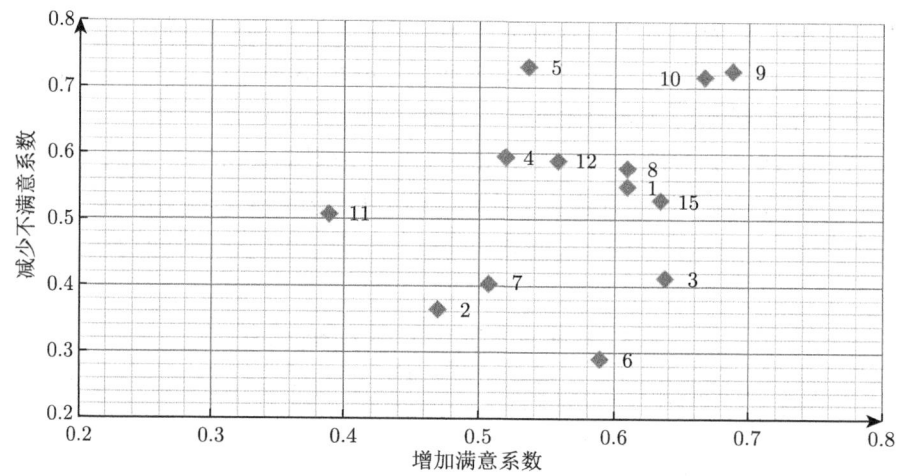

图 5.5　各设计元素用户满意系数分布图

由图 5.5 可以看出，横坐标数值越大对用户满意度的提升就越大，纵坐标数值越大对用户不满意度的降低就越大，则处于图 5.5 右上方的分布元素对增加用户满意度和降低不满意度都有很好的作用，仔细分析可以发现，图 5.5 右上方的元素基本为必备质量元素和一维质量元素，所以在公众科学平台设计中应该着重考虑这些游戏化元素。分布在图 5.5 右下方的元素主要是魅力质量元素，可以给用户带来惊喜，但对降低用户不满意度作用不大，在公众科学平台中可以酌情考虑这些元素的设计。分布在图左下角的主要是无差异质量元素，对两方面影响都不大，在公众科学平台中可以适当减少这类游戏化元素的加入，节省项目的投入成本。

2) 游戏化元素的决策权重

Kano 模型调整后，游戏化元素 i 的重要性权重 k_i 的计算如式 (5-3) 所示，其中，A_i、O_i、M_i、I_i、R_i、Q_i 分别表示游戏化元素评价表中第 i 个元素被归类

5.3 基于 Kano 模型的公众科学平台游戏化元素研究

为 A、O、M、I、R 和 Q 的比例。魅力质量 $k_A=5$，一维质量 $k_O=3$，必备质量 $k_M=1$，无差异质量 $k_I=0$，可疑质量 $k_R=0$，反向质量 $k_Q=-3$。

$$k_i = A_i \times k_A + O_i \times k_O + M_i \times k_M + I_i \times k_I + R_i \times k_R + Q_i \times k_Q \quad (i=1,2,3,4,\cdots,16) \tag{5-3}$$

将重要度问卷分析得到的各元素相对重要性百分比、Kano 模型调整后的相对重要性值和用户满意度提升系数这 3 个数值相乘，作为游戏化元素的最终决策值，再进行百分比计算得到设计元素最终决策权重，该值表示游戏化元素在公众科学平台游戏化设计中所占的重要性比例，可作为游戏化设计的决策支持。各游戏化元素最终决策权重如表 5.13 所示。

表 5.13 各游戏化元素决策权重表

题号	重要性百分比/%	调整后的相对重要性值	用户满意度提升系数	最终决策值	最终决策权重/%
1	6.86	2.709	1.160	21.56	7.95
2	6.17	1.950	0.834	10.03	3.70
3	6.74	2.968	1.051	21.02	7.75
4	6.82	2.548	1.114	19.36	7.13
5	6.96	2.514	1.268	22.19	8.18
6	5.62	1.728	0.879	8.54	3.15
7	5.81	2.106	0.911	11.15	4.11
8	6.89	2.827	1.188	23.14	8.53
9	6.62	2.303	1.413	21.54	7.94
10	6.87	1.844	1.384	17.53	6.46
11	6.26	1.483	0.897	8.33	3.07
12	6.70	2.696	1.147	20.72	7.64
13	7.36	2.598	1.355	25.91	9.55
14	7.19	2.570	1.369	25.30	9.32
15	7.11	1.817	1.164	15.04	5.54

最终决策权重是在综合全部问卷的评价分析结果上得的，其结果融合了游戏化元素的重要性与满意度，更加合理地反映了各游戏化元素的相对重要程度。

5.3.4 公众科学平台的游戏化元素结果讨论

1. 游戏化元素归类结果讨论

在 Kano 模型中，魅力质量属性是用户未预料的产品属性，会给用户意料之外的欣喜，没有也不会产生太大影响，第 1、3、6、8、15 项设计元素属于该质量分类。元素 1 是"为公众科学项目赋予故事和情节"，用户可能认为公众科学游戏化设计中设置故事背景更具趣味性，使科研项目不再晦涩难懂。同理，元素

3"用户在项目中作为主人公存在",这种游戏化设计赋予了公众科学项目类似于第一人称视角游戏的感觉,即让用户有游戏主人公的操作和体验,大大提升用户的满意度。元素 6 是"设计群体协作任务",用户在习惯了独立完成任务时,群体协作任务可以带来很大的新奇感,让用户积极参与到群体互动之中。同理,元素 8"用户在项目中存在竞争和排名"也让用户处于群体间进行比较,可以大大提升用户参与项目的兴趣,从而提升参与热情。而元素 15"用户在项目中得到的奖励可以用来进行实物的兑换",不同于常见的虚拟奖励,实物的外界刺激也是十分博人眼球的。

一维质量属性越充分用户满意度就越高,二者成正比例线性关系,第 9、10、12 设计元素属于该质量分类。元素 9 是"用户可以得到实时任务完成度或 PK 等的信息反馈",用户认为明显的完成度提示与完成信息的评估反馈是对自身的认可,进而更好地激发其继续参与项目的动力,相反如果公众科学项目中该设计很差则会大大降低用户的满意度。同理,元素 10"用户可以获得其在该项目中获得的勋章、成就的展示"和元素 12"设置升级标志并伴随新功能解锁"越充分,用户就可以更方便地掌握完成的进程和状态,设计不充分则会对用户参与造成很大的困扰,影响满意度。

只有必备质量很充分时用户才会感觉比较满意,其余情况则非常不满意,说明必备质量属性是用户对该产品的预期需求,只有满足这种需求用户才能接受该产品,必备质量属性一般是产品或服务的基本属性,第 4、5、13、14 设计元素属于该质量分类。元素 4"在项目过程的不同阶段设置任务关卡"和元素 5"发布的任务有难度系数的标识",这些元素都是游戏中比较常见的设计元素,对于项目进程与任务选择都有重要影响,可以避免用户有过高的使用负担,给用户轻松愉快的游戏体验。而元素 13、14 则从奖励设计角度说明设置一定的奖励对用户满意度有重要影响,可以极大地激发用户的参与动力。研究认为,划分为必备质量的这些元素在提高参与公众科学项目积极性方面至关重要,这些元素应作为公众科学平台游戏化设计首先要考虑的部分。

无差异质量属性是否充分,都不会对用户满意度产生变化,第 2、7、11 元素属于该质量分类。元素 2 是"故事情节设计借鉴史实事件或影视作品的情节等",用户可能认为公众科学项目中故事情节是否借鉴经典事件并不重要,他们对该方面并不太关心。同理,元素 7"项目存在用户交流系统"和元素 11"设计用户在项目中的经验等级"对用户满意度同样没有影响,用户在独立完成任务为主的公众科学平台上不太会使用社交功能,以及纯粹的等级可能并不能区分用户之间的能力等。

2. 游戏化元素最终决策权重排序结果讨论

根据表 5.12 游戏化元素归类结果及其表 5.13 游戏化元素最终决策权重可以发现，被归类为必备质量 (M) 的第 4、5、13、14 元素中，元素 4"在项目过程的不同阶段设置任务关卡"并没有位于前列，这从侧面表明关卡的设计一方面为公众科学项目的参与进程带来节奏感，另一方面会在一定程度上影响任务的连续性，影响参与者的使用体验。而被归类为魅力质量 (A) 的第 1、3、6、8、15 元素中，第 15 项"用户在项目中得到的奖励可以用来进行实物的兑换"排名较后，这可能是虽然必要的奖励机制可有效地提升参与效果，但外部的奖励机制，尤其实物化的外部奖励反而在某种程度上会削减用户内在的需求以及本身对科学的研究欲望，从而减弱了用户参与的积极性。而第 6 项"设计群体协作任务"处在榜尾，可以推测带有合作性质的群体任务或许的确使人耳目一新，但在以个人为主要行动单位的多数公众科学平台中，似乎并没有太多必须合作才能完成的任务，如果可以独立完成的任务设计为多人合作，反而对用户的参与体验造成影响。其他元素的排序所处位置，与表 5.10 中初始的重要度百分比排序基本一致，也与各元素所属的质量类别关联较大。

5.4 本章小结

游戏化的概念以及元素等对于研究者来说已不再陌生，然而如何在公众科学平台中合理有效地使用游戏化元素是公众科学研究需要重点探索的方向。本章聚焦于公众科学平台的游戏化研究，从游戏化框架设计和游戏化元素研究 2 个方面展开。在公众科学平台游戏化框架研究部分，从内核、机制和游戏化元素 3 个层次构建面向公众科学平台的游戏化框架。在公众科学平台游戏化元素研究部分，利用 Kano 模型将公众科学平台游戏化要素归类为魅力质量、一维质量、必备质量、无差异质量和反向质量。对公众科学平台的游戏化设计提出了参考依据，有助于平台设计者和管理者更好地审视游戏化元素，在运作的不同时段针对不同采纳程度的用户制定出有的放矢的激励机制，促进公众科学平台在互联网时代的发展。

参 考 文 献

[1] Hamari J, Koivisto J. Why do people use gamification services?[J]. International Journal of Information Management, 2015, 35(4): 419-431.

[2] Huotari K, Hamari J. A definition for gamification: anchoring gamification in the service marketing literature[J]. Electronic Markets, 2017, 27(1): 21-31.

[3] Harris C G. The beauty contest revisited: measuring consensus rankings of relevance using a game[C]//Proceedings of the First International Workshop on Gamification for Information Retrieval. 2014: 17-21.

[4] Lee T Y, Dugan C, Geyer W, et al. Experiments on motivational feedback for crowdsourced workers[C]//Seventh International AAAI Conference on Weblogs and Social Media. 2013.

[5] Bowser A, Hansen D, He Y, et al. Using gamification to inspire new citizen science volunteers[C]//Proceedings of the First International Conference on Gameful Design, Research, and Applications. 2013: 18-25.

[6] Preist C, Massung E, Coyle D. Competing or aiming to be average? Normification as a means of engaging digital volunteers[C]//Proceedings of the 17th ACM conference on Computer supported cooperative work & social computing. 2014: 1222-1233.

[7] Jung J H, Schneider C, Valacich J. Enhancing the motivational affordance of information systems: The effects of real-time performance feedback and goal setting in group collaboration environments[J]. Management Science, 2010, 56(4): 724-742.

[8] Zhang P. Technical opinion Motivational affordances: reasons for ICT design and use[J]. Communications of the ACM, 2008, 51(11): 145-147.

[9] Hamari J, Koivisto J, Sarsa H. Does gamification work?—a literature review of empirical studies on gamification[C]//2014 47th Hawaii International Conference on System Sciences. Ieee, 2014: 3025-3034.

[10] Kai H, Hamari J. A definition for gamification: Anchoring gamification in the service marketing literature[J]. Electronic Markets, 2017, 27(1):21-31.

[11] Seaborn K, Fels D I. Gamification in theory and action: A survey[J]. International Journal of Human-Computer Studies, 2015, 74: 14-31.

[12] Zhao Y C, Zhu Q. Effects of extrinsic and intrinsic motivation on participation in crowdsourcing contest[J]. Online Information Review, 2014, 38(7): 896-917.

[13] Organisciak P. Why bother? Examining the motivations of users in large-scale crowdpowered online initiatives[D]. University of Alberta, Master of Arts, 2010 Fall.

[14] 钟辉新, 卓宝光. 浅议"威客"发展的制约因素及策略 [J]. 现代情报, 2007, 27(12): 219-221.

[15] 解新华. 基于工作任务的电子商务威客实践平台的开发与研究 [D]. 南昌：南昌大学, 2011.

[16] Herzberg F. Motivation to work [M].Transaction Publishers, 1959.

[17] Kano N. Attractive quality and must-be quality [J]. The Journal of the Japanese Society for Quality Control, 1984, 14(2): 39-48.

[18] 王萍, 王毅, 文丽. 优化用户满意体验的数字资源建设探究 [J]. 中国图书馆学报,2014, 40(5): 98-109.

[19] 齐向华, 符晓阳. 基于 Kano 模型的图书馆电子服务质量要素分类研究 [J]. 情报理论与实践,2015, 38(4): 80-85.

[20] Garibay C, Humberto Gutiérrez, Figueroa A. Evaluation of a Digital Library by Means of Quality Function Deployment (QFD) and the Kano Model[J]. Journal of Academic Librarianship, 2010, 36(2): 125-132.

[21] 涂海丽, 唐晓波, 谢力. 基于在线评论的用户需求挖掘模型研究 [J]. 情报学报,2015, 34(10): 1088-1097.

[22] Taylor L N, Gonzalez S R, Davis V, et al. Bioterrorism at UF: Exploring and developing a library instruction game for new students[M]// Gaming in Academic Libraries: Collections, Marketing, and Information Literacy. 2008: 164-174.

[23] Mary J. Snyder Broussard. Secret agents in the library: Integrating virtual and physical games in a small academic library[J]. College & Undergraduate Libraries, 2010, 17(1): 20-30.

[24] Clyde J. Building an information literacy first-person shooter [J]. Reference Services Review, 2008(8): 366-380.

[25] Markey K, Swanson F, Jenkins A, et al. The effectiveness of a web-based board game for teaching undergraduate students information literacy concepts and skills[J]. D-Lib Magazine, 2008, 14(9/10): 1082-1093.

[26] Battles J, Glenn V, Shedd L. Rethinking the library game: Creating an alternate reality with social media[J]. Journal of Web Librarianship, 2011, 5(2): 114-131.

[27] Doshi A. How gaming could improve information literacy [J]. Computers in Libraries, 2006, 25(5): 14-17.

[28] Smale M A. Learning through quests and contests: Games in information literacy instruction[J]. Journal of Library Innovation, 2011, 2(2): 36-55.

[29] Donald J W. The 'Blood on the stacks' ARG: Immersive marketing meets library new student orientation[M]. In A. Harris & S.E. Rice (Ed.), Gaming in academic libraries: Collections, marketing, and information literacy (189-211). American Library Association, 2008.

[30] Smith A, Baker L. Getting a clue: creating student detectives and dragon slayers in your library[J]. Reference Services Review, 2011, 119(4): 628-642.

[31] Smith F A. Games for teaching information literacy skills[J]. Library Philosophy & Practice, 2007, 9(2): 11-20.

[32] Markey K, Leeder C, Swanson F, et al. BiblioBouts: A scalable online social game for the development of academic research skills[J]. 2012: 59-63.

[33] Cortina J M. What is coefficient alpha? An examination of theory and application[J]. Journal of Applied Psychology, 1993, 78(1): 98-104.

[34] Berger C. Kano's methods for understanding customer-defined quality [J]. Center for Quality Management Journal, 1993, 2(4): 3-36.

第 6 章 公众科学的志愿者信任研究

信任 (trust) 是公众科学项目中志愿者与科学家之间长期有效合作的基石。公众科学项目包含项目发起方 (科研机构、政府机构等) 和项目参与方 (志愿者) 两类群体，其有效合作是项目顺利实施的关键。因此，本章聚焦于公众科学的志愿者信任研究。首先从理论层面，对公众科学项目中的公众信任机理进行初步探讨。其次从实证层面，从声誉、网站质量、信息质量、制度结构因素 4 个方面，研究了志愿者对公众科学项目信任的主要影响因素。

6.1 公众科学中的志愿者信任

信任代表了人与人、人与组织、组织与组织之间的依赖关系，是团队合作有效运行的重要保障[1]。Thornton 和 Leahy 指出，在公众科学项目中，信任是实现双方有效合作的前提条件[2]。国外的很多公众科学项目都以 "TRUST" 命名，如 Dorset Wildlife Trust、Lawes Agricultural Trust、British Trust for Ornithology 等，均表明信任在公众科学项目中的重要作用。事实上，作为一种特殊的科研众包合作方式，公众与科学家或项目发起方之间的信任关系，会直接影响到合作的积极性、稳定性和持续性等，甚至决定了项目数据质量的优劣[3]。以往的关于公众科学信任的研究大多数是站在科学家的视角，探索科学家对公众参与的数据结果的信任问题。比如，Hunter 等基于公众志愿者的背景、参与经验、训练程度等指标，计算了科学家对公众的信任程度，依此推断众包数据的质量[4]。Lukyanenko 等结合社交网站用户的 "同行评议" 结果，帮助科学家判断公众能力的可信任程度[5]。然而，信任是一种双向而非单向行为，科学家对公众的信任标准只能作为事后的数据质量判断依据，公众对科学家的信任程度才从本质上决定了其对待公众科学项目的态度及后续完成的数据质量。

基于此，本章试图站在志愿者的视角，剖析公众科学项目中的志愿者信任机理，尝试回答下述 5 个问题：① 公众科学项目中的志愿者信任危机因何产生？包含哪几类信任危机？② 公众信任对公众科学项目具有什么意义？③ 如何提升公众对公众科学项目的信任？④ 公众科学项目的转型是否能提升公众信任？⑤ 影响志愿者信任的因素有哪些？

6.2 公众科学项目中的志愿者信任机理研究

6.2.1 志愿者信任危机

公众科学项目中的信任危机为何产生？源于什么？事实上，公众科学项目的关键要素包含人和项目本身。公众参与者首先会基于主导科研众包的科学家，以及项目发起机构来判断项目的可靠性。在参与项目的过程中，公众参与者又会依据项目流程设置中的诸多细节，来加固或削弱自己对项目的信任感知，进而形成对项目质量的判断。因此，依次从科学家、项目发起方及项目质量3个方面，探讨公众科学中的志愿者信任危机的产生及缘由。

1. 志愿者对科学家的信任危机

作为一种典型的科研合作，公众科学项目常常由科学家发起，或由政府和主办机构选择相关领域的科学家来协助完成。从狭义上来看，志愿者对科研众包项目的信任在一定程度上是由公众对科学家的信任决定的。一直以来，科学家位于人类知识的前沿领域，拥有至高无上的"知识权力"(knowledge power)[6]。即使与科学家不存在任何直接的人际交流，公众也会自然地将其看作一种抽象的职业角色，对他们产生较高的"制度信任感"，形成一种与生俱来的"科学家公信力"[7]。因此，多数学者在研究公众科学问题时忽视了信任这一问题，把公众对公众科学项目的信任看作一件理所当然的事情。

然而，近年来，随着互联网的兴起和不良的舆论导向，科学家的信任危机事件不断涌现(如转基因作物事件)，公众对"专家"的质疑声越来越多。公众对科学家出现了3方面的"信任失灵"。其一，科学家是否具备足够的专业知识技能，与普通公众存在较大的知识距离？其二，科学家是否愿意与公众交流？和公众是否存在较大的权力距离[8]？其三，一旦存在利益冲突，科学家是否敢于为群众发声，表达其真实感想？作为公众与科学家间的一种相对直接的交流合作方式，公众对科学家态度的转变也自然而然地迁移到公众科学项目中。换而言之，这种对科学家的能力、态度和立场的不信任，将会导致公众科学中的志愿者对科研众包项目的不信任，甚至会直接打消他们参与公众科学项目的念头。

事实上，很多情况下公众科学项目的志愿者的科学素质相对较高，也不乏相关领域的学者。那么，随着知识距离和权力距离的缩短，公众对科学家的信任危机是否会迎刃而解？金兼斌和楚亚杰指出，公众的科学素养越高，对科学家的信任感也会显著提高[9]。但也有学者认为，公众的科学知识与对科学家的态度呈负相关关系[10]。应用到公众科学领域中，一方面，随着技术的发展和人类知识水平的不断提高，公众与科学家之间的知识鸿沟不断缩小，他们能够更好地理解科学家布置的科学任务，更有能力参与和完成任务。另一方面，当公众了解的知识更多更全，对科学家的审视和质疑也将变得更为严苛和挑剔。因此，全民科学素养的不断提升，可能并不一定能缓解公众科学项目中的志愿者信任危机。

2. 志愿者对项目发起方的信任危机

公众科学项目是一种典型的科研众包模式，涉及的成员主要包含项目发起方和项目接收方。志愿者作为项目接收方，其对项目发起方的信任直接决定了他们是否愿意参与到公众科学项目中来。一般而言，为了获得足够的科研、政策、资金和人力保障，项目发起方可能由下述几种群体构成：①科研支持，高校和研究所的科学家；②政策支持，国家政府机构；③资金支持，企业投资或政府拨款；④人力支持，非营利机构或专业协会或政府机构主办[11]。可以看到，不同于传统科研项目，公众科学项目是需要多个机构合作完成的。也正是有不同机构的参与，才在一定程度上确保了公众科学项目的可靠性。

除了志愿者对科学家的信任问题，从项目发起方的角度，志愿者对政府、企业和非营利组织的信任也存在着严峻的挑战。在我国，公民对政府的信任关系必须以公民民主和有效监管为前提[12]。在政府主办的公众科学项目中，虽然公民是直接的项目参与者，然而在大多数情况下他们缺乏发声的渠道，难以得知项目的进行状态。具体而言，从项目主题的筛选到任务的设计，再到任务结果的发布，志愿者的主动权并不高。因此，虽然志愿者在项目前期可能因为政府的公信力而加入到公众科学中，却也会因为参与过程中的透明度低、公开性差以及能动性弱而逐渐失去热情和信心，消极怠工甚至退出公众科学项目。

此外，作为提供资金和人力支持的主力军，企业能够通过投资维持公众科学项目的运转，而非盈利组织或专业协会承包了公众参与者的招募、培训和项目的日常运作管理工作。但这些非政府组织由于公信力的缺乏，面临的信任危机将更为严重。尤其是对于不太知名的组织，公众需要先依据各种相关信息去判断其组织的公众科学项目的真实性，甚至可能都不敢点开项目宣传的链接。此外，大多数非政府组织中的专业人才匮乏，在遇到具体问题时，无法发出有理有力的声音，甚至可能导致项目的中断，难以得到公众的信任。

最重要的是，项目发起方均由正式的机构人员或有一定权利地位的专业人士组成，在具有较高的"制度信任感"的同时，有可能缺乏普通人与人之间所抱有的"人际信任感"。也就是说，过于正式的项目发起方反而给公众一种高高在上、遥不可及的感觉，使其担忧自己的付出得不到重视，项目安排过于官僚化等。总结而言,项目发起方由哪些机构和参与人构成,如何进行任务分工,才能提高整体的公众信任感,是公众科学项目中亟待解决的难题之一。

3. 志愿者对项目质量的信任危机

从项目质量的角度,志愿者参与到项目中后,一旦项目流程设计存在缺陷,初期的信任也会在参与过程中消耗殆尽。鉴于此,从项目前期的公众科学任务设计、项目中期的流程管理和项目后期的结果反馈3个方面,依次阐述志愿者对项目质量信任危机产生的缘由。

志愿者往往是基于兴趣参与到公众科学项目中,因而对该领域都有或多或少的了解。但要将其直接转化到科研工作中,依然会存在一定的难度。比如,在海洋科学的公众科学项目中,会邀请很多渔民作为公众参与者,他们可能需要完成不同区域的气候测量、提供捕捞量数据、收集海水样本等难度各异的任务[13]。即使科学家认为自己安排的公众科学任务已经相当简单,但落实到普通公众,特别是文化层次较低的渔民身上时,上述任务的设计依然存在着巨大的信任隐患。事实上,当任务比较复杂,而公众科学项目组提供的操作指导又不够具体明确时,志愿者自身都会对自己收集的数据质量感到担忧。这种对自身能力的不自信,将会转化为对整个项目质量的怀疑,引发信任危机。

理论上,项目任务设计的不足可以在项目实施中加以弥补。比如,对志愿者的能力进行检测,在必要时安排培训环节等,至少当志愿者对项目任务存在问题时,可以为其提供有效的沟通解决渠道[14]。然而,考虑到公众科学项目的公益性,其资金和人力成本往往都入不敷出。不少项目发起方在招募到足够的志愿者后,就不再关注项目实施的细节。殊不知,这种"零沟通"的方式削弱了公众在初期对项目建立的信任感。一方面,志愿者无法判断自己提交的数据是否准确有效;另一方面,志愿者难以从项目参与的过程中真正地学到知识并提升技能。这些顾虑都会进而引发志愿者对项目质量的信任危机。

在项目完成后,有些公众科学项目会给参与的志愿者提供一个最终的结果反馈。比如,山水自然保护中心的"中国自然观察项目"(http://www.shanshui.org/)会定期上传研究报告供参与者查阅。但也有一些公众科学项目不了了之,或只是简单地告知志愿者项目已完成。公众既然有兴趣参与,自然也有兴趣和权利去了解项目的详细结果。一个有头无尾的公众科学项目,意味着公众的付出没有得到应有的尊重,会导致志愿者对项目的不信任,甚至再也不愿意参与到这一类型的活动中来。因此,可以看出,在整个项目参与的过程中,某个环节的失误都可能会引发志愿者对项目质量及意义的质疑,从而导致严重的信任危机。

总之，公众科学项目中的志愿者信任危机包含 3 个维度，三者间也存在着密不可分的关系。首先，由于科学家也属于项目发起方的一分子，因此志愿者对科学家的信任危机也可能影响到其对项目发起方的信任感知。接着，对科学家和项目发起方的不信任，又可能直接影响志愿者完成项目的态度，进而对项目质量产生不良影响。随后，低质量的项目数据又反过来加剧志愿者对科学家和项目发起方的信任危机，形成恶性循环，如图 6.1 所示。所以，必须要同时从上述 3 个方面解决志愿者对公众科学项目的信任问题，为公众科学建立良好的合作环境。

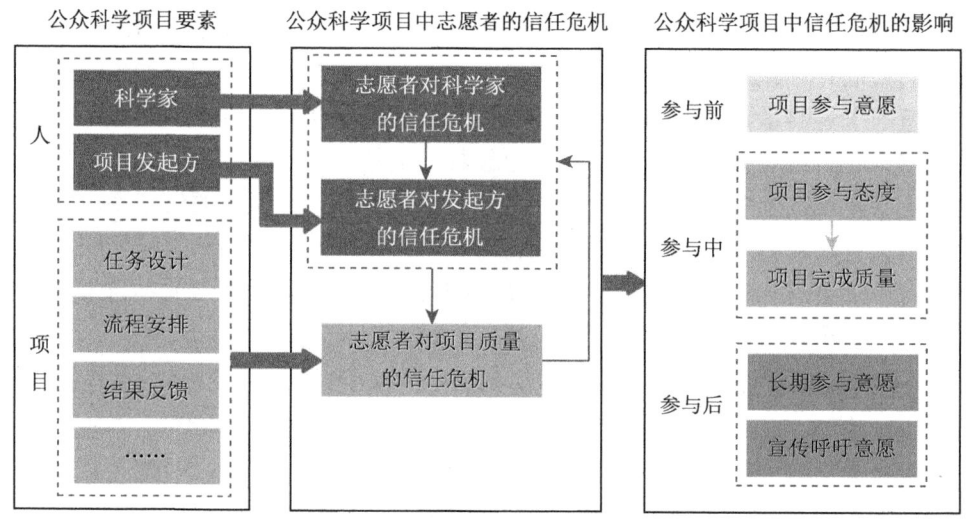

图 6.1　公众科学项目中志愿者的信任危机及其影响

6.2.2　信任对公众科学项目的意义

尝试从正反两方面分析公众信任在公众科学项目中的意义。一方面，既然公众对公众科学项目存在诸多的信任危机，那么这些信任危机现象将会产生哪些负面影响？另一方面，如果公众能够与科学家之间建立相互信任的良好关系，是否具有显著的正向效应，能从根本上提高公众科学项目的质量？

1. 志愿者信任危机对公众科学项目的影响

随着公民自身科学素质的提升，自主化意识的增强，某些权威机构公信力的下降，以及部分流于形式、鱼目混珠的公众科学项目的出现，公众对科研众包模式及具体项目的可靠性和价值产生了质疑，出现了"信任失灵"的现象。虽然以往的公众科学研究缺乏对公众信任这一关键要素的解读,但信任对于合作的重要性却毋庸置疑[15]。借鉴人际合作领域的研究结论,我们从项目参与前、参与中和参与后 3 个时间段,依次论述公众信任危机对公众科学项目的负面影响,具体如图 6.1 所示。

首先,在项目参与前期,公众信任程度直接决定了其是否愿意了解及参与科研众包项目。没有信任则很难将毫无关系的项目发起者与公众参与者联结起来,公众科学项目将无法进行。换句话说,信任直接决定了公众的参与意愿,是公众科学项目实施的前提条件。在项目参与的过程中,只有信任才能提高合作效率,保障公众科学家提供数据的准确性和及时性[16]。相反地,一旦公众对公众科学项目产生不信任感,其积极性将大打折扣,随之而来的就是参与者提供的项目数据质量的大幅降低[17]。Lewenstein 指出,加强项目参与者之间的信任,比提升他们的知识技能水平更有助于项目完成的质量[18]。因此,公众信任失灵将会影响公众参与科研众包项目的积极性、参与感和努力程度,而这种负面的项目参与态度又进一步反映到项目数据的质量上。最后,公众科学项目的完成并不意味着真正的成功,可持续性才是科研众包成功的核心[19]。以往研究指出,信任有助于加强项目发起者与公众参与者之间的长期联系和相互理解[2],帮助双方形成稳定合作的科学团体[20]。此外,一旦公众参与者与项目发起方建立了良好的信任关系,他们将会自觉自愿地承担项目宣传者的角色,呼吁周围感兴趣的朋友也"众人拾柴"。所以,公众科学项目中的公众信任的实现,不仅能够维持和留住现有志愿者,构建稳定的长期合作关系,还能加强公众的宣传意愿和呼吁力度[3]。

2. 公众与科学家的相互信任关系对公众科学项目质量的影响

以往学者大多从科学家的视角出发,探讨科学家对公众所提供的众包数据的信任。李际指出,由于公众科学家提供的数据质量参差不齐,可能会影响科研众包项目的数据结果[21]。Lukyanenko 等[5],Hunter 等[4] 通过公众参与者的背景、过往参与经验、是否受过专业训练等多个指标,构建了公众的信任模型,致力于通过计算科学家对公众的信任程度来推断数据质量。然而,信任是双方的,提升项目质量的关键是建立公众与科学家之间的相互信任关系[8],而不应当仅从科学家对公众的信任着手。

科学家对公众的信任措施往往只是事后的外部行为,加强公众对科学家的信任,才能从根本上提高公众科学项目的质量,如图 6.2 所示,公众与科学家的相互信任关系相辅相成,共同提高了公众科学项目的质量。具体而言,当公众对科学家和公众科学项目完全信任和认可时,才有可能全力付出,数据质量也会得到极大的提升。而当科学家得到良好的项目数据结果后，会更加信任公众科学家的努力及能力，认可公众科学的价值，从而更积极认真地推动相关项目的实施。伴随着项目质量的不断提升，公众逐渐得到科学家的认可，看到了自己的努力成果，收到了高质量的数据反馈，因而更加信任科学家的专业水平，也会更认真地对待公众科学项目[15]。这种公众与科学家之间相互信任的良性循环能够推动公众科学项目质量的长足进步。

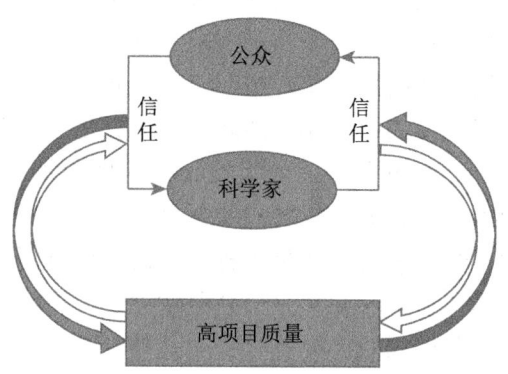

图 6.2　公众与科学家相互信任对项目质量影响的循环关系图

6.2.3　志愿者信任提升策略分析——全流程视角

一般来说，公众科学项目包含项目成立、项目宣传、项目实施和项目完成 4 个阶段。将按照项目实施的 4 个阶段，依次论述公众科学中的信任提升策略，为项目发起方提供行之有效的措施建议。具体内容如表 6.1 所示。

1. 项目成立阶段

一个高质量的公众科学项目，必须在前期进行科学详细地规划[11]。在项目成立阶段，首先要综合考虑学术、管理、资金等多个方面，合理组建项目团队。接着，确定所要研究的具体科学问题设计具有可行性的科研众包任务。然后，基于公众科学项目搭建自身的网站平台，作为后期项目宣传和实施的技术基础。在整个过程中，对细节的关注都能够提升公众对公众科学项目的信任程度。

1）组建项目团队

要想取得公众的信任，项目团队应该倡导多元化结构特征，同时具备公信力、专业性、公益性等特征。首先，公众科学项目如果由政府参与或主导，等同于提供了一份"项目背书"，其公信力将大大提升[19]。其次，作为一种科研众包项目，

6.2 公众科学项目中的志愿者信任机理研究

表 6.1　公众科学中的公众信任提升策略分析——全流程视角

项目阶段	具体内容	信任提升策略
项目成立阶段	组建项目团队	组成具备公信力、专业性和公益性的项目团队； 多机构之间互相协作和监管； 选拔公众志愿者加入项目团队
	任务设计	设计可操作的、简单清晰的、有针对性的众包任务； 为公众提供详细的操作指导和辅助的安全措施； 设计过程：专家主导、公众参与和民主协商
	网络平台搭建	设计简单，界面友好，易于操作； 搭建社交功能和模块
项目宣传阶段	项目宣传渠道/方式	经由官方媒体或政府机构宣传； 宣传方式多样化
	项目宣传内容	突出机构标识和科学家实力； 阐述项目愿景和意义，深化公众理解
项目实施阶段	志愿者选拔与培训	公平分配众包任务； 选拔公众志愿者承担第三方监管的职责； 提供面对面培训
	志愿者数据收集与提交	增加公众志愿者与科学家之间的交流； 数据提交操作简单易行
项目完成阶段	项目结果反馈	精神反馈：电子证书、感谢信； 科研反馈：分享项目成果； 政策反馈：推动政策变革

其专业性务必得到保障。比如，Cigliano 等介绍的海洋科学领域的公众科学项目中，项目团队既包含相关领域的学术专家(科研院所的科学家)，又包含实践专家(专业协会和海洋企业的人员)[14]。这些专业人员的加入能够显著提高公众对项目质量的信任。最后，公众科学项目向来都是一种低成本的公益活动，公益组织的加入既能帮助项目筹集到更多的资金，又能提升项目的社会价值，让公众在收获心理满足感的同时无形中建立了对项目的信任。此外，由于不同组织之间的利益和目的不完全一致，多样性的团队构成还有助于在合作之余形成互相监管的模式。

值得注意的是，如果能够挑选部分"公众志愿者"参与到整个公众科学项目过程中[22]，既能在后期的项目设计和实施中更加理解普通公众的需求，又能在一定程度上让公众志愿者起到第三方监管的作用，对于提升公众信任将具有显著的正面效果。

2) 任务设计

首先，无论公众科学项目选择何种主题，科学家和行业专家都应该将其细化为可操作的、简单清晰的、有针对性的任务[23]，从而让公众相信自己有能力为项目发起方提供准确的项目数据。其次，设计任务时，如有可能，项目发起方还应该提供详细的操作指导和安全措施，帮助公众更放心地去完成项目数据的采集。比如，在海洋科学领域的公众科学项目中，在分配任务时为公民提供了安全措施保障[14]。这一贴心的策略有助于增强公众对项目发起方的好感和信任度。最后，公众科学任务的设计不是科学家一个人的事情，而应该是一个专家主导、公众参与和民主协商的过程。对于专业性的问题，需要进行专家论证与技术评估；对于和公众密切相关的问题，项目团队中选拔出的公众志愿者也应当参与到任务的设计中，站在公众的角度去判断任务的难度和可行性，保证公众科学任务是能够被普通公众志愿者理解和操作的。

3) 网络平台搭建

对于公众科学项目，其发布公众科学任务的网络平台是与普通公众志愿者最直接的交互接口，体现了项目发起方的认真态度和技术实力。不少公众志愿者表明，如果项目平台的设计简单，界面友好，易于操作，将能提高用户的满意度，从而增强对项目发起方能力的信任[2]。此外，人际交流能够促进信任。如果公众科学项目的网站能够搭建社交功能和模块，帮助公众志愿者、项目组织者以及科学家之间便捷地沟通交流，将会显著提升公众对项目的信任感。

2. 项目宣传阶段

公众对公众科学项目的第一感知来自项目宣传，因此其宣传策略对招募新的参与者和赢得其信任是非常重要的[24]。

1) 项目宣传渠道/方式

项目宣传渠道直接决定了项目的可信度。首先，必须通过官方认可的渠道进行传播。如果仅仅通过公众科学项目本身的官网宣传，而没有经过官方媒体或政府机构的转发和认可，其项目的传播率和可靠性均会面临一定程度的挑战。其次，传播方式的多样化体现了项目发起方的重视程度，也能增进公众的信任感。比如，香港关于建筑遗产保护的公众科学项目中，开展了多种形式的宣传工作，包括展览、讲座、专题活动、考古工作坊、文物游览路线、网络宣传、派发纸质宣传册等[19]。这种多样化的宣传方式才能真正让每个公众都了解和信任这一项目，吸引更多的志愿者参与进来。

2) 项目宣传内容

首先，公众科学项目的宣传内容必须突出项目团队的可信度。一方面，要列出构成项目团队的所有机构标识，加强公信力，另一方面，应该把科学家或行业专家单独重点介绍，突出其专业性。这些内容都是增强用户信任感的关键。其次，项目宣传内容绝不能仅仅只关注项目和任务本身，而应该提供更充分全面的信息，帮助公众理解该项目的愿景、价值和意义，从精神层面提高公众对项目的觉悟。这种知情权的加强,有利于增加公众与项目发起方之间的共鸣与信任,以及激发公众志愿者下一步的深度参与。

3. 项目实施阶段

公众科学项目的成功实施离不开公众志愿者的参与。志愿者的参与流程一般包括志愿者招募和选拔、志愿者培训、志愿者数据收集和提交等环节。

1) 志愿者选拔与培训

首先,在志愿者招募和选拔环节,要注意信息透明和保证公平。如果项目发起方私自依据个人信息对志愿者划分等级,而没有基于公平原则向其分配众包任务的话,这种项目发起方对公众的不信任将会反向导致公众对项目发起方的不满和信任失灵[14]。此外,如果项目发起方可以在志愿者招募时选拔一些热心公益的志愿者,参与项目实施工作全程的组织和设计,能够起到很好的第三方监管职责,提升公众对项目的信任感[25]。接着,当志愿者选拔完成后,如条件允许,应当对其进行面对面的专业培训[11]。比如,在海洋科学领域的公众科学项目中,由于众包任务比较复杂,不少项目发起方都会组织公众志愿者参与面对面培训[14]。面对面的方式能够让项目发起方从网络走向现实,和公众志愿者零距离接触,极大地提升公众信任感[26]。

2) 志愿者数据收集与提交

对于项目发起方来说,信任必须通过志愿者和科学家在项目中自始至终的合作来实现[27]。在公众志愿者的数据收集阶段,项目发起方不能坐享其成,而应该提供一个开放互通的环境,增进双方之间的交流,加强公众信任[28]。比如,提供科学家问答版块、项目管理问题的咨询渠道,并定期通过邮件向参与者公布数据收集进展等,通过显性和隐性的交互模式,促进双方之间的信任[13]。在交流的过程中,公众志愿者也能对项目愿景产生更深刻的理解,更自信和负责地完成自己的数据收集任务,从而在建立信任的同时促进了双方的长期合作[16]。最后,在志愿者提交数据时,如果操作简单,易于执行,并且网站能够提供及时的反馈,比如自动弹出"提交成功"的提示,都有助于加强志愿者对项目及数据质量的信心。

4. 项目完成阶段

公众科学项目的最后一个阶段中,项目发起方和科学家将对公众提供的数据进行评估和审核,并在数据分析和研究后得出科学结论,形成相关的科研成果或政策建议等[11]。在此过程中,如果能给公众提供精神层面、科研层面以及政策层面的结果反馈,将能显著提升其信任感。

从精神层面来看，很多时候科学家会给公众一种严肃且高高在上的刻板印象，使公众对参与科研众包项目产生畏惧心理。公众其实比普通科研人员更需要科学家对其付出的认可。项目发起方如果能够以科学家的身份，向公众志愿者颁发电子证书、感谢信等，充分肯定其付出和努力，将会有助于建立其对项目的信任与支持。从科研层面来看，项目研究结果体现了公众努力的成果。一般来说，项目研究结果包括项目报告、科研论文以及相关的政策建议等，都具有重要的学术价值[13]。虽然只是成千上万个公众志愿者中的一员，但每个参与者都有权知晓他们的数据用途，查阅项目研究成果[24]。秦熙昊指出，向公众参与者乃至全社会共享项目数据的策略，有利于增进公众对科学家及科研众包项目的理解和信任，增强其积极性和长期参与意愿[11]。从政策层面来说，如果公众科学项目的结果能够推动政府管理决策的变革（如对鸟类保护法的改进），让公众参与者体会到切实的利益，他们的信任感和积极性将进一步加强。

6.2.4 从志愿者信任视角看公众科学项目转型

随着公众科学项目的不断发展，公众参与和公众信任的重要性日益凸显。我们不难发现，虽然公众科学强调的重点一直是加强公众参与，但在变革的过程中，公众信任也随之在不断提升。本节将从公众科学项目的步骤和承担者的变化着手，剖析公众信任是如何随着公众科学项目转型而逐渐加强的。

根据公众参与公众科学项目程度的差异，Shirk 等将公众科学项目划分为 5 种类型[29]：契约型——公众提出需求，由科学家完成研究；贡献型——科学家设计项目，公众贡献数据；合作型——科学家设计项目，公众贡献数据的同时也帮助精炼项目设计、数据分析和宣传项目成果；共创型——科学家与公众一起工作，少数公众志愿者在研究过程的所有方面有积极投入；共议型——未获信任的个人独立引导研究并期待科学家的承认[22]。在上文中，我们指出，公众参与度的提升起到第三方监管的作用，有助于缩短公众与科学家的距离，加强公众对项目发起方的信任感。

Bonney 等通过对康奈尔鸟类科学实验室公众科学项目的研究，总结出公众科学项目开展的 9 个步骤[30]：选择科学问题；组建项目团队；精炼支持材料/设计项目方案；招募志愿者；培训志愿者；收集数据；分析数据；宣传项目成果；评估项目影响（表 6.2）。在 6.2.3 节中，依据公众科学项目的整个流程，阐述了公众信任的提升策略。不难看出，除了公众参与度的加强外，第 2、3、4、5、6、8、9 步的引入，也是提升公众信任的重要步骤。

表 6.2 总结了不同类型的公众科学项目涉及的步骤及相应承担者。首先，契

约型项目并不要求公众参与研究,科学家与公众只是任务发起方和任务接收方的简单关系,二者间的信任关系是通过契约联结的。而在贡献型项目中,公众成为项目数据收集的志愿者,由于与科学家的接触较少,公众的自愿参与主要基于兴趣,对科学家的信任也只能单纯依赖于对其专业水平的"制度信任"。随着合作型公众科学项目的出现,公众更多地参与到项目方案的设计、培训、数据收集后的分析和宣传中,在8个步骤中有4个是与科学家合作完成的,因此公众对项目发起方的能力、项目数据收集的质量等都会产生较高的信任感。近年来,随着共同创新型项目的兴起,部分公众志愿者甚至直接加入项目团队,全程参与到公众科学项目中,成为项目的发起者、参与者、监督者和接收反馈者,实现了真正的"公众科学",对于项目也呈现出完全信任的态度[25]。因此,随着公众科学项目的转型,公众参与的项目步骤不断增加,与科学家的合作越来越密切,公众信任也在此过程中不断提升,为公众科学的良好发展奠定了基础。

表 6.2 公众科学项目类型的差异分析①

项目步骤	契约型		贡献型		合作型		共同创新型	
	步骤	承担者	步骤	承担者	步骤	承担者	步骤	承担者
1. 选择科学问题	√	志愿者	√	科学家	√	科学家	√	科学家、志愿者
2. 组建项目团队	√	科学家	√	科学家	√	科学家	√	科学家、志愿者
3. 精炼支持材料/设计项目方案	√	科学家	√	科学家	√	科学家、志愿者	√	科学家、志愿者
4. 招募志愿者			√	科学家	√	科学家	√	科学家、志愿者
5. 培训志愿者					√	科学家、志愿者	√	科学家、志愿者
6. 收集数据			√	志愿者	√	志愿者	√	志愿者
7. 分析数据	√	科学家	√	科学家	√	科学家、志愿者	√	科学家、志愿者
8. 宣传项目成果					√	科学家、志愿者	√	科学家、志愿者
9. 评估项目影响							√	科学家、志愿者

6.3 公众科学项目中志愿者信任的影响因素实证探索

6.3.1 志愿者对个人、项目及网站信任的影响因素归纳

关于信任模型及相关影响因素的研究层出不穷,但迄今为止,还几乎没有学者将其应用于公众科学领域[4]。我们借鉴了以往关于公众对科学家、众包项目和电商网站的信任因素的研究,试图从中抽取适用于公众科学研究情境的主要变量。

---

① 在表 6.2 中,为简洁起见,我们用科学家作为项目发起方的代表,实际承担者还包括其他项目组织者。

科学家往往是公众科学项目的发起者之一。随着公众对科学家的信任危机愈演愈烈，不少学者开始研究其具体成因。首先，科学家本身的能力、声誉、德行等都与其可靠程度息息相关。一个科学家的个人成就、社会地位、业界影响力越高，公众越可能信任他[31]。科学家的德行品质也被证明是影响科学家信任的重要因素[32]。其次，公众自身的特性也会改变他对科学家的信任程度。王娟指出，影响公众对专家信任的因素包括公众的性别、年龄与受教育程度[33]。此外，公众与科学家之间的关系也会影响其信任程度。具体而言，科学家与公众之间知识背景的不同和技术认知程度的差异，是决定公众与科学家能否建立信任关系的重要因素[34]。另外，公众对科学家的熟悉程度，也影响了其对科学家的信任[35]。

从本质上来说，公众科学项目可以看作是一类特殊的科研众包项目。但由于这方面研究通常以分析参与意愿为主要目的，仅有少数文献提出影响公众对众包项目信任的前置因素。王筱纶等提出了项目规模和项目难度对公众信任的重要性[36]。Ye 和 Kankanhalli 认为公众对众包项目发起方的信任度，会影响公众对风险的感知，而风险感知直接影响对项目的信任度[37]。Dunwoody 和 Griffin 则证明了项目宣传渠道会影响信息搜寻结果，从而影响公众对项目的信任[38]。此外，除了项目本身的特性以外，公众参与众包项目的经验和次数，以及公众的个人兴趣，也被证实为影响其信任程度的重要因素[39]。

公众科学项目通常会建立一个网站来实现项目任务发布、数据收集、结果反馈等合作流程。尝试借鉴其他领域中针对网站的信任因素进行提炼。首先，网站的声誉、质量、安全等多方面特性，影响了公众对电商网站的信任程度。比如，Mcknight 等指出网站声誉会显著影响公众刚接触网站时的初始信任[40]。王全胜等认为，提升网站质量能够加强公众的信任程度[41]。作为一种交易平台，电商网站本身的安全性则决定了公众在付款时是否可能受到财产损失，这也是影响电商网站信任所独有的特性[42]。其次，Mcknight 等[43]、王守中[44] 提到了公众隐私保护的重要作用。电商网站对用户数据的隐私保护能力是影响公众信任的一个关键因素。最后，用户个体特征如信任倾向也决定了其对电商网站的信任程度[42]。

我们在表 6.3 中对以往研究进行总结，并从中提取出与公众科学相关的主要变量。事实上，直接将上述 3 个领域的任意发现应用到公众科学研究中，必然会遗漏一些重要的变量。通过整体的梳理，全面总结了公众科学信任的影响因素。此外，在兴起不久的公众科学领域的研究中，仅有少数工作涉及信任因素，目前还鲜有针对公众科学项目中信任的影响因素的实证探索。

表 6.3 信任的影响因素总结及其与公众科学信任的对应关系

相关研究	影响因素	具体影响变量	参考文献	与公众科学相关的变量
公众对科学家信任的影响因素	科学家特性	科学家的个人成就 科学家的社会地位和业界影响力 科学家的德行品质	文献 [31] 文献 [31] 文献 [32]	科学家声誉
	公众特性	受教育程度 年龄、性别	文献 [33] 文献 [33]	控制
	公众与科学家的关系特性	公众与科学家间的知识不对称性 公众对科学家的熟悉程度	文献 [9,34] 文献 [35]	信息交互性
公众对众包项目信任的影响因素	项目本身特性	项目规模 项目难度 项目发起方可信度 项目宣传渠道	文献 [36] 文献 [36] 文献 [37] 文献 [38]	控制 项目发起方声誉 信息公开性
	公众特性	项目参与经验 兴趣爱好	文献 [39] 文献 [36]	控制
公众对电商网站信任的影响因素	网站特性	网站声誉 网站有用性 网站易用性 网站安全性	文献 [40] 文献 [41,43] 文献 [41,43] 文献 [42]	科学家/项目发起方声誉 网站有用性 网站易用性 不适用
	公众与网站的关系特性	用户隐私保障	文献 [43,44]	网站隐私保障
	公众特性	个体信任倾向	文献 [42]	控制

6.3.2 研究模型与假设论述

1. 研究模型

Mcknight 等在电商网站的初始信任研究中构建了信任建立模型 (trust building model)，该模型从网站声誉、网站质量和制度结构因素 3 个方面出发，提出影响用户对于网站的信任意愿[43]。其中，网站声誉是指网站在他人看来的印象和声望；网站质量包括网站的感知有用性和感知易用性等；制度结构因素则意味着网站所能提供的保障用户隐私安全的方式。信任建立模型自提出以来，被广泛应用于电子商务、虚拟社区等多个研究领域。Kim 等证实了在电子商务网站中，网站声誉 (情感因素) 和制度结构保障 (认知因素) 显著影响了在线消费者的信任[45]。Kim 等也在前人网络信任模型基础上，着重研究了手机银行网站质量与制度结构保障对信任的正向影响[46]。在之后的研究中，Elliott 和 Speck[47]、Wang 和 Emurian[48] 将信任建立模型进一步拓展，指出信息质量和信息交互的重要性。Nilashi 等则将其细化为信息交互性和信息透明度两个重要变量[49]。

因此，以 Mcknight 等的信任建立模型[43] 为理论依据，结合 Nilashi 等的研究对模型的改进[49]，依据表 6.3 总结的信任影响因素，从声誉、网站质量、信息质量和制度结构因素 4 个方面，提出了志愿者对公众科学项目信任的前置影响因素。其中，声誉包括科学家声誉和项目发起者声誉；网站质量由传统的 TAM 模型所提出的感知有用性和感知易用性组成；信息质量包含信息公开性和信息交互性，在重视信息透明度的公众科学项目中尤为关键；制度结构因素则反映了公众隐私保障对信任的重要性。如图 6.3 所示。

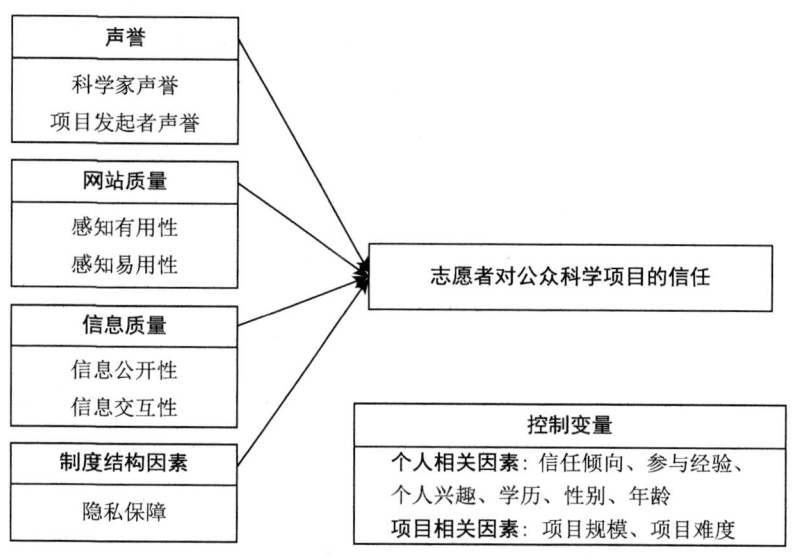

图 6.3　公众科学项目中志愿者信任的影响因素研究模型

2. 声誉对公众科学项目中志愿者信任的影响

声誉是公众对事物、人或机构曾经所有的行为表现的综合评估，是用于提高公信力的一种无形资产。以往文献已经证实了声誉对用户信任的显著影响[40,43]。李曙光[31]、伍新春和季娇[32]指出，科学家的声誉，如社会地位、业界影响力、德行品质等，均会影响公众对科学家的信任程度。江慧芳基于对电商网站的研究，提出了电商网站声誉和商家声誉对消费者信任的重要作用[50]。

我国的公众科学网站大多处于发展初期，公众初次浏览和领取任务时感知的不确定性和风险尤为强烈。此时，由于大部分公众科学项目都是全新的，不能提供足够的参考依据，其声誉主要来自其背后的组织引导者。一般来说，公众科学项目中主要包括科学家和项目发起方两类组织者。如果项目组织者是声誉良好的科学家，则意味着他会遵循已知方案中描述的程序和伦理规则进行研究[51]，以能力和专业精神行事[52]，从而增强了志愿者对项目过程及结果的信任。如果项目发起方是声誉良好的政府、企业或非营利组织/团体，则意味着项目具有可靠的政策支持、财务支撑和服务质量等，从而能极大地提升志愿者对公众科学项目的信任[36]。因此，从科学家和项目发起方两个方面出发，提出了声誉对公众科学项目的影响。假设如下：

H1a：科学家声誉对公众科学项目中的志愿者信任具有正面影响。

H1b：项目发起者声誉对公众科学项目中的志愿者信任具有正面影响。

3. 网站质量对公众科学项目中志愿者信任的影响

以往的研究指出，网站质量能够提高公众的信任程度[41,43]。公众科学网站虽然以科学研究为最终目的，但也不得不依赖新兴的互联网技术来实现。例如，专业性的数据上传方式、社交性的互动渠道，服务性的地理位置显示等。这些技术难题愈发凸显网站质量的重要性。如果志愿者在公众科学网站的使用过程中，觉得网站粗制滥造且难以使用，必然会怀疑项目发起方的能力，进而引发对公众科学项目的信任危机[36]。

基于技术接受模型(technology acceptance model，TAM)，网站质量包含网站有用性和网站易用性两个重要指标[53]。因此，针对公众科学网站，感知有用性主要指公众使用网站后感受到其对自身有价值，比如能提供丰富的专业信息解答公众的疑虑。感知易用性主要指公众使用网站时是否感觉方便简捷，例如界面简洁、注册方便、导航简单、任务清晰易操作等。公众对网站的感知有用性和感知易用性均会提升用户对公众科学网站的使用感受，增强其对公众科学网站的专业性和技术性的认可，从而进一步升华为对整个公众科学项目的信任。因此，提出假设 H2a 和 H2b：

H2a：网站感知有用性对公众科学项目中的志愿者信任具有正面影响。

H2b：网站感知易用性对公众科学项目中的志愿者信任具有正面影响。

4. 信息质量对公众科学项目中志愿者信任的影响

在信任建立模型的基础上，部分学者提出并引入了信息质量的概念，认为其对信任具有重要作用[47,48]。借鉴 Nilashi 等的研究，从信息公开性和信息交互性两个角度，提出信息质量对公众科学项目中志愿者信任的影响[49]。

在公众科学项目中，公众虽然是直接的项目志愿者，但在整个参与过程中，公众的主动权并不高，需要更多的信息帮助其建立对公众科学项目的信任。在项目开始时，公众只能通过网站上提供的介绍信息来选择和评判任务，此时，公开透明的项目背景介绍有助于公众了解项目的目的[47]，打消公众对参与公众科学项目的顾虑。在项目进行过程中，有些公众科学网站能够提供详细的任务步骤，帮助公众树立对公众科学项目的信心[54]。有些公众科学网站还会公开整个项目的完成情况(如已参与项目人数、项目完成进展等),让志愿者体会到群体合作的成就感,增强志愿者的信任和参与热情。项目完成后,由于公众不能直接检验数据的质量,如果能够承诺给他们展示研究成果或出版相应科学读物等,都会让志愿者感受到他们的微小贡献对于科学研究发展的价值,从而提高其对公众科学项目的信任感[55]。因此,从公众科学项目的参与全程来看,信息公开性有利于志愿者对公众科学项目的信任,如假设 H3a 所述:

H3a:信息公开性对公众科学项目中的志愿者信任具有正面影响。

在公众科学项目中,信息交互是十分重要的一个环节,也是构建信任的一个主要方式[49]。由于公众科学项目包括项目发起方和科学家两个重要发起者,信息交互还意味着对这两类人群的沟通渠道的提供。一方面,如果能让公众与项目发起方交互,将能迅速解答公众对项目的疑惑,为公众带来心理上的亲密感和信任感。另一方面,如果为公众与科学家之间建立起一座沟通的桥梁,会缩短公众与科学家之间的知识鸿沟和心理距离,极大地提升公众对科学家的信任[9,34]。在交流方式上,有的公众科学项目网站会向志愿者提供相关人员或科学家的联系方式(如电话、邮箱等),也有一些会通过在网页中嵌入各种沟通媒介来达到实时交流的目的,还有一些甚至专门建立了公众与科学家的互动版块,提供留言和反馈的功能[56,57]。上述信息交互方式,均会提升志愿者对公众科学项目的信任。因此,我们提出假设 H3b:

H3b:信息交互性对公众科学项目中的志愿者信任具有正面影响。

5. 制度结构因素对公众科学项目中志愿者信任的影响

在网络环境中,相关的法律法规以及互联网监管制度都很不完善,隐私与安全要素成为了重要的制度结构保障,是影响公众信任的重要前因[43,46]。以往的研究证实了个人信息安全性是保障用户对电商网站信任的关键[42]。在公众科学网站中,这一因素依然不可忽视。一般来说,志愿者在注册公众科学网站时,需要填写个人电子信箱、手机号码、身份证号码等私密的个人信息,有时甚至还需补充详细的个人地址。这些注册信息是否会被用作他途,是否会被黑客窃取或出售给第三方,必然会给志愿者带来较大的心理疑虑。换句话说,对个人信息泄露的担忧将成为公众参与公众科学项目的重大障碍[58]。相反地,当公众科学网站能够通过可靠的网络安全技术保障用户的数据安全时,公众将更容易建立起对网站的基本信任。因此,提出了隐私保障对公众科学项目信任的影响,如假设 H4 所述:

H4:隐私保障对公众科学项目中的志愿者信任具有正面影响。

6.3.3 志愿者信任量表设计与数据分析

1. 量表设计和问卷收集

1) 量表设计

为了验证所提出的假设,研究拟采用情景式问卷调研法来收集数据。为了保证问卷的真实性,调查问卷中所用的图片均来自真实的公众科学项目网站(中国观鸟记录中心)。为了确保问卷的信度和效度,调查问卷中所用的测量题项也都基于前人研究的量表问题,再针对公众科学项目的特殊情境进行改编,最终每个变量均包含3~4道测度项。变量名称、具体测度项及参考文献详见表6.4。

表 6.4 问卷量表设计

变量	变量名称(简写)	测度项	来源文献
声誉	科学家声誉 (AS)	该项目的科学家具有较高的专业知识水平 该项目的科学家在鸟类学领域具有较高的地位 该项目的科学家具有较高的声誉	文献 [51,52]
	项目发起方声誉 (AO)	该公众科学项目的发起方具有较高的专业知识水平 该项目的发起方在鸟类学领域具有较高的地位 该公众科学项目的发起方具有较高的声誉	文献 [51,52]
网站质量	感知有用性 (PU)	该网站界面友好,我可以在网站上快速找到需要的信息 该网站提供的丰富信息能让我感觉非常有用 通过浏览该网站,我获得了很多有用的鸟类相关知识	文献 [42,59]
	感知易用性 (PEOU)	在该网站中提交观测记录的操作界面清晰 在该网站中提交观测记录的操作流程简单 我能通过该网站的使用指南,解决在网站使用中面临的问题	文献 [42,59]
信息质量	信息公开性 (PP)	该公众科学项目的背景信息、通知公告都是公开透明可获取的 我能查询和浏览到该公众科学项目相关的数据记录 该公众科学项目的完成结果会以一定的方式公开发表	文献 [54]
	科学家信息交互性 (CS)	该公众科学项目提供了与科学家交流的有效渠道 如果我想向科学家咨询问题,我能够联系到他 如果我联系到科学家,我相信他能针对我的问题给予回应	文献 [60,61]
	项目发起方信息交互性 (CO)	该公众科学项目提供了与项目发起方交流的有效渠道 如果我想向项目发起方咨询问题,我能够联系到相关人员 如果我联系到项目发起方,我相信相关人员能针对我的问题给予回应	文献 [60,61]
制度结构因素	隐私保障 (PC)	该公众科学项目不会泄露我的个人信息 该网站可以保护我的知识产权不受侵害 该网站充分尊重我的知识隐私选择让我觉得很安全	文献 [45,46,62]
信任	志愿者对公众科学项目的信任 (OT)	我认为该公众科学项目提供的信息是可靠的 我认为该公众科学项目会遵守对志愿者的承诺 我认为该公众科学项目是可实施完成的 我认为该公众科学项目是值得信赖的	文献 [42,63]

问卷设计共包含 3 个部分。第一部分为对公众科学项目的简要介绍及举例。由于公众科学在国内刚刚兴起，部分被调研者对公众科学缺乏直观的理解，甚至志愿者都不知道自己参与的项目叫作公众科学项目。因此，以中国观鸟记录中心发起的"鸟类监测项目"为例，对该案例的背景、网站界面及网站中的关键信息提供简单说明，帮助没有或已经参与过的被调研者浏览、体验和理解什么是真正的公众科学项目。在第二部分中，依据研究假设和实证模型，设计了如表 6.4 所示的具体测度项，询问了被试对于公众科学项目各个维度的感受。所有问题均采用 Likert 7 级量表形式，以 1~7 表示同意程度，其中"1"表示完全不同意，"7"表示完全同意。在这一部分中，问卷还采集了与公众信任相关的 2 个控制变量：项目规模和项目难度。问卷最后收集了被试的基本个人信息，包括性别、年龄、学历、参与次数、兴趣程度和个人信任倾向，均作为研究的控制变量。

2) 问卷收集

由于采用情境式问卷的方式，在被试回答问题前提供了真实的项目介绍和网站图片，帮助被调研者理解公众科学项目及其具体流程，因此调查问卷在采集数据时没有对调研对象加以限制。采用了线上和线下两种渠道来发放问卷，包括在社交网站中发放电子版问卷链接和直接给参与过公众科学项目的线下群体发放纸质问卷。最终，共回收问卷 211 份，回收率约 85%，在剔除明显无效问卷 32 份后，最终得到了 179 份有效问卷作为实证研究的数据基础。

研究收集到 179 份样本的描述性统计数据，统计结果表明：女性参与调研的人数略高于男性，但总体差距不大；处于 18~25 岁年龄段的被试数量最多，占比高达 35.75%；58.66% 的被试学历为大专/本科，32.40% 的被试学历为硕士及以上，说明参与调研的人员学历较高，正是接触公众科学项目较多的一类人群；58.1% 的被试都至少参与过一次公众科学项目，其中 16.2% 的人有 3 次及以上的公众科学项目参与经验，说明大部分被试对公众科学项目已具备了一定的参与经历和认知。

2. 数据分析

1) 信度检验

在正式数据收集前，采用小规模的预调研方法来保证问卷可靠性和稳健性，即确保问卷中从英文文献中翻译或改编的问题的准确性。在经过探索性因子分析方法（EFA）的检验后，研究保留了问卷中的所有问题，并用于正式问卷的发放。

6.3 公众科学项目中志愿者信任的影响因素实证探索

在进行数据回归前,首先要进行信度(reliability)检验,来确保问卷测量数据的一致性的程度。利用 SPSS Statistics 20.0 工具,采用验证性因子分析方法(CFA)去检验问卷量表中 9 个具体指标的信度。表 6.5 的结果显示,所有因子的 Cronbach's α 值均大于 0.7,表明因子具有较好的可靠性。

表 6.5 信度检验

因子	测量项数	Cronbach's α 值
科学家声誉 (AS)	3	0.953
项目发起方声誉 (AO)	3	0.926
感知有用性 (PU)	3	0.921
感知易用性 (PEOU)	3	0.933
信息公开性 (PP)	3	0.917
科学家信息交互性 (CS)	3	0.895
项目发起方信息交互性 (CO)	3	0.931
隐私保障 (PC)	3	0.920
志愿者对公众科学项目的信任 (OT)	4	0.955

2) 效度检验

效度(validity)反映了测量结果的真实性和有效性。效度主要从聚合效度和区分效度两个方面进行检验。使用 SPSS Amos 24.0 工具,采用因子载荷(factor loading, λ)、复合信度(composite reliability, CR)和平均提取方差值(average variance extracted, AVE)来衡量量表测度项的聚合效度。一般而言,$\lambda>0.4$、$CR>0.7$、$AVE>0.5$ 均可说明问卷具有良好的聚合效度。从表 6.6 可以看出,研究的测量量表具有较好的聚合效度。

其中,平均提取方差值(AVE)衡量的是因子解释的方差与测量误差解释的方差的比率。如果所有因子的 AVE 的平方根均大于各因子结构间的相关系数,则认为模型有较好的区别效度[64]。如表 6.7 所示,位于对角线上的 AVE 的平方根均大于对应因子与其他因子的相关系数,证实了研究的测量量表具有较好的区分效度。综上所述,研究模型达到较好的效度水平。

3) 模型拟合度检验

运用 SPSS Amos 24.0 软件进行模型拟合,拟合指标包括卡方自由度比(CMIN/DF)、拟合优度指数(GFI)、调整拟合优度指数(AGFI)、正规拟合指数(NFI)、增量拟合指数(IFI)、比较拟合指数(CFI)和近似误差均方根(RMSEA)。从表 6.8 可以看出,所有指标的实际值均与常用拟合标准的建议值相符,反映出本模型具有较高的拟合度。

表 6.6 聚合效度检验

项目	因子	λ(因子载荷)	CR	AVE
声誉	科学家声誉 (AS)	0.878 0.956 0.967	0.954	0.873
	项目发起方声誉 (AO)	0.922 0.898 0.874	0.926	0.807
网站质量	感知有用性 (PU)	0.906 0.957 0.816	0.923	0.801
	感知易用性 (PEOU)	0.965 0.884 0.875	0.934	0.826
信息质量	信息公开性 (PP)	0.860 0.950 0.856	0.919	0.796
	信息交互性 (CI) 科学家信息交互性 (CS)	0.784 0.777 0.836	0.940	0.723
	项目发起方信息交互性 (CO)	0.886 0.889 0.918		
制度结构因素	隐私保障 (PC)	0.773 0.938 0.964	0.923	0.802
信任	志愿者对公众科学项目的信任 (OT)	0.815 0.784 0.881 0.848	0.900	0.794

表 6.7 区分效度检验

因子	AS	AO	PU	PEOU	PP	CI	PC	OT
AS	**0.935**							
AO	0.891	**0.898**						
PU	0.821	0.795	**0.895**					
PEOU	0.789	0.738	0.877	**0.909**				
PP	0.787	0.783	0.781	0.744	**0.892**			
CI	0.832	0.848	0.846	0.816	0.790	**0.850**		
PC	0.816	0.781	0.802	0.817	0.723	0.827	**0.896**	
OT	0.877	0.875	0.861	0.853	0.776	0.828	0.838	**0.891**

注：AS= 科学家声誉；AO= 项目发起方声誉；PU= 感知有用性；PEOU= 感知易用性；PP= 信息公开性；CI= 信息交互性；PC= 隐私保障；OT= 志愿者对公众科学项目的信任。

6.3 公众科学项目中志愿者信任的影响因素实证探索

表 6.8 模型拟合度检验

	CMIN/DF	GFI	AGFI	NFI	IFI	CFI	RMSEA
建议值	< 3	> 0.9	> 0.8	> 0.9	> 0.9	> 0.9	< 0.08
实际值	2.342	0.913	0.867	0.906	0.957	0.987	0.0685

4) 假设检验

运用 SPSS Statistics 20.0 工具进行 OLS 回归来验证假设。从表 6.9 可以看出，无论是否加入控制变量，研究的结果均保持稳健。数据结果表明，科学家声誉、项目发起方声誉、感知易用性、信息公开性、信息交互性和隐私保障均正向显著影响志愿者对公众科学项目的信任，而感知有用性不存在显著作用。总结而言，研究模型的 7 个假设中，除 H2a 以外，其余 6 个都得到样本数据的支持。

表 6.9 OLS 回归结果

项目	信任 (自变量)		信任 (自变量 + 控制变量)	
	β 系数	标准误差	β 系数	标准误差
常数项	0.533***	0.158	0.634**	0.286
科学家声誉	0.200***	0.076	0.218***	0.077
项目发起方声誉	0.173***	0.062	0.155**	0.063
感知有用性	0.027	0.067	0.029	0.067
感知易用性	0.193***	0.060	0.171***	0.061
信息公开性	0.133**	0.057	0.127**	0.058
信息交互性	0.102*	0.057	0.127**	0.057
隐私保障	0.095**	0.046	0.079*	0.047
项目规模			−0.018	0.040
项目难度			−0.021	0.027
志愿者兴趣			0.051**	0.022
志愿者经验			0.018	0.040
个体信任倾向			0.018	0.037
学历			−0.042	0.049
性别			0.059	0.063
年龄			−0.056**	0.022
R^2	0.862		0.901	

注：* 表示 $P < 0.10$；** 表示 $P < 0.05$；*** 表示 $P < 0.01$

6.3.4 志愿者信任的影响因素分析

无论是科学家声誉 ($\beta=0.218, P < 0.01$) 还是项目发起方声誉 ($\beta=0.155, P < 0.05$)，都对公众科学项目中的信任存在着显著正向影响。科学家作为项目的主要负责人，决定了项目主题、步骤设计和科研结果的质量，是影响志愿者信任的重要因素。而项目发起方作为项目的发起者和组织者，保障了项目的有序进行，其

声誉的好坏是志愿者信任公众科学项目的根源。数据分析结果支持了假设 H1a 和 H1b。

公众科学网站是项目的载体，其质量会影响志愿者对公众科学项目的信任，但仅有感知易用性会显著正向影响公众信任 ($\beta=0.171$, $P < 0.01$)，感知有用性并不存在显著作用。感知有用性主要指公众使用网站后感受到其对自身有价值，比如能提供丰富的专业信息。由于公众参与公众科学项目的初衷是为科研贡献自己的力量，而非学习专业知识，因此，网站有用性与否并不会影响他们对公众科学项目的信任感知，假设 H2a 没能得到支持。但感知易用性则通过界面设计、功能操作等保障良好的用户体验，体现了公众科学网站的专业性和技术性，从而让志愿者相信这一公众科学项目的背景和技能，支持了假设 H2b。

公众科学网站中的信息质量也会显著影响志愿者的信任程度。一方面，信息公开性能让公众清楚地了解项目的目的、步骤和完成情况，有助于公众树立对公众科学项目的信心，支持了假设 H3a($\beta=0.127$, $P < 0.05$)。另一方面，信息交互性意味着公众科学项目提供了与科学家和项目发起方两类群体的交流渠道。科学家与公众的交流能够缩短二者间的知识不对称性，加深公众对项目任务的理解，提升其信任感；相似地，项目发起方与公众联系得越密切，公众越能及时了解项目的详情和答疑解惑，从而提升对公众科学项目中的信任。我们证实了假设 H3b($\beta=0.127$, $P < 0.05$)。

最后，公众科学项目的制度结构因素如隐私保障，也会对公众科学项目的信任产生显著的正向影响。公众科学作为一个新兴的领域，必须提供明确的政策条款和保护措施来保障公众的自身隐私，才能提高用户对项目的信任感 ($\beta=0.079$, $P < 0.1$)。假设 H4 也得到了证实。表 6.10 总结了本节研究的所有假设及数据分析结论。

表 6.10 假设检验结果

序号	假设	系数	P 值	相关性和显著性
H1a	科学家声誉 → 信任	0.218	0.005	正向显著
H1b	项目发起方声誉 → 信任	0.155	0.015	正向显著
H2a	感知有用性 → 信任	0.029	0.665	不显著
H2b	感知易用性 → 信任	0.171	0.006	正向显著
H3a	信息公开性 → 信任	0.127	0.029	正向显著
H3b	信息交互性 → 信任	0.127	0.027	正向显著
H4	隐私保障 → 信任	0.079	0.097	正向显著

6.4 本章小结

公众科学领域中对信任问题的关注几乎都是从科学家视角出发,却忽视了志愿者对科学家和项目的信任的重要性。因此,本章聚焦于公众科学项目中的志愿者信任问题,从志愿者的信任机理和信任影响因素 2 个方面展开研究。在信任机理研究部分,首先,从科学家、项目发起方和项目质量 3 个方面,论述公众科学项目中的公众信任危机。接着,探讨公众信任危机在项目的前、中、后 3 个时期可能产生的负面影响,以及公众与科学家的相互信任关系对提高项目质量的意义。然后,针对公众科学项目的 4 个阶段,有针对性地设计了若干提升公众信任的具体策略。最后,从步骤和承担者角度,阐述了四类公众科学项目的志愿者信任差异。在信任影响因素研究部分,从声誉、网站质量、信息质量、制度结构因素 4 个方面信任建立模型,通过回归分析,得到了影响志愿者对公众科学项目信任的 6 个因素,包括科学家声誉、项目发起方声誉、感知易用性、信息公开性、信息交互性和隐私保障。

参 考 文 献

[1] Mayer R C, Davis J H, Schoorman F D. An integrative model of organizational trust[J]. Academy of Management Review, 1995, 20(3): 709-734.

[2] Thornton T, Leahy J. Trust in citizen science research: A case study of the groundwater education through water evaluation & testing program[J]. Jawra Journal of the American Water Resources Association, 2012, 48(5): 1032–1040.

[3] Long J W, Ballard H L, Fisher L A, et al. Questions that won't go away in participatory research[J]. Society & Natural Resources, 2016, 29(2): 250-263.

[4] Hunter J, Alabri A, Ingen C V. Assessing the quality and trustworthiness of citizen science data[J]. Concurrency and Computation Practice and Experience, 2013, 25(4): 454-466.

[5] Lukyanenko R, Parsons J, Wiersma Y. Citizen science 2.0: Data management principles to harness the power of the crowd[C]//International Conference on Design Science Research in Information Systems. Berlin: Springer, 2011: 465-473.

[6] Raven B H. The bases of power: Origins and recent developments[J]. Journal of Social Issues, 1993, 49(4): 227-251.

[7] Luhmann N. Trust and power[J]. Studies in Soviet Thought, 1982, 23 (3):266-270.

[8] Rotman D, Preece J, Hammock J, et al. Dynamic changes in motivation in collaborative citizen-science projects[C]//Proceedings of the ACM 2012 Conference on Computer Supported Cooperative Work. ACM, 2012: 217-226.

[9] 金兼斌, 楚亚杰. 科学素养, 媒介使用, 社会网络: 理解公众对科学家的社会信任 [J]. 全球传媒学刊, 2015 (2): 65-80.

[10] Bauer M W, Gaskell G, Durant J, et al. Two cultures of public understanding of science and technology in Europe[EB/OL]. [2018-05-20]. https://www.researchgate.net/publication/30529418.

[11] 秦熙昊. 公众科学的科研组织模式研究 [D]. 天津: 天津大学, 2016.

[12] 芮国强, 宋典. 公民参与、公民表达与政府信任关系研究——基于"批判性公民"的视角 [J]. 江海学刊, 2015(4):219-226.

[13] Thiel M, Penna-Díaz M A, Luna-Jorquera G, et al. Citizen scientists and marine research: volunteer participants, their contributions, and projection for the future[J]. Oceanography and Marine Biology: An Annual Review, 2014, 52: 257-314.

[14] Cigliano J A, Meyer R, Ballard H L, et al. Making marine and coastal citizen science matter[J]. Ocean & Coastal Management, 2015, 115: 77-87.

[15] Yang K. Public administrators' trust in citizens: A missing link in citizen involvement efforts[J]. Public Administration Review, 2005, 65(3): 273-285.

[16] Warkentin M, Gefen D, Pavlou P A, et al. Encouraging citizen adoption of e-government by building trust[J]. Electronic Markets, 2002, 12(3): 157-162.

[17] Cooper C B, Shirk J, Zuckerberg B. The invisible prevalence of citizen science in global research: migratory birds and climate change[J]. Plos One, 2014, 9(9): e106508.

[18] Lewenstein B. Models of public communication of science and technology[J]. Public Understanding of Science, 2003, 96(3): 288-293.

[19] 刘敏. 天津建筑遗产保护公众参与机制与实践研究 [D]. 天津: 天津大学, 2012.

[20] Sztompka P. Trust in science: Robert K. Merton's inspirations[J]. Journal of Classical Sociology, 2007, 7(2): 211-220.

[21] 李际. 公众科学: 生态学野外研究的新范式 [J]. 科学与社会, 2016, 6(4): 37-55.

[22] Cooper C, Dickinson J, Phillips T, et al. Citizen science as a tool for conservation in residential ecosystems[J]. Ecology and Society, 2007, 12(2),11.

[23] Galloway A W E, Tudor M T, Haegen W M V. The reliability of citizen science: A case study of oregon white oak stand surveys[J]. Wildlife Society Bulletin, 2006, 34(5): 1425-1429.

[24] 张健, 陈圣宾, 陈彬, 等. 公众科学: 整合科学研究、生态保护和公众参与 [J]. 生物多样性, 2013, 21(6):738-749.

[25] 孟祥利, 王娟, 李爱菊, 等. 科研项目管理中的公众参与 [J]. 中国高校科技, 2014(1): 45-46.

[26] Glaeser E L, Laibson D I, Scheinkman J A, et al. Measuring trust[J]. The Quarterly Journal of Economics, 2000, 115(3): 811-846.

[27] 许林玉. 开放科学: 公民在研究活动中的作用与贡献 [J]. 世界科学, 2018(2):43-47.

[28] Newman G, Zimmerman D, Crall A, et al. User-friendly web mapping: lessons from a citizen science website[J]. International Journal of Geographical Information Science,

2010, 24(12): 1851-1869.

[29] Shirk J L, Ballard H L, Wilderman C C, et al. Public participation in scientific research: A framework for deliberate design[J]. Ecology & Society, 2012, 17(2):29-48.

[30] Bonney R, Cooper C B, Dickinson J, et al. Citizen science: a developing tool for expanding science knowledge and scientific literacy[J]. BioScience, 2009, 59(11): 977-984.

[31] 李曙光. 科学家的名声问题——从另一个角度谈科学研究职业道德 [J]. 中国科学基金, 2007, 21(4): 207-209.

[32] 伍新春, 季娇. 科学家刻板印象: 研究与启示 [J]. 北京师范大学学报 (社会科学版), 2012(6): 108-108.

[33] 王娟. 影响公众对专家信任的因素——北京公众对建设垃圾焚烧厂的风险感知调研分析 [J]. 自然辩证法通讯, 2014, 36(05): 79-86, 127.

[34] 游淳惠, 金兼斌, 徐雅兰. 公众如何看待科学家参与政策制定: 从科学素养、社会网络和信任的角度 [J]. 新闻大学, 2016(6): 77-86.

[35] 唐莉莉. 大众传媒与"专家"话语: 选择、呈现与信任危机 [J]. 东南传播, 2010, 11: 5-7.

[36] 王筱纶, 赵宇翔, 刘筱. 公众科学项目中的公众信任机理及提升策略研究: 基于公众的视角 [J]. 情报资料工作, 2018(05): 23-31.

[37] Ye H, Kankanhalli A. Solvers' participation in crowdsourcing platforms: Examining the impacts of trust, and benefit and cost factors[J]. Journal of Strategic Information Systems, 2012, 11(3): 297-323.

[38] Dunwoody S, Griffin R J. The role of channel beliefs in risk information seeking[J]. Behaviour Research & Therapy, 2014, 12(4): 327-334.

[39] 姚山季, 刘德文. 众包模式下个体参与意愿的影响因素研究——基于交易成本理论视角 [J]. 企业经济, 2017(01):98-105.

[40] Mcknight D H, Kacmar C J, Choudhury V. Shifting factors and the ineffectiveness of third party assurance seals: A two-stage model of initial trust in a web business[J]. Electronic Markets, 2004, 14(3): 252-266.

[41] 王全胜, 郑称德, 周耿. B2C 网站设计因素与初始信任关系的实证研究 [J]. 管理学报, 2009, 6(4): 495.

[42] Koufaris M, Hampton-Sosa W. The development of initial trust in an online company by new customers[J]. Information & Management, 2004, 41(3): 377-397.

[43] Mcknight D H, Choudhury V, Kacmar C. The impact of initial consumer trust on intentions to transact with a web site: a trust building model[J]. Journal of Strategic Information Systems, 2002, 11(3): 297-323.

[44] 王守中. 我国 B2C 消费者初始信任的建立 [J]. 消费经济, 2007, 23(1): 52-55.

[45] Kim D J, Ferrin D L, Rao H R. A trust-based consumer decision-making model in electronic commerce: The role of trust, perceived risk, and their antecedents[J]. Decision Support Systems, 2008, 44(2): 544-564.

[46] Kim G, Shin B S, Lee H G. Understanding dynamics between initial trust and usage intentions of mobile banking[J]. Information Systems Journal, 2010, 19(3): 283-311.

[47] Elliott M T, Speck P S. Factors that affect attitude toward a retail web site[J]. Journal of Marketing Theory & Practice, 2005, 13(1):40-51.

[48] Wang Y D, Emurian H H. Trust in e-commerce: consideration of interface design factors[J]. Journal of Electronic Commerce in Organizations, 2005, 3(4): 42-60.

[49] Nilashi M, Jannach D, Ibrahim O B, et al. Recommendation quality, transparency, and website quality for trust-building in recommendation agents[J]. Electronic Commerce Research & Applications, 2016, 19: 70-84.

[50] 江慧芳. 基于声誉的C2C电子商务信任模型研究[D]. 徐州：中国矿业大学, 2017.

[51] Lind U, Mose T, Knudsen L E. Participation in environmental health research by placenta donation – a perception study[J]. Environmental Health : A Global Access Science Source, 2007, 6(1): 36.

[52] Mcdonald M, Townsend A, Cox S M, et al. Trust in health research relationships: accounts of human subjects[J]. Journal of Empirical Research on Human Research Ethics: An International Journal, 2008, 3(4): 35-47.

[53] Davis F D. Perceived usefulness, perceived ease of use, and user acceptance of information technology[J]. MIS Quarterly, 1989, 13(3): 319-339.

[54] Song J, Zahedi F M. Trust in health infomediaries[J]. Decision Support Systems, 2007, 43(2): 390-407.

[55] Camphuysen C J, Heubeck M. Marine oil pollution and beached bird surveys: the development of a sensitive monitoring instrument.[J]. Environmental Pollution, 2001, 112(3): 443-461.

[56] Gefen D, Straub D W. Consumer trust in B2C e-Commerce and the importance of social presence: experiments in e-Products and e-Services Trust[J]. Omega, 2004, 32(6): 407-424.

[57] Wang Y D, Emurian H H. An overview of online trust: concepts, elements, and implications[J]. Computers in Human Behavior, 2005, 21(1): 105-125.

[58] Culnan M J, Armstrong P K. Information privacy concerns, procedural fairness, and impersonal trust: An empirical investigation[J]. Organization Science, 1999, 10(1): 104-115.

[59] Pavlou P A, Hang H, Xue Y. Understanding and mitigating uncertainty in online exchange relationship: A principle-agent perspective[J]. MIS Quarterly, 2007, 31(1): 105-136.

[60] Gefen D. Customer loyalty in E-commerce[J]. Journal of the Association for Information Systems, 2002, 3(1): 27-51.

[61] Brown S P, Chin W W. Satisfying and retaining customers through independent service representatives[J]. Decision Sciences, 2010, 35(3): 527-550.

[62] Dinev T, Hart P. An extended privacy calculus model for e-commerce transactions[J]. Information Systems Research, 2006, 17(1): 61-80.

[63] Gefen D, Karahanna E, Straub D W. Inexperience and experience with online stores: the importance of tam and trust[J].IEEE Transaction on Engineering Management, 2003, 50(3): 307-321.

[64] Fornell C, Larcker D F. Evaluating structural equation models with unobservable variables and measurement error[J]. Journal of Marketing Research, 1981, 18(1):39-50.

第 7 章 公众科学的影响：知识发现与获取

公众科学的影响 (impact) 涉及多个方面，譬如科学成果的产出、环境的可持续发展、社区共同体的推进、历史文化遗产的保护、科学素养的提升等。从宏观角度，公众科学带来的这些影响均离不开知识的发现与获取。因此，本章聚焦于公众科学的知识发现与获取。首先，从理论视角分析公众科学项目知识发现的要素及流程，借鉴 DIKW 的框架体系提出公众科学项目中的知识发现模型。其次，从实证视角研究公众科学项目中参与者的知识获取行为，围绕可能对其产生影响的因素及影响机制展开深入的探讨。

7.1 公众科学中的知识发现与获取

知识是一个较为庞大的概念，有着丰富的内涵和广泛的外延。知识通常是指对事物的认知、理解或经验，如通过个人经历、接受教育、探索发现或学习行为所获得的客观事实、信息、对事物的描述、经验技巧等。知识涵盖了对事物理论和实践两个层面上的认知，可以是具体的，也可以是抽象的[1]。在公众科学项目的开展过程中，知识的传递贯穿了公众科学项目的整个过程：第一，公众利用自己的知识和技能对科研项目有所贡献，为项目提供了宝贵的信息资源与知识财富；第二，公众也可以从参与科研的过程中获取知识，积累经验，实现自身的成长和进步，满足其自我提升、自我实现等多方面的需求；第三，科学家和科研机构基于公众参与者提供的数据进行科学研究，实现知识发现。对于科学家或科研机构而言，知识的发现不仅是公众科学项目带来的价值共创，也是促使科研机构发起活动的重要原因；对于公众参与者而言，知识的获取不仅是公众科学项目所给予的无形回馈，也是激励他们参与科研活动的重要动因。

然而，很多研究只是把公众科学项目作为收集数据的一种手段，而没有进一步思考如何利用收集到的数据进行知识发现和知识获取，从而推动和促进更多的知识深度聚合、传播和利用。因此，本章聚焦于知识发现与获取的研究，从知识发现角度，主要解决下面 2 个问题：① 公众科学的知识发现流程是怎样的？② 公众科学的知识发现机理是怎样的？从知识获取角度，重点解决以下 2 个研究问题：① 公众科学项目中影响参与者获取知识的因素有哪些？② 这些因素对参与者的知识获取行为有怎样的影响机制？

7.2 公众科学与知识发现

7.2.1 公众科学项目知识发现的要素分析

1. 设施要素分析

(1) 公众科学平台。公众科学平台是公众科学项目知识发现发起、实施和结果展示的场所，集成了公众科学项目所需的数据、分析工具和交流平台。公众科学平台主要由服务器、数据库、公众科学应用软件、公众科学社区和用户组成。

(2) 网络基础设施。Web2.0 已经具备开放、共享的网络特性，能够便于用户的分享交互和内容生成，并激发用户的参与度和活跃度。近年来内容语义化的 Web3.0 以及智能化的 Web4.0 受到一定的关注和研究。建设完备的网络设施，使得公众科学平台能够快速地进行项目传播并聚集一批感兴趣的参与者，收集大量的数据，为公众科学项目实现知识发现提供条件和保障。

(3) 辅助性工具。在数据收集、处理、组织、分析、挖掘和知识生成阶段涉及的一些辅助性工具，比如一些可视化工具、机器学习工具、语义表示工具等。

2. 角色要素分析

(1) 公众科学项目志愿者。公众科学项目的志愿者提供用于知识发现的数据来源，参与知识发现中数据验证、评估、分析和解释等多个环节。

(2) 领域科学家。领域科学家主要为公众科学项目提供科学支持。构建公众科学项目背景，帮助设计项目实施方法，确保对领域知识的正确认识和相关数据的质量良好，并引导知识发现的方向。

(3) 项目管理者。即第三方组织机构，作为公众科学项目的发起者、组织者和管理者。协调项目中涉及的科学家、开发人员、公众参与者和其他组织成员，确保项目按预期进展。为参与者提供一定的培训，确保公众参与者对项目实施方法有充分的理解，使参与者了解相关的数据表、应用程序和网站中的信息。对参与者提供和生成的内容进行维护，确保数据被适当地保护和共享。

(4) 软件开发人员。开发项目网站，支持应用程序和基于 Web 的数据收集系统的正常运行，并将其与各种社会媒体、电子邮件系统等联系起来。

(5) 数据科学家。数据科学家为公众科学项目提供用于数据处理的方法、技术和工具，比如对现有可视化技术和数据挖掘算法的优化、改进或者提出适用于项目的新算法，协助科学家高质量地进行知识发现和模式识别。

除此之外，欧盟公众科学绿皮书中指出公众科学项目中涉及的角色还包括基础设施提供商、沟通人员、创新人员、新闻工作者、教育专家和艺术家等。这些角色在公众科学项目知识发现中也起到不容忽视的辅助作用。

7.2.2 公众科学的知识发现流程分析

公众科学项目在促进科学知识产生方面取得显著成功，项目回收的主要对象是大众参与科研过程中产生的各类数据，然而科学家发现公众科学项目倾向产生粗糙的数据集，虽然这些数据信息丰富，但对知识的生成也提出重大挑战[2]。公众科学项目需要考虑如何处理产生的大规模数据集，Benedikt 指出公众科学模式不仅仅是数据收集，更依赖于公众进行数据处理、分析和解释，从而探索一般性的科学知识[3]。一些研究中对公众科学的知识发现流程有所阐述，通过分析发现目前研究者对于自然科学类和人文类公众科学项目的知识发现流程有不同的总结，前者主要通过数据集的不断处理和分析形成有价值的知识，后者倾向通过不同类型的任务来推动知识的产生。

Newman 等认识到新兴网络技术和计算机技术对自然科学类公众科学项目数据处理和知识发现的重要性，指出新兴技术可以通过精简数据收集、改进数据管理、自动化质量控制和加快沟通来影响科研过程，提出的自然科学类公众科学项目知识发现流程[4]如图 7.1 所示。

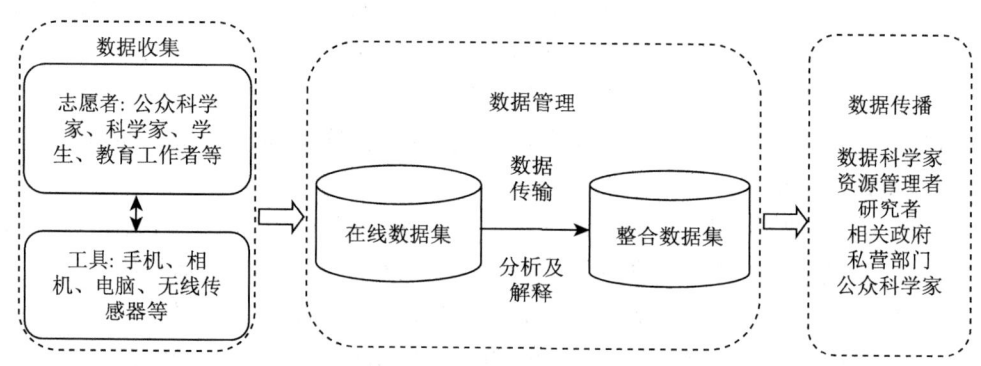

图 7.1　自然科学类公众科学项目知识发现流程

Newman 等认为公众科学项目数据主要是由公众和科学家等群体使用移动便携式设备进行观察和记录获得的。生成的数据需要增加 Web 服务实现计算机存储、管理、传输和交互，开发的网络基础设施应注重元数据设计、数据标准化、互操作性和数据保护，通过数据交换协议使得数据分析师和研究者方便在原始数据

7.2 公众科学与知识发现

集上做进一步的分析和解释,形成更加科学的整合数据集,通过对数据的合并、分析和可视化等增加了数据集在科学研究和决策支持方面的价值。最后通过一定的保护措施将数据开放给使用者,使用者根据应用需求进行建模和分析,形成解决地方问题或重大社会挑战的知识。

近年来崛起的数字人文领域对公众科学项目的实施有了更多迫切的现实需求[5],推出了很多成功的项目。Hedges 和 Dunn 通过查看人文学科类的 54 种学术期刊和 51 个人文类公众科学项目的活动和网站,总结得到人文学科的公众科学模式的知识发现流程,认为人文类公众科学项目是资源类型、过程类型、任务类型和输出类型的正确组合,知识发现流程是通过一定的任务和过程将原始资源转化为项目所需要的输出类型[6],具体流程如图 7.2 所示。

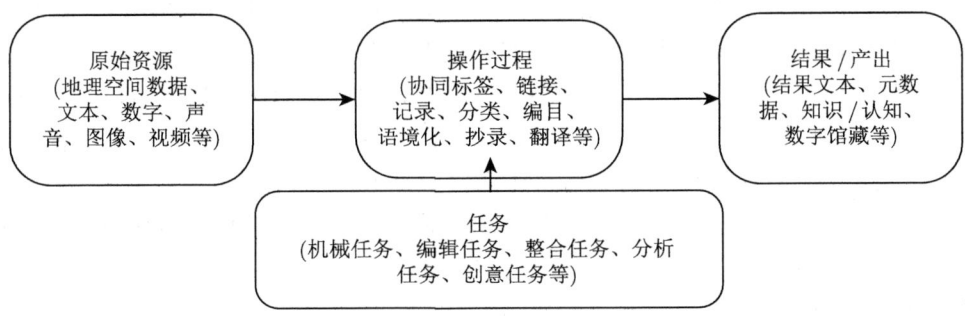

图 7.2 人文类公众科学项目知识发现流程

从图 7.2 可以看出,人文类公众科学项目的原始资源既包括需要由公众提供的地理空间数据、数字或统计信息等,还包括已有的文本资料、图像和视频资料等,最终产出为标准化的数字馆藏资源以及学科中的知识或对某一专题的认知等。任务类型主要包括离散数据的机械性处理、对现有资源的修正编辑、不同来源信息的整合、提炼隐含在语料库或数据集中的信息以及内容的创意创作等。Hedges 和 Dunn 将原始资源转化为知识产出的中间流程统称为操作过程[6],该过程包括在项目任务上的一系列操作,具体类型和说明如表 7.1 所示。

表 7.1 人文类公众科学项目知识转化的操作类型及说明

操作类别	说明
协同标签	允许用户在原始资源上加标签进行资源组织的方法
链接	标识和记录特定原始资源类型之间的链接关系
修正/修改内容	使用众包模式对计算机技术在大规模原始资源数字化过程中产生的错误进行人工修正
抄录	使用众包模式对计算机技术难以识别的手书笔迹资源进行人工抄录和解释
记录和创建内容	利用设备记录和上传一些资源或回忆口述一些资料

续表

操作类别	说明
评论和陈述偏好	对特定资料和主题进行评论和注释，从而进行情感分析或内容分析
分类	将原始资源划分到规定好的类目中
编目	按照元数据标准和方法，创建结构化的、描述性元数据体系
语境化	语境通常是一个更广泛的构思活动，包括通过添加或关联其他相关信息或内容来充实某一类型的资源
映射	映射指的是创建某些信息资源的空间表示的过程，如思维导图
翻译	从一种语言到另一种语言的内容转换

7.2.3 公众科学的知识发现机理——DIKW 模型

现有研究从不同的视角对公众科学项目知识发现流程进行阐述，Newman 等的研究突出各类参与者利用技术手段实现数据的共享与转化[4]；Hedges 和 Dunn 的研究突出参与者对于项目任务的各类操作[6]。我们认为无论是自然科学类还是人文类公众科学项目研究面向的主要对象都是大众参与科研过程中产生的各类数据，从初步的数据收集到科研数据的管理，再到数据的转化、分析与应用，数据贯穿于整个公众科学项目流程。公众科学项目知识发现应当以数据为基础资源，通过项目中各设施要素、角色要素以及技术工具间的广泛结合与交互，实现项目数据资源的整合、知识生产和传播应用。

DIKW 是图情领域关于数据、信息、知识、智慧演化发展的经典模型，通常被理解为 4 种层次，每一层由下一层产生且赋予一些特质，该模型符合公众科学项目知识发现和应用的研究理念。在现有研究的基础上借鉴 DIKW 模型提出了公众科学项目知识发现模型，如图 7.3 所示。

该模型体现了公众科学项目知识发现需要完成的一些阶段性的目标，将公众科学项目中数据生命周期划分为对应 DIKW 的 4 种状态，分别为数据 (来源于客观世界的记录或已有的原始资料)、信息 (整理后的数字化资源)、知识 (生成的规律、模式、研究报告、科学出版物等) 和智慧 (对课题的新认识、思考和应用)。基于这 4 种状态将公众科学项目知识发现过程划分为 3 个阶段，分别为：① 数字化阶段 (数据到信息的转化)，基于 Web 网络环境开发适用于公众科学项目的系统平台，设计统一的元数据体系，并根据一定的输入端数据控制策略将公众提供的原始材料数字化地存储起来，为知识发现做好数据准备；② 知识生成阶段 (信息到知识的转化)，采用数据清洗、融合等方法对数据集进一步处理，根据数据集内容、结构等特点进行分析和挖掘，生成可用的知识；③ 开放应用阶段 (知识到智慧的转化)，通过一定的开放共享策略将特定知识数据对特定公众开放，促进知

7.2 公众科学与知识发现

识的广泛传播和应用。该模型是对现有研究的整合和拓展,细化知识发现过程中的具体环节,具有一定的普适性和可操作性。

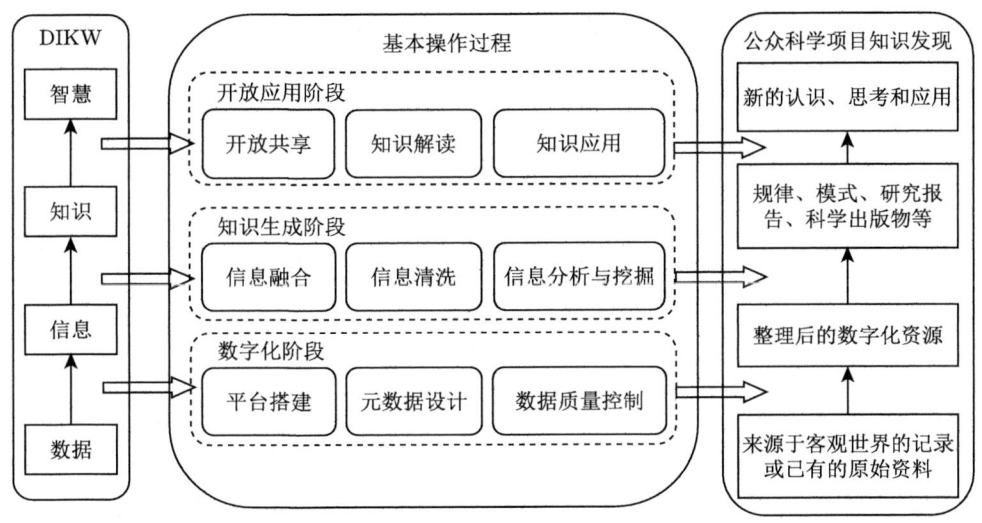

图 7.3 基于 DIKW 的公众科学项目知识发现模型

1. 数字化阶段

数字化阶段是公众科学项目实现知识发现的第一步也是至关重要的一步。该阶段主要涉及平台搭建、元数据设计和数据质量控制 3 个方面,由于目前的公众科学项目大都还停留在该阶段,本节也将着重介绍该阶段的具体内容。

1) 平台搭建

互联网、软件开发和云计算等技术的快速发展扩展大规模数据收集、存储和整合的能力,从而推动了公众科学的发展。在公众科学项目实施之前,有必要搭建一个可以多人使用和维护的平台,公众可以利用电脑或移动网络设备通过该平台参与科学活动和提供科研数据。目前实施的公众科学项目主要有自主开发平台和利用已有平台 2 种形式,无论采用哪种形式都需要满足大规模项目对于软件、数据库等基础设施的需求。搭建网络平台为互联网时代公众科学项目所有环节的实施提供了条件和保障。

作为实施公众科学项目的主要场所,平台多以网站和移动端 APP 的形式存在,呈现项目的目标、任务、资料等内容,并提供在线数据录入和上传内容等功能。优秀的平台还需要建立能够整合当地数据的全球数据库,并引入输入端数据质量控制机制。例如，不正确的数据格式、不完整的输入数据字段或拼写错误提醒。McKinley 指出平台还应该兼顾提升用户参与动机的功能[7]，比如加入一些游戏化元素和降低公众使用难度等。公众科学平台作为用户与项目交互的窗口，也应该像传统网站那样注重用户交互体验，对平台页面内容、语言、可读性、导航、页面元素、视觉外观、页面加载速度以及完成期望动作的过程复杂度等方面进行设计[8]。

2) 元数据设计

元数据是关于数据的数据，对于公众科学项目而言，需要对多粒度、多领域的众包任务和科研数据进行元数据描述，更好地实现数据管理、知识生成和开放应用。然而大多数现有的元数据标准都有一个假设前提，就是假定项目信息是在一个标准化、易于评估的工业过程中产生的，因此可能不适用于公众科学的范式[9]。目前项目生成的元数据常常受到专业词汇和特定机构主观观点的限制，公众科学项目中应该注重填补专家和公众之间的语义鸿沟[10]，利用开源游戏实现元数据设计可以协助科学家提高元数据质量，规范和消除歧义[11]。Flanagan 等进行元数据游戏项目的设计，在游戏中设置一定的禁忌词列表和采用对等验证的方式来控制元数据质量，实验证明设计的游戏能够产生更高质量的元数据，并让用户感受到良好的用户体验和挑战[12]。

元数据与关联数据具有天然的联系，从某种程度上可以说关联数据是元数据语义表达和实现其功能需求的最佳方式[13]。大数据时代公众科学项目涉及多个领域、多种类型的数据资源。为了规范化地组织项目资源并使其富含计算机可理解的语义，可以利用 RDF 的形式对多样化的项目资源进行描述及编码，通过元数据和其他语义描述 (本体)，以 HTTP URI 的方式实现数据资源的关联数据化，从而能够实现跨域的数据整合与分析，同时利用 RDF、RDFS、OWL2 等强大语义功能，构建开放接口实现不同数据源之间数据的交换与共享[14]。关联数据能够帮助公众科学项目更好的实现语义描述、有序管理及推理挖掘，比如从项目元数据中提取出物种名称、地名、人、机构等所有实体，并为每个实体赋予唯一的 URI，将实体间的关联关系生成 RDF 文件，能够实现整个项目背后资源的整合，从某一实体出发能够快速得到后台资源中与之关联的所有实体的 URI 及其包含的实体详细信息。

3) 数据质量控制

McKinley 指出公众科学项目中即使用户有意愿参与，他们也可能会试图欺骗或破坏系统，或者由于个人偏见和缺乏对项目主题的实践经验而犯错误[7]。公众科学项目需要在借助公众进行数据获取的数量和质量之间找到适当的平衡，因此需要进行一定的数据质量控制。这里的数量控制指的是数据录入到数据库之前实施的控制策略,包括前期用户培训以及平台输入端的控制等。将目前公众科学项目常用的数据质量控制策略整理如表 7.2 所示。

表 7.2 公众科学项目常用的数据质量控制策略及说明

数据质量控制策略	说明
科学商店	为公众科学项目设置线上或线下的科学商店,为公众提供科学普及和培训,包括提供指南、海报、手册、视频和 FAQ(常见问题) 等教育材料来支持参与者对项目内容和协议的理解,从而更好地完成任务并提供更高质量的数据
游戏化	设计一定的游戏化策略,比如排行榜、信誉系统等,在有信誉评分系统的情况下,用户可能会倾向提供高质量的数据,因为经常提交糟糕数据的用户会被阻止访问特定的任务,相反则会获得参与更理想任务的机会
经济模型	把钱作为一种激励机制,根据用户级别支付的博弈模型,以提升用户积极性
数据格式	提供在线数据输入提示,防止参与者在所有必填字段被填满之前进行数据提交
对等验证	在进行抄录或编目等任务时,两个独立的参与者给出相同答案才被接受
数据冗余	数据质量可以由多个参与者反复验证而实现。每一个任务由多个参与者完成,将所有结果数据进行互相补充汇总或者使用投票方案确定答案
社会协作	一些有经验参与者被要求协助或监督经验不足的参与者进行数据收集
算法过滤	根据聚集的历史数据以及权威地理知识和领域知识等设计人工智能算法,对输入数据进行初步的自动过滤和筛选,将符合经验的数据接收到数据库中,将不符合经验的数据进行待定标记,然后发送给相应的专家进行审查
专家审查	值得信赖的专家对参与者提交的数据进行审核,确保数据的真实性和准确性
工具观察	设计更加智能的系统能够利用内置传感器自动获取和上传数据,尽量消除参与者在收集数据中可能犯的主观方面错误

2. 知识生成阶段

通过数字化阶段将公众提供的数据形成数据库中标准化的数据集。对于具体的科学研究还需要进行数据融合,并对融合后的数据进行噪声去除、数据滤重、别名识别、排序分类等清洗工作,形成特定数据集,更加方便地分析和挖掘蕴含在数据集中的知识。Bird 等认为公众科学项目收集的数据倾向包含更大的测量误差或时空偏差,现代统计分析方法可以用于解决许多类型的数据错误和偏差,实现数据清洗,并总结 R 语言中一些可用的模型和工具包[15]。

常用的开源信息挖掘和可视化工具 Python、R、Spark 等已经被用于公众科学的知识生成工作中。以 eBird 项目为例,Walker 等将 eBird 数据集转换成具有时间和物种索引的 SQLite 数据库,然后使用 R 语言包 RSQLite 对数据进行查询和操作,基于这些数据使用 R 语言中的 lme4 包进行拟合模型,生成了物种丰富度的年度指数和长期趋势[16]。Fink 等提出一种利用 eBird 数据分析物种发生和丰富度的时空探索模型(STEM),该模型所有的计算均在 R 中执行[17]。Cherel 等指出鸟类迁徙地图背后有很多人类工作和复杂的数据计算,目前康奈尔鸟类实验室已将 STEM 计算从本地集群迁移到云端,使用 Spark 集群框架进行大规模的数据运算[18]。Töpel 等提出了物种地理编码器,一种用 Python 和 R 编写的开源软件包,允许将物种容易地编码成用户定义的操作单元,可用于促进物种分类和清洗从在线数据库获得的数据,也可用于定量生物多样性统计、全球和局部分布以及生物群落演化的分析[19]。eBird 项目平台上集成了包含时间、空间尺度的鸟类丰富度可视化工具 BirdVis,该工具每年访问量达到 100 多万次[20]。在此工具中可以自定义选择区域和鸟的种类,得到随时间变化的物种丰富度变化曲线,并可以进行多个区域的对比。除了上述方法和工具外,公众科学项目还需要根据具体研究目的和相关数据集确定对应的信息分析与挖掘方法,目前常用于知识生成的信息挖掘方法包括回归、判别、聚类、相关分析、粗糙集等统计学方法,支持向量机、贝叶斯、关联规则挖掘、决策树、K 最近邻、遗传算法等机器学习方法,以及自组织映射网络、反传神经网络等神经计算方法[21]。

3. 开放应用阶段

在知识的基础上结合人类经验才能形成对事物的预测、解释等智慧,Wood 等指出只有通过生态学家、统计学家和计算机科学家之间的持续合作,才能真正实现从这些数据中提取关于生物研究的新见解[22]。因此,公众科学项目数据资源由公众科学家产生并组织处理后,需要进行一定程序的开放共享,其意义不仅在于知识成果的传播,也反映了公众科学"取之于民、用之于民"的思想,更重要的是有助于改变科学知识交流生态,提升科技创新能力[23]。公众科学项目数据是在公众自愿参与的基础上产生的,越来越多的公众要求首先能获取自己提供的数据,并要求与其他研究人员一起分享数据。在公众科学项目中,开放的内容应包括以上两个阶段的成果和工具,比如一些验证后的数据集、整合后的资源目录、标准化的基础数据(姓氏、年号、地名、机构等)、数据可视化及分析工具接口、多维分析结果(关联关系、时空分布、迁徙轨迹等)等。用户可以在此基础上,进一步探索和思考,形成更多的知识或对事物的预测、解释等智慧。近年来,一些机构以开放数据竞赛的方式推动数据的开放应用,比如著名的 Kaggle 数据科学竞赛、上海图书馆数字人文开放数据应用开发竞赛等。公众科学项目也需要借助竞赛等模式促进开放应用,从而发现更多的知识和价值。

开放科学运动倡导将科学产生的所有数据集开放给任何人,他们可以用任何形式使用公开数据,同时确保研究成果以研究出版物的形式自由获取和重用。然而一些公众科学团体对一些敏感数据的共享表示担忧,包括关于参与者私人的数据,以及一些保护型物种数据等[24]。我们认为大型公众科学项目不应该将所有数据都无条件面向公众开放,欧洲公众科学白皮书指出欧盟数据政策需要明确的道德准则,并需要制定关于敏感个人信息、政策限制、伦理和知识产权方面的相关处理策略[25]。目前公众科学开放共享主要有 2 种模式:一种是申请审核模式,Sullivan 等指出当用户在网站上注册时,他们应当签署一份数据共享协议,声明从原始数据所有者处获取数据的权限,数据只分配给被批准的特定项目[26]。用户想要获取 eBird 项目数据需要提供自己的姓名、居住国,并提供他们用于实施的项目类型、标题和摘要,确认数据与项目之间的联系,项目组织人员对这些请求进行单独审查以确保有效性,然后授予数据访问密钥,从而保证项目数据不会被滥用或添加到商业产品中[27]。另一种是收费模式,Haklay 指出实现公众科学项目的资金可持续性是非常重要的,对数据收费可以提供额外收入,数据应用将产生巨大的经济价值,收费模式有助于制订奖励措施,鼓励科学家和志愿者提供和分享他们的数据[9]。

7.3 公众科学与知识获取

7.3.1 公众科学中知识获取行为的影响因素模型

参与者的个体知识获取行为包括知识获取动机、知识获取效率及质量 2 个维度,而影响这两个维度的因素包括个体因素、群体因素、外部资源及环境因素 3 个层面。因此,从个体因素、群体因素、外部资源及环境因素、个体知识获取行为内部影响机制 4 个层面提出研究假设并构建公众科学项目中参与者知识获取行为的影响因素模型。

1. 个体因素

从个体知识获取与知识共享行为等方面的研究可以看出,在公众科学项目中,影响个体知识获取行为的个体因素主要有个体内在兴趣、个体自我提升需求、个体自我效能感、个体信息素养 (知识需求编码能力、知识获取渠道及方法、知识获取工具的使用能力等) 以及利他主义 (希望为社会服务或做出贡献)。

从个体的内在兴趣角度来看,Papadopoulos 等通过对虚拟社区中的成员知识交流行为进行调研,发现个体内在兴趣和行为感知乐趣 (知识交流行为中体验到的乐趣) 与社区成员的知识交流行为和态度呈显著正相关关系[28]。段川虹在教育学研究中指出,个体的内在兴趣作为个体内部的一种非智力型心理因素,对个体的实践活动有着积极的引导、促成和保持作用，能够激发个体在实践活动中的知识获取动力[29]。基于上述研究结论提出如下假设：

H1：个体内在兴趣对参与者的知识获取行为有正向影响；

H1a：个体内在兴趣对参与者的知识获取动机有正向影响。

从个体自我提升需求角度来看，陈则谦利用 MOA 模型对网络社区用户的知识获取动因进行研究，发现个体存在通过获取知识来促进自身科学素养、学习或工作能力水平提升的需要，且个体的自我提升需求与其在网络社区中的知识获取动机之间存在显著正相关的关系[30]。基于此提出如下假设：

H2：个体自我提升需求对参与者的知识获取行为有正向影响；

H2a：个体自我提升需求对参与者的知识获取动机有正向影响。

从个体自我效能理论出发，Bock 和 Kim 认为在网络知识社区中，个体自我效能感是影响用户知识获取和知识共享的主要动机性因素[31]；Kim 等也通过实证研究，表明自我效能是推动个体参与到知识共享活动中的重要动因[32]。基于上述研究结论提出如下假设：

H3：个体自我效能感对参与者的知识获取行为有正向影响；

H3a：个体自我效能感对参与者的知识获取动机有正向影响。

在个体的信息素养层面，目前 CSCL 与教育学领域广泛认为个体的信息素养对个体的信息搜寻、信息过滤与辨别、信息处理与分析能力有重要影响。陈则谦从 MOA 模型理论中的能力要素出发，指出知识需求编码能力 (个体将自身的知识需求转换为语言、文字等多种形式的查询语句)、知识搜寻过程的控制能力 (通过对知识源选择、搜寻时间、搜寻方法及途径等过程的控制与调整，以达到知识获取的目的)、知识搜寻结果的评价能力 (对搜寻得到的信息进行需求相关性匹配、质量过滤与清洗等) 是在知识获取行为中个体信息素养的重要体现，且分别对个体的知识获取质量与效率产生正向影响[30]。鉴于此提出如下假设：

H4：个体信息素养对参与者的知识获取行为有正向影响；

H4a：个体信息素养对参与者的知识获取效率与质量有正向影响。

在个体的利他主义对个体的知识获取影响层面，许多学者认为在部分情况下，个体获取知识的目的是获得对家人、朋友等群体有利的信息，或通过获取知识来达到服务社会、贡献社会的目的。Oh 通过调研雅虎健康知识问答社区，发现了网络用户的利他主义是激励用户主动交流、共享、获取健康知识的重要因素[33]。陈则谦也结合 MOA 模型做出探讨，认为部分个体在知识获取行为中受到利他主义驱动，获取知识是为了更好地贡献社会、服务社会[30]。基于上述研究结论提出如下假设：

H5：个体的利他主义对参与者的知识获取行为有正向影响；

H5a：个体的利他主义对参与者的知识获取动机有正向影响。

2. 群体因素

从群体协作、CSCL 等相关研究成果可以看出，影响个体知识获取行为的群体因素主要有个体与外部群体之间的沟通交流，以及个体所处的平台社区环境。结合已有研究成果，并借鉴社会认知理论中行为因素和环境因素对个体的影响，主要从个体与群体间的沟通交流、平台社区环境两个角度出发，分析公众科学项目中影响参与者知识获取行为的群体因素。

在个体与群体间的沟通交流层面，周涛和鲁耀斌通过调研网络知识社区中用户的信息获取行为，并结合社会资本理论，研究发现群体间的信任是影响个体信息获取行为的重要因素，而信任产生于社区用户间的交流、沟通、互动[34]。Walther 认为在虚拟社区群体中，加强用户之间的联系，促进用户间的交流、互动，对提高用户参与社区知识共享活动的积极性、增强社区活力和知识新鲜度有显著效果，同时用户也可通过与外部群体间的社交连接，激发或提升自身对知识的兴趣[35]。由此可见，个体与群体间的交流互动行为不仅对个体的知识获取动机有直接影响，还能够影响到个体的内在兴趣。基于此提出如下假设：

H6：个体与群体间的交流互动对参与者的知识获取行为有正向影响；

H6a：个体与群体间的交流互动对参与者的知识获取动机有正向影响；

H6b：个体与群体间的交流互动对参与者的内在兴趣有正向影响。

在平台社区环境层面，许多学者研究了平台社区的"软环境 (社区成员之间由社交行为所形成的氛围)"对用户知识获取和贡献行为的影响，普遍认为活跃的社区氛围能够激发用户的参与动机，从而正向影响用户的知识交流行为[36,37]。基于这一理论观点提出如下假设：

H7：平台社区的氛围活跃度对参与者的知识获取行为有正向影响；

H7a：平台社区的氛围活跃度对参与者的知识获取动机有正向影响。

3. 外部资源及环境因素

社会认知理论中认为，个体的外部资源及环境因素对个体行为有重要影响作用，Hsu 在有关企业员工知识分享行为与企业环境关系的研究中指出，企业文化中的激励机制对员工的知识分享行为意愿起到正向作用[38]。陈则谦利用 MOA 模型理论研究个体的知识获取行为，认为影响个体知识获取行为的外部环境要素主要存在于 MOA 模型的机会要素中，认为硬件环境要素如计算机配置、网络速度及稳定性、平台的感知可用性及易用性是影响个体知识获取行为的主要外部环境因素[30]。结合公众科学项目的运作机制及特征来看,通常公众科学项目的运作流程中包含对参与者的培训或科学知识输出过程,同时项目科研成果的产出对于参与者而言也是一种重要的知识回馈形式,因此,主要从公众科学项目的技术环境、项目前期培训、项目激励机制、项目科研成果 4 个层面出发,研究影响参与者知识获取行为的外部资源及环境因素。

在公众科学项目中,技术环境主要是指参与者的硬件条件、网络质量等参与者自有的技术条件,以及项目所提供的平台在技术上的可用性和易用性。一般来说,良好的技术环境能够帮助用户顺利、高效地获取所需要的知识,提升知识获取的效率与质量。因此提出如下假设:

H8:技术环境对参与者的知识获取行为有正向影响;

H8a:技术环境对参与者的知识获取效率与质量有正向影响。

通常情况下,公众科学项目在开展前期会对参与者进行培训,以帮助参与者了解项目的科学背景、科研目标,并教授参与者进行科研任务的方法等。Yadav 等通过研究公众科学项目中的平台游戏化机制,发现通过游戏化学习任务的形式对参与者进行前期培训,可以有效地帮助参与者快速学习到项目中可能用到的科研方法与知识获取途径[39]。基于此提出如下假设:

H9:项目培训机制对参与者的知识获取行为有正向影响;

H9a:项目培训机制对参与者的知识获取效率与质量有正向影响。

在关于公众科学项目中参与者激励机制的研究中,Jennett 等指出,适当的物质与精神激励机制的设置,有利于激发公众参与科研的热情,从而促使公众以更高的效率、更短的周期获取与项目有关的知识,获取项目奖励。同时,项目激励机制能够促使参与者之间通过协作学习、协作采集信息等方式进行社交连接,以利用团队的力量更高效地完成任务[40]。由此可以看出,公众科学项目的激励机制不仅能够显著提高公众的参与积极性,还可以促进参与者群体间的交流互动,从而增强公众科学项目平台或社区的整体氛围活跃度。因此提出如下假设:

H10:项目激励机制对参与者的知识获取行为有正向影响;

H10a:项目激励机制对参与者的知识获取动机有正向影响;

H10b:项目激励机制对参与者与群体间的交流互动行为有正向影响;

H10c:项目激励机制对公众科学项目的平台社区氛围活跃度有正向影响。

在有关公众科学项目科研产出阶段的研究中,Dem 等通过研究菲律宾公众科学项目"Flying Beauties",发现在项目的成果产出阶段,参与者对科研成果表现出较高的学习积极性,并通过阅读科研报告,提升了参与者对于生物种类的科学认知[41]。Jordan、Bonney 等通过对"公众科学项目能否提升公众的科学素养""公众科学项目参与者的知识获取及行为转变"等课题进行研究,指出公众科学项目的科研产出是对参与者的无形回馈,参与者阅读科研成果,可以获取到经过精炼、整合的科研结论。相较于科研过程中获取到的碎片化知识,参与者在科研成果中获取的知识更为系统、完整,更容易形成自身的内化知识并促进科学素养的提升、自身行为的转变[42,43]。基于上述研究结论,我们认为公众科学项目的科研成果对于参与者而言是宝贵的知识回馈,对参与者知识获取的效率与质量有重要影响,因此,提出如下假设:

H11:项目科研成果对参与者的知识获取行为有正向影响;

H11a:项目科研成果对参与者的知识获取效率与质量有正向影响。

4. 知识获取行为

综合来看个体的知识获取行为,大量研究表明,个体的知识获取收益受到知识获取动机、知识获取效率与质量两方面的影响,且知识获取动机和知识获取效率与质量两个维度之间存在相互影响的关系,如王鹏民等在对社会化问答社区中的知识质量影响因素进行博弈分析时,指出用户获取到知识的"质"和"量"均取决于其知识获取的需求及动机[44];而张敏等则指出,在虚拟社区用户的知识获取过程中,知识质量通过影响用户的信息满意度和社交满意度,间接影响到用户的知识获取行为意愿[45]。鉴于上述研究结论,我们认为在个体的知识获取行为中,知识获取动机、知识获取效率与质量共同影响个体的知识获取收益,且两个维度之间呈双向影响的关系,因此,提出如下假设:

H12:参与者的知识获取动机、知识获取效率与质量间相互影响,共同作用于知识获取收益;

H12a:参与者的知识获取动机对其知识获取效率与质量有正向影响;

H12b:参与者的知识获取效率与质量对其知识获取动机有正向影响;

H12c:参与者的知识获取动机对其知识获取收益有正向影响;

H12d:参与者的知识获取效率与质量对其知识获取收益有正向影响。

在广泛整合公众科学及个体知识获取行为相关文献并深入研究的基础上,依据所提出的研究假设,构建了如图 7.4 所示的公众科学项目中参与者知识获取行为的影响因素假设模型。假设模型主要包含个体因素、群体因素、外部资源及环境因素、知识获取行为四大主体,其中三种因素均对知识获取行为产生影响作用,同时三种因素之间也存在相互影响的机理。三种因素与知识获取行为相互关联、相互作用,共同构成了公众科学项目中参与者知识获取行为的影响因素与影响机制概念模型。

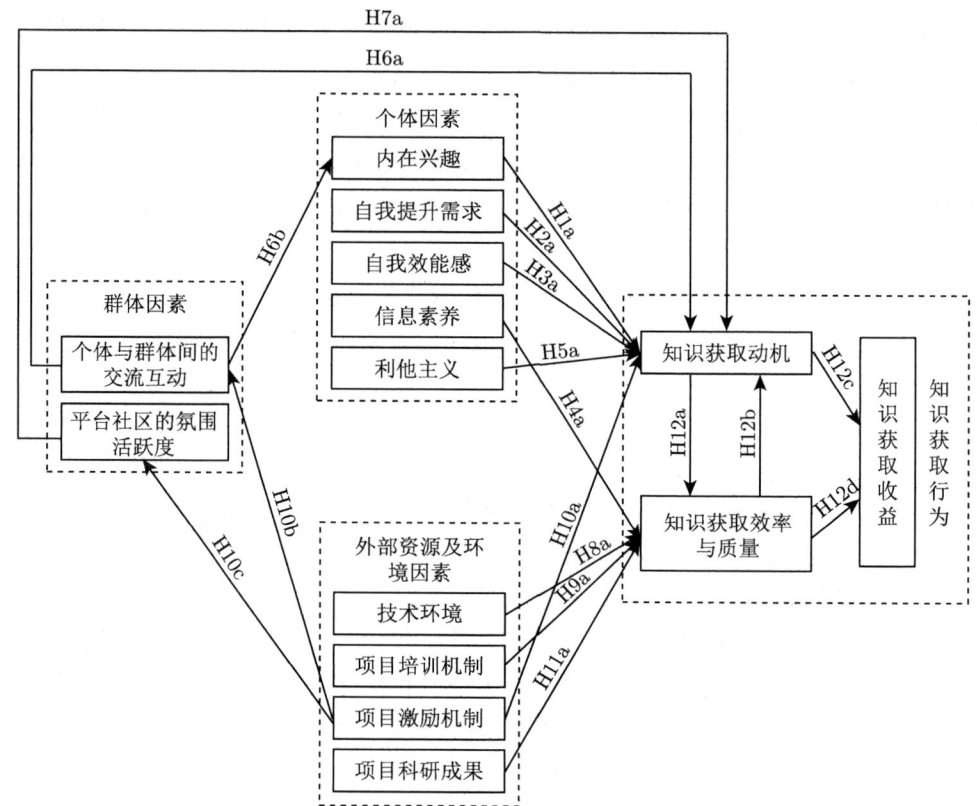

图 7.4　公众科学项目中参与者知识获取行为的影响因素假设模型

7.3.2　量表设计与数据采集

1. 变量测量

主要借鉴已有研究中的成熟量表，并依据公众科学项目中公众参与行为的具体情况与特征进行适当修改，形成变量测量量表。在量表级数设置方面，采用李克特 5 级量表的测量模式。具体变量测量方法如下：

1）个体因素变量测量

借鉴陈则谦[30]、杜智涛[47]、杨艳[48]、Boshier[46]、Tsai[49]、Oh 和 Syn[50] 研究网络社区中用户的知识共享和知识获取行为时使用的测量方法，结合公众科学项目的运作机制及公众参与行为的基本特征，共设计 19 个测量问项，编制如表 7.3 所示的个体因素变量测量量表。

7.3 公众科学与知识获取

表 7.3 个体因素测量量表

研究变量	测量问项	文献来源
内在兴趣 (II)	II1: 我常常因为个人兴趣而主动获取知识； II2: 我常常因为个人兴趣而在项目中主动学习知识或技能； II3: 我常常因为个人兴趣而主动参与能够使我获取到新知识的活动	杜智涛 (2017)[47]
自我提升需求 (ET)	ET1: 通常情况下，我获取知识是为了提升我的科学文化素养； ET2: 通常情况下，我获取知识是为了提升我的学习或工作能力； ET3: 通常情况下，我获取知识是为了保持我在学习或工作方面的优势	Boshier (1991)[46]， 陈则谦 (2013)[30]
自我效能感 (SE)	SE1: 我有信心完成我在公众科学项目中承担的任务； SE2: 我认为我有能力获取任务中所需要的知识； SE3: 在任务中遇到困难无法解决时，我常常通过主动学习新知识或求助他人等多种方式来确保问题能够被解决	杜智涛 (2017)[47]， 杨艳 (2006)[48]
信息素养 (IL)	IL1: 我认为我能够熟练运用计算机等信息技术工具； IL2: 在查询信息时，我能够将知识需求转化为明确的查询概念； IL3: 在查询信息时，我能够通过设计检索式、修改查询条件等方式来提高查询结果的匹配度； IL4: 在查询信息时，我经常使用一个网站或搜索引擎的高级检索功能； IL5: 在查询信息时，我很容易判断出哪些查询结果符合我的需求； IL6: 在查询信息时，我很容易从查询结果中过滤掉我不需要的信息	陈则谦 (2013)[30]， Tsai(2003)[49]
利他主义 (AL)	AL1: 在完成项目任务时，我主动学习相关科学知识或科研方法是为了更好地为项目做出贡献； AL2: 在完成项目任务时，我主动学习相关科学知识或科研方法是为了更好地帮助其他团队成员解决问题； AL3: 我认为主动分享知识可以帮助其他项目中的成员更好地完成任务； AL4: 在完成项目任务时，我主动学习相关科学知识或科研方法是为了多做一些对社会有意义的事情	Oh 和 Syn(2015)[50]， 陈则谦 (2013)[30]

2) 群体因素变量测量

参考 Wathne[51]、徐美凤[52]、杜智涛[47]、Lee[53] 等关于在线知识社区中用户群体之间的知识交流、共享行为研究中所使用的量表，并结合公众科学项目平台及社区的特征，共设计 7 个测量问项，编制如表 7.4 所示的群体因素变量测量量表。

3) 外部资源及环境因素变量测量

借鉴 Davis[54]、He[55]、刘锦英[56]、李晓方[57]、龚立群[58] 和李山[59] 关于个体信息查找行为的影响因素相关研究中使用的量表，并结合公众科学项目所涉及的外部资源及环境条件因素，共设计 17 个测量问项，编制如表 7.5 所示的外部资源及环境因素变量测量量表。

4) 知识获取动机与知识获取效率质量变量测量

参考 Deci[60]、Bhattacherjee[61]、张敏[45] 有关个体知识获取与知识获取质量及满意度关系的测量量表，并结合公众科学项目中参与者的行为特征，共设计 6 个测量问项，编制如表 7.6 所示的知识获取动机与知识获取效率质量测量量表。

表 7.4 群体因素测量量表

研究变量	测量问项	文献来源
个体与群体间交流互动 (CI)	CI1：我很容易找到和我参与了同一个公众科学项目的人； CI2：在完成项目任务过程中，我经常与他人交流讨论与项目相关的知识或问题； CI3：与其他个体或群体进行交流沟通，可以激发我对项目所涉及的科学知识或科研方法的兴趣； CI4：与其他个体或群体进行交流沟通，可以使我获取到新知识或新技能	Wathne 等 (1996)[51]， 杜智涛 (2017)[47]
平台社区氛围活跃度 (CA)	CA1：我所参与的公众科学项目为我提供了可与他人进行知识交流、共享的平台或社区； CA2：我所参与的公众科学项目中，平台或社区中的用户交流氛围很活跃； CA3：我所参与的公众科学项目中，平台或社区中的信息更新频率很高	徐美凤 (2011)[52]， Lee (2005)[53]

表 7.5 外部资源及环境因素测量量表

研究变量	测量问项	文献来源
技术环境 (TE)	TE1：我平常查询信息时，所使用的计算机、网络等技术条件较好； TE2：我所使用的搜索引擎、学术资源平台等知识查询平台使用起来很容易； TE3：我经常使用搜索引擎或学术资源检索平台的高级检索功能； TE4：我很容易获取到我需要的书籍、刊物的纸质版或电子版； TE5：我很方便获取到我需要的书籍、刊物的纸质版或电子版	Davis 等 (1989)[54]， He 和 Wei (2009)[55]
项目培训机制 (TM)	TM1：项目培训可以帮助我了解更多与项目有关的背景知识； TM2：项目培训使我了解科研活动的开展流程； TM3：项目培训使我学习到很多科研方法 (如信息采集、信息处理、信息分析方法等)； TM4：项目培训使我学习到很多获取知识的途径与方法	刘锦英 (2007)[56]
项目激励机制 (EM)	EM1：我所参与的项目有较完善的激励机制 (物质奖励、任务积分或打赏等)； EM2：我所参与的项目中，任务完成得更多、更好的参与者能够获得更多激励； EM3：我所参与的项目中，任务完成得更多、更好的参与者能够获得更多荣誉和别人的尊重	李晓方 (2015)[57]， 龚立群和方洁 (2013)[58]
项目科研成果 (SA)	SA1：我会关注我所参与的项目产出的科研成果； SA2：我认为我能够从科研成果中学到新的科学知识； SA3：我认为我能够从科研成果中学到系统的科学研究方法； SA4：我认为我能够通过科研成果了解科研活动的整体流程； SA5：我认为科研成果能够帮助我提升对日常生活中一些现象或事物的科学认知	李山 (2013)[59]

7.3 公众科学与知识获取

表 7.6　知识获取动机与知识获取效率质量测量量表

研究变量	测量问项	文献来源
知识获取动机 (MKA)	MKA1: 在参与公众科学项目的过程中, 我常常想要获取知识; MKA2: 在参与公众科学项目的过程中, 我乐于接受新知识; MKA3: 在遇到问题时, 我常常有明确的知识查询需求	Deci 和 Ryan (1985)[60]
知识获取效率 与质量 (EQKA)	EQKA1: 搜寻信息时, 我常常能快速获取到知识; EQKA2: 通常情况下, 我所获取的知识正符合我的需求; EQKA3: 通常情况下, 我所获取的知识能够解决我的问题	Bhattacherjee (2001)[61], 张敏等 (2015)[45]

5) 知识获取收益变量测量

参考 Tsang[62]、Norman[63] 关于众包模式中知识获取收益的测量量表, 并结合公众科学项目中参与者的知识获取行为特征, 共设计 6 个测量问项, 编制如表 7.7 所示的知识获取测量量表。

表 7.7　知识获取收益测量量表

研究变量	测量问项	文献来源
知识获取收益 (KA)	KA1: 通过参与公众科学项目, 我获取与项目研究课题相关的知识; KA2: 通过参与公众科学项目, 我了解科研活动的开展流程; KA3: 通过参与公众科学项目, 我了解一些科研方法 (如信息采集、信息处理、信息分析方法等); KA4: 通过参与公众科学项目, 我学习到更多获取知识的途径或方法; KA5: 通过参与公众科学项目, 我搜集、查询知识的能力有所提升; KA6: 通过参与公众科学项目, 提升了我对日常生活中一些现象或事物的科学认知	Tsang 等 (2004)[62], Norman (2004)[63]

2. 问卷设计

1) 问卷初步设计

Aaker 等对问卷设计的准则及步骤做了详细研究, 并将完整的问卷设计过程分为 5 个步骤, 即问卷初步规划、问卷构建、问卷语言表达、问卷编辑与问卷修正[64]。依据上述问卷设计步骤, 遵循问卷设计中避免问项引导性、确保语言表达的清晰度和完整度等准则, 并经过与相关人员进行小规模访谈, 形成了用于调研的问卷初版。

问卷的主要内容包括: 本次问卷发放的背景、相关概念 (公众科学项目、知识获取行为等概念) 的简述以及问卷填写说明; 问卷填写人员的人口属性基本信息, 包括年龄阶段、性别、受教育程度、参与过的公众科学项目数量; 受访者选择在公众科学项目中获取知识的途径, 及不同途径对其知识获取行为的影响程度; 受访者在公众科学项目中知识获取行为影响因素的测量问项部分，包括个体因素、群体因素、外部资源及环境因素、知识获取动机与效率质量关系、知识获取的测量量表 5 个组成部分。经上述设计过程后，形成包含 62 道问题的初版问卷。

2) 问卷修正

在初版问卷设计完成之后，需要利用小规模样本对问卷进行前测，以分析问卷设计的合理性、有效性。选取参与过上海图书馆盛宣怀档案抄录项目、中国自然观察、中国自然标本馆、中国观鸟记录中心 4 个公众科学项目的 30 位参与者作为小样本测试的对象，邀请他们填写初版问卷并对问卷中的问题设置、语言表达等进行评价和意见反馈，从而保证问卷在问题设置逻辑、题项及答项理解方面的合理性和可用性。利用 SPSS 统计分析软件对小样本测验的回收数据进行信度分析和探索性因子分析，根据分析结果对初版问卷中的部分问项进行剔除和修改，最终形成用于大规模发放的大样本问卷，共包含 61 个测量问项，问卷具体内容详见附录 1。

3. 样本选取与数据采集

鉴于研究的对象是公众科学项目中参与者的知识获取行为，因此问卷发放时样本需在参与过公众科学项目的人中选取。考虑到样本选取的代表性及问卷回收的方便性，选取参与过上海图书馆开展的"盛宣怀档案抄录"项目及竞赛、中国山水自然保护中心开展的"中国自然观察"项目、中国观鸟记录中心组织开展的"观鸟记录"、中科院植物研究所开展的"自然标本馆"、上海科技大学组织的"物种名录" 5 个公众科学项目的参与者作为样本，同时涵盖了数字人文、自然科学两种类别公众科学项目的参与者，具有较高的代表性。

为保证本次调研具有足够的样本量，提升问卷回收率，使用问卷设计平台"问卷星"(https://www.wjx.cn)制作并发布了线上问卷，通过在公众科学项目的论坛或社区定期发布问卷链接、发送邮件或采用微信/QQ/短信联系项目参与者的方式，邀请参与者填写问卷。问卷发放时间为 2019 年 3 月 4 日至 2019 年 3 月 17 日，共计两周。本次问卷调研共计发放问卷 385 份，回收问卷 288 份，回收率为 74.81%。剔除其中回答一致性较差的 15 份答卷，共回收有效问卷 273 份，有效回收率为 70.9%。

7.3.3 数据分析与模型检验

1. 描述统计分析

根据问卷回收数据中有关受访者基本信息的部分，主要利用 Excel 及 SPSS17.0 统计分析软件，从受访者的性别、年龄阶段、受教育程度、参与过公众科学项目

7.3 公众科学与知识获取

的数量 4 个方面对样本数据的基本信息进行描述性统计分析。同时，也将根据问卷数据中有关受访者在公众科学项目中获取知识的途径部分数据，对参与者在公众科学项目中主要的知识获取途径及渠道进行描述性统计分析。

1) 样本基本信息描述

从性别分布上看，本次问卷调研回收的 273 个有效样本中，男性受访者有 143 位，占比 52%；女性受访者有 130 位，占比 48%。总体而言，男女受访者的数量相差不大，样本的性别比例基本平衡，利用该样本数据进行分析具有一定合理性。

从年龄分布上看，本次调研样本的年龄阶段主要分布在 18~50 岁之间，其中，处于 18~25 岁年龄层的受访者数量最多，共计 127 人，占比达到 46.5%，接近样本总量的一半；其次是 26~30 岁之间的受访者，共计 95 人，占比达 34.8%；31 岁及以上的受访者较少，共计 51 人，其中仅有 5 位受访者年龄在 41 岁及以上。从上述年龄分布情况可以看出，本次调研样本总体较为年轻，98.2%的受访者处于 18~40 岁之间，占据样本总量的绝大多数。这同时表明，在目前国内开展的公众科学项目中年轻群体是主要参与力量。

从受教育程度上看，本次调研样本的最高学历大多数为本科及以上，共占样本总量的 98.5%，其中本科学历的受访者数量最多，共 159 人，占比达 58.2%；其次是硕士学历的受访者，共 77 人，占比达 28.2%；受访者中博士学历的有 33 人，占比达 12.1%。专科及以下学历的受访者数量最少，仅有 4 人，占比 1.5%。上述学历分布情况分析表明，本科及以上学历的受访者群体构成本次调研样本的主要部分，总体受教育程度较高，同时也反映出目前我国公众科学项目的参与者群体整体受教育程度较高，为公众科学项目的顺利开展提供了有利条件。

从公众科学项目参与情况来看，仅参与过 1 个公众科学项目的受访者共 216 人，占比高达 79%；较少受访者参与过 2 个及以上数量的公众科学项目，其中参与过 2~5 个项目的受访者共 54 人，占比 20%；而参与过 5 个以上项目的受访者仅有 3 人，占比 1%。由此可以看出，本次调研的受访者中大多数仅参与过 1 个公众科学项目，其数量是参与过 2 个及以上公众科学项目的受访者人数的 3 倍以上，这可能会略微降低研究结论的代表性和普适性，但同时也反映出目前国内公众科学实践的大众参与度不高，这一新型科研活动模式仍有待普及。

2) 样本知识获取途径描述

为深入了解参与者在公众科学项目中的知识获取途径，并知悉参与者对每种知识获取途径的感知效用，本次问卷调研中设计了关于知识获取途径的多选问项。依据这些问项的回收数据，对受访者在公众科学项目中的知识获取途径进行如下分析：

从获取项目相关科学知识的途径上看,通过搜索引擎查询、学术资源平台检索、阅读项目相关资料是参与者获取与项目相关的科学知识的主要途径,其占比均超过50%。其中,87.13%的受访者均表示会通过搜索引擎查询来获取科学知识,可见这一途径在参与者知识获取行为中应用的普遍性较高。其次,也有一些参与者选择通过知识问答社区、阅读相关书籍报刊资料、询问项目发起方或组织者、询问项目内其他参与者等途径来获取参与项目所需要的科学知识,其占比均在30%~50%之间,表明这些知识获取途径也在参与者的项目任务完成过程中发挥了重要作用。此外,还有较少数的参与者会通过询问项目外的其他人员来获取科学知识,说明参与者除了通过自身学习以及项目内的交流,还可以利用项目外的其他社会资源来获取项目所需要的科学知识。

从获取项目任务操作或研究方法相关知识的途径上看,通过搜索引擎查询、学术资源平台检索仍是参与者获取这类知识的主要途径,此外在知识问答社区浏览或提问、询问项目组织方或发起者、询问项目内其他参与者也是获取方法类知识的主要途径,其选择占比均超过50%。结合实际情况来看,这可能与在知识问答社区提问可以获得更加针对性的知识、项目组织者或项目内其他参与者也可以传授完成任务所需要的方法等因素相关。同时,搜索引擎查询仍是参与者学习方法类知识的最主要方式,其选择占比高达84.16%。

关于各类知识获取途径的感知效用分析,搜索引擎查询是较多受访者认为可以高效获取知识的渠道,其选择占比高达84.16%。其次,通过学术资源平台检索、在知识问答社区上浏览或提问、询问项目发起方或组织者、询问项目内其他参与者4个知识获取途径也较受参与者的欢迎,可以较好地帮助参与者在项目任务完成的过程中高效获取知识。

2. 信度分析

在问卷调研数据的分析方法中,信度是指调研的实际数值与真值的一致程度,通过信度检验与分析,可以根据调研数据的离散趋势来检验问卷数据的真实性、可靠性、一致性与稳定性。在对问卷中高度相关的若干问项之间进行信度分析时,通常使用 Cronbach's α 系数来检验多个相关问项之间的信度水平,且检测出的 Cronbach's α 系数值越大,表明问项数据之间的一致性越高。一般当 Cronbach's α 系数 $\geqslant 0.7$ 时,说明问卷中问项之间的一致性较高,且答案数据较为真实可信。

使用 SPSS 统计分析软件,通过计算问卷内部多个相关问项样本数据的 Cronbach's α 系数值来对本次研究假设中的各项变量因素进行信度分析,分析结果如表7.8所示。研究中涉及的所有潜变量的 Cronbach's α 值均大于0.7,表明量表

7.3 公众科学与知识获取

具有较高的可靠性与一致性,样本数据可进行进一步统计分析。

表 7.8 样本数据信度分析结果

潜变量	显变量编码	校正项总计相关性 (CITC)	项已删除的 Cronbach's α 系数	Cronbach's α 系数
		Cronbach's α 信度分析		
内在兴趣 (II)	II1	0.754	0.839	
	II2	0.793	0.803	0.879
	II3	0.752	0.841	
自我提升需求 (ET)	ET1	0.49	0.885	
	ET2	0.768	0.598	0.798
	ET3	0.693	0.669	
自我效能感 (SE)	SE1	0.502	0.701	
	SE2	0.569	0.614	0.727
	SE3	0.584	0.606	
信息素养 (IL)	IL1	0.662	0.836	
	IL2	0.66	0.836	
	IL3	0.655	0.837	0.86
	IL4	0.748	0.813	
	IL5	0.673	0.833	
利他主义 (AL)	AL1	0.585	0.67	
	AL2	0.489	0.721	0.749
	AL3	0.521	0.707	
	AL4	0.608	0.657	
个体与群体间交流互动 (CI)	CI1	0.512	0.827	
	CI2	0.736	0.723	0.816
	CI3	0.634	0.769	
	CI4	0.677	0.749	
平台社区氛围活跃度 (CA)	CA1	0.861	0.953	
	CA2	0.923	0.907	0.951
	CA3	0.905	0.92	
技术环境 (TE)	TE1	0.532	0.762	
	TE2	0.55	0.756	
	TE3	0.564	0.752	0.79
	TE4	0.542	0.76	
	TE5	0.658	0.719	
项目培训机制 (TM)	TM1	0.558	0.766	
	TM2	0.668	0.71	0.793
	TM3	0.597	0.756	
	TM4	0.619	0.735	
项目激励机制 (EM)	EM1	0.812	0.805	
	EM2	0.766	0.845	0.885
	EM3	0.752	0.86	

续表

潜变量	显变量编码	Cronbach's α 信度分析		Cronbach's α 系数
		校正项总计相关性 (CITC)	项已删除的 Cronbach's α 系数	
项目科研成果 (SA)	SA1	0.473	0.798	0.804
	SA2	0.614	0.761	
	SA3	0.634	0.752	
	SA4	0.64	0.75	
	SA5	0.59	0.766	
知识获取动机 (MKA)	MKA1	0.577	0.798	0.801
	MKA2	0.677	0.694	
	MKA3	0.688	0.685	
知识获取效率与质量 (EQKA)	EQKA1	0.564	0.816	0.804
	EQKA2	0.737	0.636	
	EQKA3	0.66	0.722	
知识获取收益 (KA)	KA1	0.506	0.813	0.822
	KA2	0.607	0.79	
	KA3	0.637	0.784	
	KA4	0.652	0.779	
	KA5	0.658	0.778	
	KA6	0.506	0.813	

3. 效度分析

在问卷调研数据的分析过程中，效度是指问卷的调研结果与研究者的调研目的符合程度，分为内容效度与建构效度。由于研究问卷的量表主要借鉴了已有研究中的成熟量表，因此可以认为研究问卷的内容效度良好。在进行建构效度分析时，通常利用检测问卷聚合效度与区分效度的方法来检验问卷结构及样本数据的有效性。基于样本数据计算问卷的聚合效度与区分效度，具体如表 7.9 所示。问卷样本数据中，各显变量的标准化因子载荷值均大于 0.5；CR 值均大于 0.6，符合组合信度的检验标准，表明问项之间聚合度较好；AVE 值均大于 0.5，表明潜变量之间的区分效度较高。整体来看，研究问卷具有良好的建构效度，可对样本数据进行进一步分析。

4. 假设检验与模型评估

利用 AMOS 24.0 统计分析软件进行结构方程模型分析，根据标准误差 (SE) 不为负数、临界比值 (CR) 大于 2、假设检验 P 值显著 ($P < 0.05$) 的路径显著性检验标准，"个体与群体间交流互动 (CI)→ 内在兴趣 (II)" "自我提升需求 (ET)→ 知识获取动机 (MKA)" "知识获取效率与质量 (EQKA)→ 知识获取动机 (MKA)" 3 条路径的临界比值、P 值的路径显著性检验结果均未达标，且指标值均与标准相差较大，在后续修正模型时删除这 3 条路径。

7.3 公众科学与知识获取

表 7.9 样本数据聚合效度与区分效度分析结果

潜变量	变量编码	标准化因子载荷	误差变异量	组合信度 CR	平均提取方差值 AVE
内在兴趣 (II)	II1	0.886	0.217	0.925	0.804
	II2	0.918	0.156		
	II3	0.887	0.215		
自我提升需求 (ET)	ET1	0.782	0.414	0.902	0.754
	ET2	0.923	0.146		
	ET3	0.904	0.182		
自我效能感 (SE)	SE1	0.726	0.521	0.834	0.628
	SE2	0.826	0.331		
	SE3	0.847	0.291		
信息素养 (IL)	IL1	0.802	0.376	0.900	0.642
	IL2	0.84	0.304		
	IL3	0.789	0.401		
	IL4	0.836	0.312		
	IL5	0.775	0.428		
利他主义 (AL)	AL1	0.788	0.403	0.857	0.600
	AL2	0.754	0.467		
	AL3	0.762	0.452		
	AL4	0.831	0.321		
个体与群体间交流互动 (CI)	CI1	0.728	0.517	0.873	0.633
	CI2	0.843	0.298		
	CI3	0.825	0.333		
	CI4	0.815	0.352		
平台社区氛围活跃度 (CA)	CA1	0.921	0.150	0.954	0.874
	CA2	0.944	0.106		
	CA3	0.936	0.122		
技术环境 (TE)	TE1	0.719	0.534	0.838	0.509
	TE2	0.725	0.523		
	TE3	0.737	0.500		
	TE4	0.705	0.561		
	TE5	0.761	0.454		
项目培训机制 (TM)	TM1	0.696	0.578	0.811	0.518
	TM2	0.746	0.483		
	TM3	0.801	0.378		
	TM4	0.697	0.576		
项目激励机制 (EM)	EM1	0.883	0.222	0.894	0.739
	EM2	0.872	0.243		
	EM3	0.83	0.323		
项目科研成果 (SA)	SA1	0.741	0.492	0.842	0.516
	SA2	0.739	0.496		
	SA3	0.777	0.424		
	SA4	0.75	0.475		
	SA5	0.661	0.644		

续表

潜变量	变量编码	标准化因子载荷	误差变异量	组合信度 CR	平均提取方差值 AVE
知识获取动机 (MKA)	MKA1	0.791	0.397	0.854	0.661
	MKA2	0.828	0.327		
	MKA3	0.837	0.310		
知识获取效率与质量 (EQKA)	EQKA1	0.854	0.277	0.878	0.705
	EQKA2	0.844	0.296		
	EQKA3	0.832	0.319		
知识获取收益 (KA)	KA1	0.76	0.456	0.880	0.551
	KA2	0.783	0.412		
	KA3	0.709	0.553		
	KA4	0.768	0.441		
	KA5	0.731	0.511		
	KA6	0.779	0.420		

拟删除显著性系数不达标的 3 条路径后,观察初步修正结果。初步修正后的检验结果如表 7.10 所示。

表 7.10 初步修正模型拟合度检验结果

指标名称		指标检验值	评价标准
绝对拟合指数	χ^2/df	1.683	介于 1~2 之间
	GFI	0.807	大于 0.8
	RMR	0.048	小于 0.05,越小越好
	RMSEA	0.062	小于 0.08,越小越好
相对拟合指数	NFI	0.82	大于 0.8,越接近 1 越好
	TLI	0.791	大于 0.8,越接近 1 越好
	CFI	0.872	大于 0.8,越接近 1 越好

由表 7.10 可知,初步修正模型后,各项模型拟合指标基本均已达标,TLI 值已接近 0.8,表明模型修正后拟合度有所提升,但仍需进一步完善。通过观察模型计算后输出的协方差数据发现,如果增加误差项 e10 与 e11、e19 与 e20 之间的共变关系,可以显著减少 χ^2 值,因而需增加上述误差项之间的共变关系后,对模型进行二次修正,修正后的模型拟合度检验结果和路径显著性系数检验结果如表 7.11 和表 7.12 所示。

由表 7.11 和表 7.12 可知,经二次修正后,模型拟合度各项指标均已符合检验标准,模型中所有潜变量间的 CR 值均大于 2,且在 $P=0.05$ 的水平上均具有统计显著性。因此,二次修正的模型总体拟合较好,可以确立公众科学项目中参与者知识获取影响因素的最终结构方程模型,如图 7.5 所示。

7.3 公众科学与知识获取

表 7.11 二次修正模型拟合度检验结果

指标名称		指标检验值	评价标准
绝对拟合指数	χ^2/df	1.677	介于 1~2 之间
	GFI	0.81	大于 0.8
	RMR	0.046	小于 0.05，越小越好
	RMSEA	0.058	小于 0.08，越小越好
相对拟合指数	NFI	0.823	大于 0.8，越接近 1 越好
	TLI	0.814	大于 0.8，越接近 1 越好
	CFI	0.879	大于 0.8，越接近 1 越好

表 7.12 二次修正模型路径显著性系数检验结果

路径关系	标准化路径系数	SE	CR	P
EM → CI	0.433	0.073	5.903	***
EM → CA	0.619	0.122	5.056	***
II → MKA	0.271	0.048	5.641	***
SE → MKA	0.272	0.078	3.509	***
AL → MKA	0.237	0.076	2.818	0.003
CI → MKA	0.314	0.082	3.829	***
CA → MKA	0.201	0.069	2.025	0.009
EM → MKA	0.434	0.063	6.14	0.012
IL → EQKA	0.277	0.081	3.398	***
TE → EQKA	0.351	0.104	3.384	***
TM → EQKA	0.287	0.093	5.142	***
SA → EQKA	0.822	0.166	4.943	***
MKA → EQKA	0.233	0.079	2.395	0.005
MKA → KA	0.268	0.056	4.803	***
EQKA → KA	0.226	0.048	4.711	***

注：*** 表示 P 值在 0~0.001 之间

根据上述模型拟合结果可知，研究所提出的假设中，大部分研究假设得到支持，仅有 3 条研究假设不成立，分别是：H2a 个体自我提升需求对参与者的知识获取动机有正向影响；H6b 个体与群体间的交流互动对参与者的内在兴趣有正向影响；H12b 参与者的知识获取效率与质量对其知识获取动机有正向影响。其余假设均得到支持。

由此可知，参与者的知识获取动机作为中介影响因素，还受参与者的内在兴趣、自我效能感、利他主义，以及个人与群体间的交流互动、项目的平台社区氛围活跃度、项目激励机制 6 方面间接因素的影响。其中，参与者的内在兴趣、自我效能感、与群体间的交互行为、项目激励机制 4 方面因素对参与者的知识获取动机影响最为显著。参与者的知识获取质量与效率作为中介影响因素，受到参与者自身的信息素养、知识获取动机、其自身所处的技术环境与外部资源，以及公众科学项目的培训机制与项目科研成果的影响。其中，参与者所处的技术环境与外部资源情况、项目培训机制、科研成果对参与者的知识获取质量与效率影响最为显著。

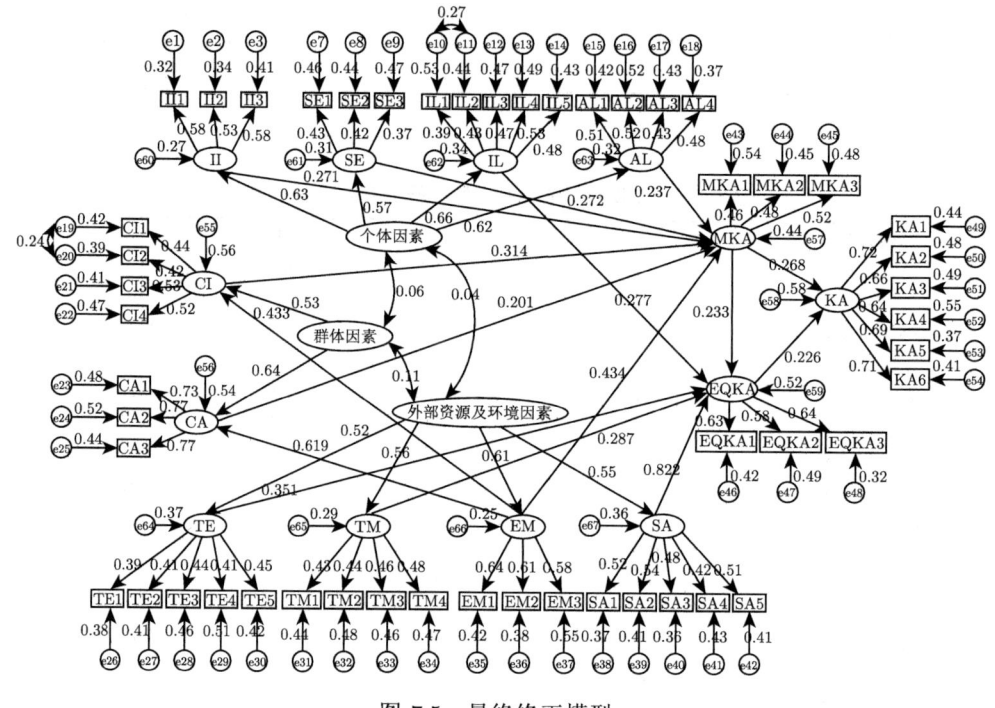

图 7.5　最终修正模型

7.4　本章小结

在公众科学项目中，知识传递是一个涉及多主体双向参与的过程，项目参与者既是知识的贡献者，又可以汲取到丰富的知识回馈；科学家既是知识的传授者，又能够发现和创造新的知识。因此，本章关注公众科学项目中的知识发现和知识获取，重点探讨了公众科学项目的知识发现机理和影响参与者知识获取行为的因素及其影响机制。在知识发现研究部分，分析了公众科学项目知识发现的要素及流程，并借鉴 DIKW 的框架体系提出了公众科学项目中的知识发现模型。在知识获取研究部分，分别从个体、群体、外部资源环境 3 个视角，提出了公众科学项目中参与者知识获取行为的影响因素的理论假设，利用问卷调研法和结构方程模型对假设进行实证检验。

参 考 文 献

[1] Paul B. Fear of knowledge: Against relativism and constructivism[C]. Oxford: Clarendon Press, 2007:95-101.

[2] Bonney R, Cooper C B, Dickinson J, et al. Citizen science: A developing tool for expanding science knowledge and scientific literacy[J]. BioScience, 2009, 59(11): 977-984.

[3] Benedikt F. The great potential of citizen science: restoring the role of tacit knowledge and amateur discovery [EB/OL].[2018-03-20]. http://blogs.lse.ac.uk/impactofsocialsciences/ 2014/11/05/the-great-potential-of-citizen-science/.

[4] Newman G, Wiggins A, Crall A, et al. The future of citizen science: emerging technologies and shifting paradigms[J]. Frontiers in Ecology & the Environment, 2012, 10(6):298-304.

[5] Sula C A. Digital humanities and libraries: A conceptual model[J]. Journal of Library Administration, 2013, 53(1):10-26.

[6] Hedges M, Dunn S. Crowd-sourcing scoping study: Engaging the crowd with humanities research[J]. International Journal of Humanities & Arts Computing, 2012, 1-56.

[7] McKinley D. How effectively are crowdsourcing websites supporting volunteer participation and quality contribution[J]. New Zealand, 2013.6(1):1-13.

[8] Deaton M. The elements of user experience: user-centered design for the Web[J]. Interactions, 2011, 10(5):49-51.

[9] Haklay M. Citizen science and policy: A european perspective[EB/OL].[2018-03-16]. https://www.wilsoncenter.org/sites/default/files/.pdf.

[10] Paraschaki D. Crowdsourcing cultural heritage metadata through social media gaming [EB/OL].[2018-03-21]. https://www.researchgate.net/publication/311427753.

[11] Spindler R P. An evaluation of crowdsourcing and participatory archives projects for archival description and transcription [EB/OL].[2018-03-21]. https://repository.asu.edu/attachments/135630/content/Research%20Paper%20v3.pdf.

[12] Flanagan M, Punjasthitkul S, Seidman M, et al. Citizen archivists at play: Game design for gathering metadata for cultural heritage institutions[C]//DiGRA Conference. 2013:1-13.

[13] 刘炜. 关联数据: 概念、技术及应用展望 [J]. 大学图书馆学报, 2011, 29(2):5-12.

[14] 陈涛, 夏翠娟, 刘炜, 等. 关联数据的可视化技术研究与实现 [J]. 图书情报工作, 2015, 59(17):113-119.

[15] Bird T J, Bates A E, Lefcheck J S, et al. Statistical solutions for error and bias in global citizen science datasets[J]. Biological Conservation, 2014, 173(2):144-154.

[16] Walker J, Taylor P D, Walker J, et al. Using eBird data to model population change of migratory bird species[EB/OL].[2018-03-21]. http://www.ace-eco.org/vol12/iss1/art4/ACE-ECO-2017-960.pdf.

[17] Fink D, Hochachka W M, Zuckerberg B, et al. Spatiotemporal exploratory models for broad-scale survey data[J]. Ecological Applications, 2010, 20(8):2131-2147.

[18] Cherel N, Reesman J, Sahuguet A, et al. Birds in the clouds: Adventures in data engineering[EB/OL].[2018-03-21]. https://arxiv.org/pdf/1710.08521.pdf.

[19] Töpel M, Zizka A, Calió M F, et al. SpeciesGeoCoder: Fast categorization of species occurrences for analyses of biodiversity, biogeography, ecology, and evolution:[J]. Systematic Biology, 2016, 66(2):145-151.

[20] Lagoze C. eBird: Curating citizen science data for use by diverse communities[J]. International Journal of Digital Curation, 2014, 9(1):71-82.

[21] 崔家旺, 李春旺. 基于关联数据的知识发现技术述评 [J]. 图书与情报, 2016(5):119-125.

[22] Wood C, Sullivan B, Iliff M, et al. eBird: engaging birders in science and conservation[J]. PLoS biology, 2011, 9(12):1-5.

[23] 吴建中. 再议图书馆发展的十个热门话题 [J]. 中国图书馆学报, 2017, 43(4):4-17.

[24] Catherines J, Jamesj G, Gregoryj N, et al. Balancing data sharing requirements for analyses with data sensitivity[J]. Biological Invasions, 2007, 9(5):597-599.

[25] European Commission. White paper on citizen science for europe [EB/OL]. [2018-03-21].http://www.socientize.eu/sites/default/files/white-paper_0.pdf.

[26] Sullivan B L, Aycrigg J L, Barry J H, et al. The eBird enterprise: An integrated approach to development and application of citizen science[J]. Biological Conservation, 2014, 169(387):31-40.

[27] Crall A W, Newman G J, Jarnevich C S, et al. Improving and integrating data on invasive species collected by citizen scientists[J]. Biological Invasions, 2010, 12(10):3419-3428.

[28] Papadopoulos T, Stamati T, Nopparuch P. Exploring the determinants of knowledge sharing via employee weblogs[J]. International Journal of Information Management, 2013, 33(1): 133-146.

[29] 段川虹. 浅谈兴趣是学生主动获取知识的内在动力 [J]. 柴达木开发研究, 1996, (4):75-76.

[30] 陈则谦. 基于互联网的知识获取行为动力模型及实证分析 [J]. 情报杂志, 2013, 32(4):149-154.

[31] Bock G W, Kim Y G. Breaking the myths of rewards: An exploratory study of attitudes about knowledge sharing[J]. Information Resources Management Journal, 2002, 15(2): 14-21.

[32] Kim J, Lee C, Elias T. Factors affecting information sharing in social networking sites amongst university students: application of the knowledge-sharing model to social Networking sites [J]. Online Information Review, 2015, 39(3):290-309.

[33] Oh S. The characteristics and motivations of health answers for sharing information, knowledge, and experiences in online environments[J]. Journal of the American Society for Information Science and Technology, 2012, 63(3): 543-557.

[34] 周涛, 鲁耀斌. 基于社会资本理论的移动社区用户参与行为研究 [J]. 管理科学, 2008, 21(3): 43-50.

[35] Walther J.B. Relational aspects of computer-mediated communication: Experimental observations over time[J]. Organization Science, 1995, 6(2): 186-203.

[36] 高灵, 胡昌平. 网络知识社区服务中的用户持续使用行为影响分析 [J]. 现代情报, 2014, 34(1): 14-17.

[37] 卢艳峰. 虚拟社区互动沟通对网络购物意向的影响模式研究 [D]. 杭州：浙江大学, 2006.

[38] Hsu I. Enhancing employee tendencies to share knowledge—case studies of nine companies in taiwan[J]. International Journal of Information Management, 2006, 26: 326-338.

[39] Yadav P, Charalampidis L, Cohen J. A collaborative citizen science platform for real-time volunteer computing and games[J]. IEEE Transactions on Computational Social Systems, 2018, 5(1): 9-19.

[40] Jennett C, Kloetzer L, Schneider D. Motivations, learning and creativity in online citizen science[J]. Jcom-Journal of Science Communication, 2016, 15(3): 79-82.

[41] Dem E S, Rodriguez-Labajos B, Wiemers M. Understanding the relationship between volunteers' motivations and learning outcomes of citizen science in rice ecosystems in the northern philippines[J]. Paddy and Water Environment, 2018, 16(4): 725-735.

[42] Bonney R, Phillips T B. Can citizen science enhance public understanding of science?[J]. Public Understanding of Science, 2015, 10:1-15.

[43] Jordan R C, Gray S A, Howe D V. Knowledge gain and behavioral change in citizen science programs[J]. Conservation Biology, 2011, 25(6): 1148-1154.

[44] 王鹏民, 侯贵生, 杨磊. 基于知识质量的社会化问答社区用户知识共享的演化博弈分析 [J]. 现代情报, 2018, 38(4): 42-49, 57.

[45] 张敏, 刘玉佩, 尹帅君. 知识能力视域下采纳虚拟社区获取知识的行为意愿研究 [J]. 图书馆学研究, 2015(13): 80-88.

[46] Boshier R. Psychometric properties of the alternative form of the education participation scale [J]. Adult Education Quarterly, 1991, 41(3): 150-167.

[47] 杜智涛. 网络知识社区中用户"知识化"行为影响因素——基于知识贡献与知识获取两个视角 [J]. 图书情报知识, 2017(02):105-119.

[48] 杨艳. 虚拟社区中的知识交流和共享行为研究 [D]. 杭州：浙江大学, 2006.

[49] Tsai M J, Tsai C C. Information searching strategies in web-based science learning: The role of internet self-efficacy [J]. Innovations in Education and Teaching International, 2003, 40(1): 43-50.

[50] Oh S, Syn S.Y. Motivations for sharing information and social support in social media: A comparative analysis of facebook, twitter, delicious, youtube, and flickr [J]. Journal

of the Association for Information Science and Technology, 2015, 66(10): 2045-2060.

[51] Wathne K, Ross J, Krough G V. Towards a Theory of knowledge transfer in a cooperative context[J]. London: Thousands Oaks, Calif, Sage Publications, 1996, 1: 55-81.

[52] 徐美凤. 基于 CAS 的学术虚拟社区知识共享研究 [D]. 南京：南京大学, 2011.

[53] Lee T. The impact of perceptions of interactivity on customer trust and transaction intentions in mobile commerce[J]. Journal of Electronic Commerce Research, 2005, 3: 165-180.

[54] Davis F, Bagozzi R, Warshaw P. User acceptance of computer technology: A comparison of two theoretical models [J]. Management Science, 1989, 8: 17-28.

[55] He W, Wei K K. What drives continued knowledge sharing an investigating of knowledge contribution and seeking beliefs [J]. Decision Support Systems, 2009, 46(4): 826-838.

[56] 刘锦英. 基于知识获取视角的创新决定因素研究 [D]. 武汉：华中科技大学, 2007.

[57] 李晓方. 激励设计与知识共享——百度内容开放平台知识共享机制研究 [J]. 科学学研究, 2015, 33(2): 272-278.

[58] 龚立群, 方洁. 虚拟团队中知识提供者的知识共享动机及其激励机制研究 [J]. 图书情报工作, 2013, 57(12): 129-135.

[59] 李山. 基于校企知识转移的企业开放式创新研究 [D]. 南昌：江西财经大学, 2013.

[60] Deci E L, Ryan R M. Intrinsic motivation and self-determination in human behavior [M]. New York: Plenum Press, 1985.

[61] Bhattacherjee A. An empirical analysis of electronic commerce service continuance [J]. Decision Support System, 2001, 2: 201-214.

[62] Tsang E W K, Nguyen D T, Erramilli M K. Knowledge acquisition and performance of international joint ventures in the transition economy of vietnam [J]. Journal of International Marketing, 2004, 12(2): 82-103.

[63] Norman P M. Knowledge acquisition, knowledge loss, and satisfaction in high technology alliances [J]. Journal of Business Research, 2004, 57: 610-619.

[64] Aaker F, Kinnear T, Bemhardt K. Variation in the value orientation [M]. New York: Dun Donnelly, 1999: 134-145.

第 8 章 数字人文领域中的公众科学

数字人文 (digital humanities) 源自人文计算 (computing in the humanities)，最早可以追溯到 20 世纪 50 年代,意大利神父 Busa 使用电脑处理神学家 Aquinas 全集。随着计算机技术、网络技术、多媒体技术等新兴技术的发展，数字人文领域研究的逐渐崛起，越来越多的学者认识到将公众科学项目引入数字人文领域的必要性。我国作为一个有着悠久历史文化的文明古国，文化遗产在数字环境下的保存、发展和传播是需要迫切关注的问题。在这一过程中，单一机构的力量突显出诸多局限性，因此对公众科学项目的实施有了更迫切的现实需求。本章聚焦于公众科学在数字人文领域中的应用研究，首先对国外典型的数字人文公众科学案例进行分析，从案例中总结实践经验。其次，基于定量和定性的方法研究志愿者参与数字人文公众科学项目的参与动机。最后，通过准实验研究探索了数字人文公众科学项目中任务复杂度和志愿者领域知识对任务绩效的影响。

8.1 公众科学在数字人文领域的相关研究

随着数字时代的到来，越来越多的文化遗产机构 (美术馆 Galleries、图书馆 Libraries、档案馆 Archives 和博物馆 Museums，简称 GLAMs) 逐渐认识到将其丰富馆藏数字化的必要性，从而在数字环境中保存、展示及传播它们，并进一步挖掘其价值[1]。因此，在数字人文领域中，利用群体的参与、大众的智慧完成传统的知识密集型任务已呈现出大势所趋的态势。一方面，面对海量的数据资源，单一的机构力量突显出诸多局限性，亟需社会大众的参与及协助；另一方面，机构可以利用人群的智慧来促进对数字资源的理解、利用和传播。在这种情况下，已经有研究尝试使用众包的方式完成传统意义上由专业人士处理的复杂任务，例如手稿材料的准确转录[2]、数字化档案的文本修正[3]。

近几年，一系列引人注目的数字人文类公众科学项目 (如：Transcribe Bentham、Ghostsigns、Old weather、Your Paintings 等) 在全球范围内的推广，带动了学术界相关研究的热潮。一些学者关注于具体的数字人文类公众科学项目实施。如 Causer 等基于 Transcribe Bentham(边沁手稿转录) 项目的实施现状探讨了该项目对于人文研究及数字人文领域发展的贡献[2]；Land-Zandstra 等研究了志愿者的参与动因以及感知学习因素对 iSPEX 项目的影响[4]。一些学者从宏观角度研究了数字人文类公众科学项目的分类并总结了其泛化特征。如 Simon 在 *The Participatory Museum*[5] 一书中基于 Bonney 等关于公众科学项目的 3C 分类体系[6] (贡献型 Contribution、协作型 Cooperative、共创型 Co-creative，详见 2.3.2 节) 从用户的参与程度视角，将数字人文类众包项目划分为贡献型 (contribution)、协作型 (cooperative)、共创型 (co-creative) 和托管型 (hosted)。Oomen 和 Aroyo 从任务形态视角，将数字人文类众包项目划分为 6 种类型：修正及抄录型 (correction and transcription)、情境型 (contextualization)、补充收集型 (complementing collection)、分类型 (classification)、协同策展型 (co-curation) 及众筹型 (crowdfunding)[7]。此外，Dunn 和 Hedges 总结了数字人文类公众科学项目的 4 个特征：① 核心研究问题与人文研究密切相关；② 在线参与者具有组织、转化及解释数据的能力；③ 任务设计能够被参与者理解且可以分解为若干个可操作的子任务；④ 活动设定能够满足不同水平参与者[8]。与此同时，还有学者从严肃游戏或游戏化的角度对项目设计和公众参与的激励设计提出建议。如 Flanagan 等为实现一个理想合格的元数据收集模式探讨了元数据游戏的设计[9]。Ridge 强调，一个设计良好的数字人文类众包游戏能够通过大众、藏品、网络资源以及社交媒体的有机结合促进众包任务的实施[10]。

事实上，已经有学者指出，数字人文是众包模式公众科学最适合应用的领域之一[11]。邀请用户协助参与人文资料的组织、标引、编目、转录等活动，可以对传统人文机构的工作流程产生深远的影响。一方面，这些活动由众多终端用户远程进行，提升效率的同时能够降低运营成本；另一方面，用户在参与过程中可以对人文资料产生更深刻的理解，并促进其广泛传播。

8.2 数字人文类公众科学项目的案例分析

8.2.1 案例概述

1. 边沁手稿转录项目 (Transcribe Bentham)

边沁手稿转录项目于 2010 年 9 月推出，是由伦敦大学学院发起的一个手稿转录项目。Jeremy Bentham(1748~1832) 是英国著名的哲学家和法学家。该项目招募任何对书稿转录有兴趣的公众充当志愿者，通过一个在线转录平台对存放于伦敦大学学院里约 6 万份未出版的边沁手稿进行人工转录，旨在创建一个可搜索的数字存储库，用于制作边沁文集，以助相关领域学者的后续研究。根据相关数据统计，截至 2020 年 4 月 8 日，志愿者抄录手稿共计 23170 页，其中超过 20000

页已由工作人员审查和批准。目前，志愿者的转录速度为平均每个月 40 页。据估计，如果志愿者保持这个工作速度，边沁手稿可能会在 2036 年完全转录。

2. 澳大利亚国家图书馆数字报纸项目 (Australian Newspapers Digitisation)

澳大利亚国家图书馆数字报纸项目发起于 2008 年 8 月，是数字人文领域中最典型的修订型公众科学项目，在 Wikipedia 上被称为世界上第一个大规模采用众包的图书馆项目。澳大利亚国家图书馆将其经过选择的 1803~1954 年间没有版权的历史报纸进行数字化，经过 OCR 识别之后为用户提供全文检索。由于 OCR 识别会导致无法估量的错误，项目借助专门的数字资源呈现系统，邀请公众通过对 OCR 识别内容的校对修正、评论和添加标注等方式来提高文本质量。相关数据显示，截至 2020 年 6 月中旬，已有 317530 人注册参加修订工作，已提供超过 35759 万张报纸校正。

3. 史蒂夫博物馆项目 (Steve.Museum)

史蒂夫博物馆项目于 2005 年推出，是遗产领域第一个探索用户标签的大型项目。该项目由多家艺术博物馆合作，共同研究用户标签对提高艺术作品的在线访问量的作用，旨在了解社会标签是否可以 (以及如何) 为艺术博物馆提供服务，提高公众对美国艺术博物馆馆藏的访问量和参与度。该项目创建了一个在线平台，邀请公众对收藏作品图片进行标注，以支持项目研究。Steve.Museum 不仅仅邀请公众参与项目工作，公众的行为本身也是项目研究的一部分。该项目的目的包括 3 个方面：①探索支持社会标签的工具和技术；②研究由此产生的民俗学术语及其在支持改进博物馆藏品在线访问方面的有效性；③研究如何吸引用户 (贡献者) 参与。该项目的研究结果将对数字人文类公众科学项目的设计和运行产生重要的指导作用。

4. "鬼符" 手绘广告项目 (Ghostsigns)

Ghostsigns 是一个网站项目，始于一项由个人发起的业余活动，旨在编目和保护整个英国相关建筑上的手绘广告。发起人 Sam Roberts 对建筑墙面上的手绘广告产生兴趣，于是开始询问朋友和家人是否有关于建筑墙面涂鸦的照片或信息。2007 年他创建了一个博客来传播和收集信息，并于 2009 年创建了 Flickr 小组，并与 Flickr 小组成员分享广告墙标志照片。得益于社交软件的传播，该项目最终演变为一种集体的数字化保存的工作，随后被保护英国广告历史遗产的慈善机构——The History of Advertising Trust 收录。任何拥有相机和电子邮件的人都可以参与该项目，发现、拍摄各地的建筑墙面手绘图片并上传到项目平台。目前，档案已经收录了 900 多个作品。

8.2.2 案例分析与讨论

研究选取的案例是数字人文领域 4 个不同类型的项目，由于项目发起的时间都比较早，因此相关信息比较完整，且都已取得了一定的项目成果，较具代表性。通过阅读项目相关资料以及浏览、参与网站来获取项目信息，了解项目运作机制，并对其进行分析讨论。

基于 Bonney 等[12]、Shirk 等[13] 和牛毅冲等[14] 提出的公众科学项目运作框架，并结合 4 个数字人文领域项目的运作流程，从项目设计、项目运作管理、项目成果运用三大角度对案例项目进行探讨，通过比较其异同来总结数字人文领域公众科学项目的运作特征 (图 8.1)。首先，从研究内容、公众任务及项目依托的平台方面考虑整个项目的设计。然后，从参与者出发，分析在项目运作管理中相关机制和措施是否能够有效激励公众参与和控制数据质量。最后从阶段性和整体性 2 个方面来分析项目成果及其运用。

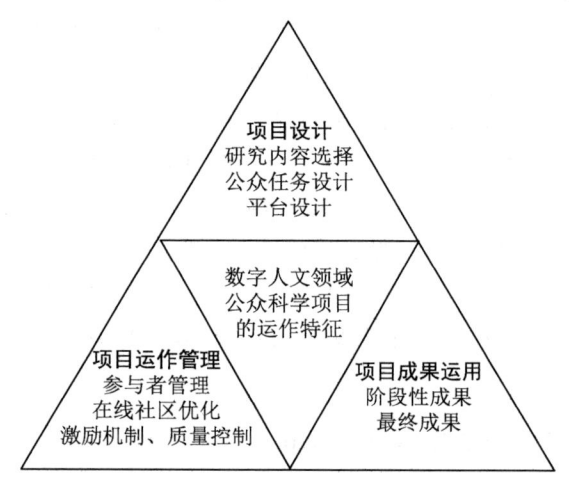

图 8.1　数字人文领域公众科学项目运作特征与讨论视角

结合案例项目具体运作流程对这 4 个项目进行简单的基本特征提取，如表 8.1 所示。

1. 项目设计

公众科学打破了传统科研方式，邀请了专业科研人员以外的公众参与到科学活动中来。由于公众参与者学术背景不同，知识素养和能力不一，项目设计之初

8.2 数字人文类公众科学项目的案例分析

需考虑到研究内容、平台、公众任务等方面的基础性工作,以保证项目后期的顺利运行。在公众科学项目的研究内容选择方面,针对生态学、环境保护等自然科学领域的研究,相关学者总结应尽量选择在时间或空间上有较大跨度的对象或内容[15]。通过总结 4 个案例的项目发起动机 (表 8.2) 后发现,在数字人文领域,还可以考虑一些工作量巨大仅靠少量专业人员无法完成的任务,或者需要公众贡献其特有数据的研究内容。同时值得注意的是,研究内容的选择应尽量具有趣味性,对公众具有吸引力。

表 8.1 案例项目基本特征

项目	边沁手稿转录	澳大利亚国家图书馆数字报纸	史蒂夫博物馆	"鬼符"手绘广告
项目类型	转录型	修订型	分类型	补充收集型
公众任务	将边沁手稿的图片转录为文本	对数字化的报纸进行纠错	对博物馆的藏品进行标注	拍摄并上传手绘广告照片
任务难度	困难	中等	中等	简单
项目发起者	伦敦大学学院 (UCL)	澳大利亚国家图书馆	多家艺术博物馆	Sam Roberts 和英国广告历史遗产保护慈善机构 (HAT)
质量控制	有	有	有	有
招募志愿者方式	平台发布信息、社交媒体宣传、与组织机构合作	平台发布信息、与组织机构合作	专业会议介绍、媒体杂志报道	社交媒体宣传
项目平台	专项平台	专项平台	专项平台	专项平台、第三方平台
公众参与方式	注册登录	注册登录或匿名访问	注册登录或匿名访问	实名提交
交流与反馈	用户论坛、电子邮件	用户论坛、电子邮件、电话	分组讨论论坛、电子邮件	电子邮件、第三方社交媒体
学习性支持和训练	详细	简单	简单	无
激励机制	积分、排行榜	排行榜	无	无

表 8.2 案例项目发起动机

项目	边沁手稿转录	澳大利亚国家图书馆数字报纸	史蒂夫博物馆	"鬼符"手绘广告
发起动机	转录手稿数量巨大,靠少数专业人员难以完成	OCR 识别导致无法估量的错误,必须通过人工来修订	需要公众的视角来为藏品提供标签	手绘广告分布在各地,空间上具有较大跨度

在任务设计方面,项目设计者交由公众处理的问题应尽可能简单化、单元化。从任务难度上看 (表 8.1),数字人文领域项目的任务以简单为主,其中涉及知识范围较广的转录型难度稍大一些。但是通过对比可以发现,任务最为困难复杂的

边沁手稿转录项目,其网站提供的学习性指导和训练是最详细的,甚至还支持参与者进行练习。由此可见,当任务难度比较大时,项目方需要提供更详细的学习指导以保证项目的可行性和公众完成的质量。

另外,由于公众参与者在地理位置上是分散的,数字人文领域公众科学项目的开展一般采取在线参与的方式。因此,作为项目核心,项目所依托的平台就显得比较重要。在 4 个项目中,边沁手稿转录项目、澳大利亚国家图书馆数字报纸项目以及史蒂夫博物馆项目都是选择自主设计的专项平台,而"鬼符"手绘广告项目则采取专项平台和第三方平台相结合的方式,在依托专项平台的同时,还借助 Flickr、Facebook 等第三方平台。研究认为,专项平台更具专业性、完整性和趣味性,第三方平台更具社交性、传播性及连通性。前者更适合像边沁手稿转录这种学术类、文本编辑类的项目,后者则更适合如"鬼符"手绘广告这类图片分享的项目。因此,在选择平台时应该结合项目自身的内容考虑。此外,在进行自主设计专项平台时,尽量从参与者角度考虑,保证平台门槛不会太高。以边沁手稿转录项目和澳大利亚国家图书馆数字报纸项目为例 (表 8.3),平台在操作设计上,充分体现了简便易操作的原则。

表 8.3 案例项目平台的操作特点

项目名称	平台	操作特点
边沁手稿转录	转录平台 (The Transcription Desk)	可在屏幕上放大和操纵手稿图像;有自定义工具栏;可查阅指令,可操作练习
澳大利亚国家图书馆数字报纸	修订平台 (Trove)	可自主筛选感兴趣文章;允许不同用户对同一内容进行核对、多次校正
史蒂夫博物馆	标注平台 (Tagging tool)	可创建一个标识以便随时看到标记历史记录;可自主选择的图像集,可缩放图像;标记步骤简单,输入文本点击添加或返回即可
"鬼符"手绘广告	英国广告历史遗产保护机构 (HAT) 网站	在发送图片邮件前,按提示完成"赠送表格"和"照片细节表"填写和提交即可

2. 项目运作管理

相比于传统科研方式的结构化项目团队,公众科学项目在人员组成上较为松散,团队边界较为模糊,团队结构更为复杂。空间上的分散化和志愿者的多元化使得项目在人员管理上相比传统科研团队更困难一些。虽然对公众参与者的管理不需要严格秉承传统科研团队的章程化和规范化,但适当的管理、激励和约束可

8.2 数字人文类公众科学项目的案例分析

以提升参与者的积极性，保证数据的质量，提高项目运行的效率。在案例项目的运作过程中，项目方通过设置一定的参与方式和交流反馈方式来对参与者进行简单管理。具体如表 8.4 所示。

表 8.4 公众参与方式和公众交流反馈方式

方式		边沁手稿转录	澳大利亚国家图书馆数字报纸	史蒂夫博物馆	"鬼符"手绘广告
公众参与方式	注册登录	√	√	√	
	匿名访问		√	√	
	实名参与				√
公众交流、反馈方式	用户论坛	√	√	√	
	电子邮件	√	√	√	√
	第三方平台				√
	电话		√		

在此基础上，总结在线参与的公众科学项目公众参与、交流反馈的方式的特点，如表 8.5 所示。项目方可结合项目实际情况进行考量，选择设置合适的公众参与方式和公众交流、反馈方式。

表 8.5 在线参与式项目公众参与平台、交流与反馈的方式及其特点

方式		特点
公众参与方式	注册登录	可为用户构建随时间推移的参与记录，方便项目方统计相关信息，更具仪式感，有利于增加参与者黏性，但对一些参与者会感到麻烦
	匿名访问	增加了公众参与的便捷性，但不利于项目方统计相关信息。难以培养公众对项目的责任感，保证其持续性参与
	实名参与	大幅提升任务完成的质量，保证了数据来源的可靠性，但增加了公众参与的顾忌
公众交流、反馈方式	用户论坛	可供用户交流讨论和反馈相关问题，是集群体智慧、创新创意之地。帮助解决用户疑问的同时，可一定程度提高用户积极性
	电子邮件	相对更加正式，用户可获取更加专业的解答，项目方收集整理反馈更加方便
	第三方平台	社交性、及时性更强，但缺乏秩序性、专业性，容易偏离主题
	电话	一般只用于向项目方咨询、反馈问题

在促进公众交流上,设立在线讨论社区是最主要的方式。以往常见的在线讨论社区大多以多层次栏目分区式论坛为主[16],为促进参与者的积极性,从方便、灵活的使用体验出发,项目方均从结构和界面设计上进行优化,朝着更加简洁、扁平化的方向发展。从激励机制的角度,在 4 个项目案例中,边沁手稿转录项目和澳大利亚国家图书馆数字报纸项目都建立一定的排名制度,从成就感等心理层面来激励用户积极参与。实践证明,类似积分、排行榜等游戏化元素能够对用户参与产生一定的激励效果[17]。虽然史蒂夫博物馆项目没有明确的激励制度,但该项目先后设计开发了 2 个版本的用户标注界面,旨在通过界面设计的优化来提升用户的使用体验,从而起到一定的激励作用[18]。除此之外,项目方还可以通过任务的趣味性、物质奖励等方式提升参与者的积极性。

从质量控制的角度,由于科研活动涉及非专业人士参与,数据质量的问题不容小觑。项目方在运行项目的时候应从多角度考虑这个问题。研究所举的 4 个项目在数据质量控制方面均采取一定的措施,通过对比进行相关总结,如表 8.6 所示。

表 8.6 案例项目的数据质量控制措施及所属阶段

项目运作	边沁手稿转录	澳大利亚国家图书馆数字报纸	史蒂夫博物馆	"鬼符"手绘广告
控制措施	提供详细的转录指南;提供转录练习	采用类似 Wiki 的方式,允许不同用户对同一内容进行核对、多次校正	工作人员对收集到的标签进行审查并评估其实用性	工作人员对照片进行审核
所属阶段	数据收集前、收集中和收集后	数据收集中	数据收集后	数据收集后

3. 项目成果运用

数字人文领域公众科学项目从启动到结束一般会持续较长的时间,因此,一般来说,其项目成果可以分为阶段性成果和最终成果。在项目运行中,项目方通常会通过发布相关的文章或报告等形式分享一些阶段性成果,同时也起到项目宣传的作用。在项目结束后,除了发表相关文章,项目成果通常还有开放数据库、开源工具等公开性成果。具体如表 8.7 所示。

通过这 4 个项目可以发现,无论是阶段性成果还是最终成果,数字人文领域公众科学项目都充分体现了开放性和协同性。项目原始数据、方法、工具等研究成果在项目结束后可提供给其他的项目或服务,做到了资源共享;项目创建的数据库向公众开放,供其浏览与搜索,实现了公众科学项目"取之于民而用之于民"[19]的目的。

8.2 数字人文类公众科学项目的案例分析

表 8.7 案例项目成果总结

项目名称	阶段性成果分享	最终成果反馈
边沁手稿转录	定期向学术界和公众发布演讲	创建了一个开放的数字手稿及抄本数据库；提供经过验证的转录工具版本供其他项目和服务使用；整理了关于公众参与的定量和定性数据，丰富对用户如何与数字资源互动及帮助增加对未来数字化计划的理解
澳大利亚国家图书馆数字报纸	将已修订好的数据加载到 Trove 上以供公众搜索	建立一个开放可搜索的数字报纸资源库
史蒂夫博物馆	定期在项目网站上发布报告	建立一个开源标签工具，开发了对用户贡献的艺术作品描述的方法；所有原始数据存储在社会科学数据档案中供其他人使用
"鬼符"手绘广告	将收集到的照片在网站上展示	建立一个手绘广告文化遗产档案，所有照片在网站供公众浏览和搜索

8.2.3 数字人文公众科学项目的实践经验

通过对以上 4 个项目案例的资料收集和分析讨论，从项目设计、项目运行管理和项目成果运用 3 个环节总结了 10 条数字人文领域公众科学项目的实践经验。

表 8.8 数字人文领域公众科学项目的实践经验

项目环节	实践经验
项目设计	项目内容主要围绕特藏资源开展，数据资源可公开，工作量巨大； 任务趋向简单化、单元化，可根据志愿者的时间和精力自主执行任务； 项目依托数字平台开展，自主开发设计相关工具
项目运行管理	项目拥有简单的管理体系，设有相关的在线讨论社区； 采取一定的用户激励机制，积分和排行榜是主流激励方式； 关注公众完成任务的质量，有相关的质量控制措施
项目成果运用	定期分享阶段性成果，增加公众积极性； 公开项目最终成果，服务公众和社会； 共享项目原始数据、方法、工具等，促进资源共享； 项目公开透明度较高，公开化贯穿项目全程

1. 项目设计

1) 项目内容主要围绕特藏资源开展，数据资源可公开，且工作量巨大

许多特藏资源在采集、整合、开发和应用等工作方面难以通过计算机实现，需依靠人工才能完成。但项目工作量巨大，如果仅依靠特定的小部分工作人员，项目完成时间难以预期甚至无法完成。因此，手稿转录、OCR 识别纠错、图片的补充收集等类型的项目，都开始尝试邀请公众参与，其效果从项目所完成的工作量即可看出。不过，也正因为项目需要大量的公众参与，数据资源需对公众完全公

开。项目在选择资源时必须是可公开非商业化的数据，或者直接从作者或提供者手中获得的"合法"、无版权纠纷的资源。

2) 任务趋向简单化、单元化，可根据志愿者的时间和精力自主执行任务

项目面向的参与者以普通公众为主，因此，分配给参与者的任务都会尽可能简单化、单元化甚至还是富有趣味性的。对于难度较大的任务，项目方通常会提供详细易懂的指导说明以供志愿者进行自主学习。同时，单一任务通常在细粒度下展开，任务间没有较强的关联性，参与者可以根据自己的时间和精力执行任务。

3) 项目依托数字平台开展，自主开发设计相关工具

在数字人文领域的公众科学项目中，项目的开展主要依托于在线数字平台。一般来说，项目都会选择自主设计平台和相关工具。考虑到参与者的能力水平和学术背景不一，平台在设计与构建时应本着简单易操作的原则，从而降低参与者的门槛。从研究所举项目案例可以发现，这些平台完全公开透明，集招募、训练、提交成果和信息展示于一体，对于推动项目的成功开展意义重大。

2. 项目运行管理

1) 项目拥有简单的管理体系，设有相关的在线讨论社区

项目的在线平台网站一般都需要参与者注册登录以后再参与项目工作，也有部分项目网站可以选择匿名的方式直接参与，但会通过相关提示(如"注册个人账户可查看参与记录")建议参与者选择注册。事实上，这样的用户管理还是很有必要的。根据对 Steve.Museum 项目中对有效标签的研究，按用户类型划分的标签显示，无效标签较多是来自没有注册的用户。同时，项目至少拥有一个和项目相关的在线讨论社区，包括 BBS 论坛、小组和 Facebook、Twitter 等第三方主流社交媒体，以供参与者之间讨论项目工作和反馈相关问题。

2) 采取一定的用户激励机制，积分和排行榜是主流激励方式

为激发用户兴趣，鼓励用户积极参与，项目平台会设立一定的激励机制。实践证明，通过积分排名的激励方式可显著提升注册用户的参与热情，提高注册用户的参与度和忠诚度，这是一种从用户心理层面进行激励的典型方式。与物质激励相比，积分排名的激励方式无需增加项目的费用，可节省大量的项目经费。不过，这种激励方式只对注册用户起作用，对于以匿名身份参与的用户，平台无法记录用户的访问及参与过程，因此这部分参与者的参与热情与参与度难以得到有效提高。

3) 关注公众完成任务的质量，有相关的质量控制措施

虽然通过招募公众参与的方式为项目的开展节省了大量的人力物力，但是由

于参与者是来自知识水平和学术背景差异巨大的大众群体,因此在完成任务的质量水平上参差不齐。为此,项目往往会采取相关措施进行质量控制,具体控制实施于数据收集前、收集中和收集后,因项目而异。

3. 项目成果运用

1) 定期分享阶段性成果,增加公众积极性

项目持续时间一般较长,实施过程中会产生阶段性成果,项目方通常会通过定期向公众及学界发表演讲、发布报告、公开项目进度等方式分享阶段性成果。可见的成果会让参与者获得心理上的自我成就感,从而产生更大的积极性,同时也会激发新的公众参与进来。

2) 公开项目最终成果,服务公众和社会

项目结束时,项目的最终成果往往是更具完整性的开放数据库、开源工具等成果,通过公开化、允许公众使用来达到服务社会的目的。

3) 共享项目原始数据、方法、工具等,促进资源共享

项目收集整理的数据,产生的研究方法、工具乃至最后创建的数据库等,都可共享给其他的研究项目或服务。这打破了科研活动数据封闭的状态,建立了项目和项目之间沟通合作的桥梁,实现了资源的充分利用。

4) 项目公开透明度较高,公开化贯穿项目全程

因为要涉及公众参与,无论是项目数据源还是项目实施过程,很大部分都必须是公开化的。因此,公众科学项目的一大特点就是公开透明度高。这体现在从项目启动到开展过程再到实施结果多个方面。项目启动初,为使公众参与,项目数据源需无条件完全向公众开放;开展过程中,项目组织者会公开项目进度等;项目结束时,项目的产出结果也是开放的。

8.3 数字人文类公众科学项目中志愿者参与动因研究

8.3.1 动因探讨

在信息系统领域中,用户参与在线社区的动因一直是很重要的研究议题。从设计学角度,基于众包模式的系统需要充分关注信息、人、技术、组织和社会几个模块及其互动关系[20];从行为学角度,学者们更加关注众包系统如何吸引更多的志愿者参与,从而保证持续参与率。已经有不少学者研究了不同情境下用户参与众包活动的动因,譬如创新竞赛[21]、公众科学[15]、财务激励[22]和营利性组织[23],且取得了丰硕的研究成果。然而,不同情境下的众包参与动因具有鲜明差异。基

于众包模式的数字人文领域公众科学项目具有非营利性、任务专业性强、采集样本量大等特点,因此,该情境下公众参与众包活动的动因研究,关键问题就是要结合数字人文的特征,明确哪些因素影响志愿者的参与行为以及这些因素之间的关系如何。基于对国内外相关文献的综述,研究将数字人文领域公众科学项目中影响公众参与行为的因素划分为平台层面的因素、任务层面的因素和志愿者层面的因素3个维度(图8.2)。一方面,平台、任务与志愿者两两相互作用,产生2条运作流程:① 平台发布任务,任务推送给志愿者后,志愿者与平台产生交互。② 平台通过激励设计机制不断发掘新的志愿者参与进来,志愿者执行任务再将任务情况反馈给平台;另一方面,这种分类从系统学角度兼顾了影响志愿者参与的内部和外部因素。此外,机构开发平台、设计任务、招募志愿者,机构作为一个强实体是维系三者均衡发展的关键所在。通过对这些参与动因进行分析,数字人文领域公众科学项目的组织机构可以更加深刻地认识到公众参与动因的内部机理,从而调整平台和任务设计,以及推广和招募策略,吸引更多的志愿者参与。

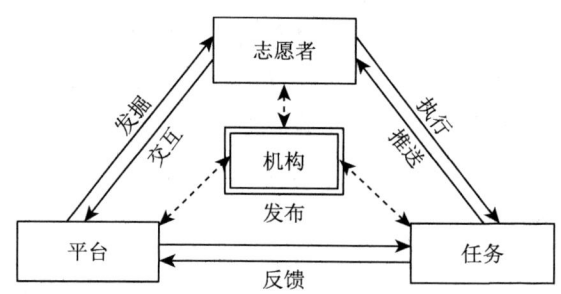

图 8.2　数字人文领域公众科学项目中影响志愿者参与的因素

1. 平台维度的动因探讨

平台作为志愿者与任务交互的接口,是成功实施众包活动的前提。目前数字人文领域公众科学项目的开展主要依托两类渠道[19]:一类是自建专项平台,这类平台对数字人文领域公众科学项目起主导作用,如:Old Weather、Artigo、DigiTalkoot等;另一类是借助第三方公共平台,这类平台对数字人文领域公众科学项目起辅助作用,如 Flickr、Facebook、Amazon's Mechanical Turk 等。表 8.9 中分别总结了两类平台的独特优势,并列举出相应的数字人文领域公众科学项目的具体事例。总体上看,这两类平台对于吸引公众的参与各有其优势及局限性。专项平台在整体性、专业性、展示性及趣味性方面更胜一筹;而第三方公共平台在连通性、传播性及社交性方面体现了突出优势。

8.3 数字人文类公众科学项目中志愿者参与动因研究

表 8.9 两类数字人文领域公众科学项目平台的优势及具体事例

平台类型	平台特点	案例	平台网址
专项平台	专业化	Transcribe Bentham 作为基于专家与志愿者协作关系的"传统"学术类编辑项目，集结了史学家、数字人文领域专家、专业图书馆员、数字化专家及志愿者等角色，充分体现出其专业化特点	http://blogs.ucl.ac.uk/transcribe-bentham
	游戏化设计	Aritgo 艺术品标签公众科学平台设计了标签游戏、积分、排行榜等游戏元素，吸引志愿者参与	http://www.artigo.org/
	仪式化设计	Great War Archive 项目平台设计了一系列"真实的现场"活动来推广在线归档	http://www.nationalarchives.gov.uk/education/greatwar/
第三方公共平台	受众规模	美国国会图书馆（LoC）和图片分享网站 Flickr 联合开发了 Flickr: The Commons 页面，为 GLAMs 机构提供了一个公共的图片标注平台	http://www.flickr.com/commons/
	传播效力	reCAPTCHA 是 Google 开发的验证码工具，具体是以验证码形式向用户显示由自动文件数字系统扫描出的印刷文本图片，目前正施用于 4 万多个网站，已经帮助解决了来自扫描文本文件的约 4.4 亿个字词，参与人数高达 7.5 亿，多于世界总人口的十分之一	http://www.google.com/recaptcha

研究认为，一个成功的数字人文领域公众科学平台不仅要兼具这两类平台的优势，更要从技术层面、认知层面、情感层面与用户达到共鸣。具体来说，从技术层面，感知有用性和感知易用性会影响使用者对于信息技术的态度，从而进一步影响使用行为[24]。因此，平台的有用性及易用性是影响用户参与数字人文领域公众科学项目并做出持续贡献的基础[25]。此外，刘炜和叶鹰认为可视化技术能够让复杂庞大的数据形象地展示出来，直观明显地呈现结果[26]。因而，可视化手段也是数字人文领域公众科学平台应该提供的重要服务内容；从认知层面，数字人文领域公众科学项目通常具备一定的学术性与专业性，其潜在用户可能并没有相关的经验技能。在这种情况下，Brumfield 强调平台上应提供相应的项目介绍及帮助指导手册，从而加强用户对于项目的认知[27]；从情感层面，刘炜和叶鹰指出，人文学科在本质上有一种"来自人性，服务于人性"的特殊性，不像纯粹的自然科学大多是客观规律总结，人文学科的宗旨是服务于人类的福祉，因此它特别强调人与人之间的协作、社区功能的营建以及真善美的达成[26]。同时，Spindler 也认为在数字人文领域公众科学平台的建设中，应注重用户的即时分享及相互间的交流沟通[28]。

基于此，平台维度主要从技术接受、专业化、可视化、游戏化、社区化等角度出发，考察用户参与数字人文领域公众科学项目的主要原因。主要的平台驱动因素如表 8.10 所示。

表 8.10 平台维度的主要影响因素

动因维度	范畴	具体描述	代表文献
平台驱动因素	感知有用性	个体认为使用该平台的有用程度	McKinley(2017)[30]
	感知易用性	个体认为使用该平台的容易程度	Causer 和 Terras(2014)[2]
	平台专业化	平台全面支撑数字人文类公众科学项目的实施，并提供清晰、简明的帮助指导	Brumfield(2017)[27]
	平台可视化	包括平台界面的视觉体验以及数字人文类公众科学项目数据的可视化呈现	McKinley(2017)[30] 刘炜和叶鹰 (2017)[26]
	游戏化元素	平台上有排行榜、徽章、点数等游戏化设计	Paraschakis(2013)[11]
	平台社交性	用户在平台上可以相互协作、交流、分享	Spindler(2014)[28]

2. 任务维度的动因探讨

数字人文环境下众包项目的任务需求界定、分解细化以及匹配等问题，与商业环境下的众包任务在复杂度、可理解性、专业性、可控性等方面都有所差异。因此，研究首先基于 Oomen 和 Aroyo 提出的数字人文领域公众科学任务的分类体系[7]，针对具体的项目提炼出其任务属性 (表 8.11)，然后进一步梳理分析任务维度的动机因素。

大部分数字人文领域公众科学项目呈现出简单化的任务属性，即对于参与者而言任务不会过于复杂。一方面，简单任务对志愿者的专业能力要求不高，进入门槛低，从而吸引更多的公众参与；另一方面，简单快捷的任务很容易使志愿者获得心理上的成就感和满足感，从而增加其使用黏性。有不少学者也倾向简单化的任务设计，譬如，Parsons 等在 *Nature* 杂志上撰文认为，越简单的任务设计越能增加公众参与数量和质量 [29]；McKinley 也持有相同的观点，他认为文化遗产类众包项目应该通过简化任务的方式来提高用户的贡献量及任务的完成质量[30]。然而，并不是所有的数字人文领域公众科学项目都可以细分为多个简单的任务，部分知识密集型任务相对复杂、困难，这类任务过去通常是由专业人士来完成，例如手稿的精准转录、元数据的精准描述等。Causer 等研究抄录边沁项目时发现，许多参与者认为该任务非常困难、艰巨，因此不堪重负[2]；Ooster-

8.3 数字人文类公众科学项目中志愿者参与动因研究

表 8.11 数字人文领域公众科学项目的任务类型及属性

项目名称	项目概述	任务类型	任务属性	项目网站
Ghostsigns	通过上传照片的方式,收集建筑上的手绘广告	补充收集型	简单、有趣、灵活	http://www.ghostsigns.co.uk/
Australian Newspapers Digitisation	利用民众来校正历史报纸中的文本信息	修订型	简单、有趣、自主选择	https://trove.nla.gov.au/
Transcribe Bentham	对约 6 万页未发表的边沁手稿进行人工转录	转录型	困难、自主选择	https://www.ucl.ac.uk/bentham-project/transcribe-bentham
Expose: my favorite landscape	邀请孩子选出博物馆里他们最喜欢的带有风景元素的收藏品	遴选型	简单、有趣	https://www.mutualart.com/Exhibition/Expose-My-Favourite-Landscape/C6005A986CDE0131
Flickr: The Commons	邀请用户对照片进行标签和评论等	分类型	有难有易、有趣	https://www.flickr.com/commons
1001 Stories of Denmark	基于"社交媒体"的架构,收集和显示链接丹麦各地的故事和视觉材料	收集型情境型	简单、有趣、灵活	http://www.kulturarv.dk/1001fortaellinger/en_GB
Old Weather	利用公众的力量转录历史手稿《航海日志》中的旧时天气信息	转录型	有难有易、有趣、背景信息丰富、自主选择	https://www.oldweather.org/

man 等表示,在图片标签类众包项目中,公众参与者对复杂图片描述的精准度并不高[31]。面对相对困难的任务,可以通过以下 2 种方式来解决:一是提升任务的自主性,包括选择的自主性和执行的自主性。参与者可以根据自己的兴趣、专业水平自主地选择任务,亦可以根据自己的时间、精力自主地执行任务。Kirman 认为给予参与者自由选择任务的能力,能够让他们以自己的方式体验到乐趣[32];二是系统按任务的难易程度自动推荐给不同级别的参与者,正如 Rotman 等所说"正确的任务交给正确的人是一项工作的关键"[33]。与此同时,任务的趣味性也是用户参与数字人文领域公众科学项目的重要影响因素之一。Alam 和 Campbell 基于扎根理论的方法研究了用户参与澳大利亚报纸校正项目的动因,研究发现,用户之所以参与这个非营利性项目,很大程度是因为文本校正是一项非常简单有趣的任务,可以在空闲时打发时间[34]。此外,任务的情境类信息通常会以意想不到的方式来增加项目价值并改善参与度。在 Old Weather 项目中,主要目标是转录海员对 19 世纪到 20 世纪的气象记录,以建立长期的海洋气候模式。然而,许多

船舶登记页面还包括关于船上的其他信息,例如船员和货物信息,船舶损坏情况,以及船员的个人来信。丰富的任务情境类信息吸引了许多历史爱好者,项目的参与率得到了大幅增加[35]。

基于上述分析,任务维度主要从简易化、自主化、趣味性等任务属性出发,考察公众参与数字人文领域公众科学项目的主要原因。主要的任务驱动因素如表8.12所示。

表 8.12 任务维度的主要影响因素

动因维度	范畴	具体描述	代表文献
任务驱动因素	任务易操作性	任务简单易操作,不会过于复杂	Parsons 等 (2011)[29]
	任务自主性	用户可以根据自己的兴趣、专业水平自主地选择任务,也可以根据自己的时间、精力自主地执行任务	Rotman 等 (2012)[33]
	任务趣味性	任务的设计具有趣味性,能引起用户的兴趣	Alam 和 Campbell(2012)[34]
	任务情境性	包含丰富的和任务有关的文化遗产类信息	Tinati 等 (2015)[35]
	任务反馈性	包括任务执行过程中的反馈 (比如任务完成度等) 以及完成后的反馈 (比如致谢、成果展示等)	Alam 和 Campbell(2012)[34]

3. 志愿者维度的动因探讨

志愿者维度主要从心理学和行为学角度考察影响公众参与数字人文领域公众科学项目的原因,这一部分直接影响志愿者态度、行为意图和实际行为。根据自我决定理论,个体的动因可以被分为内部动因 (intrinsic motivation) 和外部动因 (extrinsic motivation)[36]。内部动因主要体现在对活动本身的注意和兴趣;外部动因则主要表现为对外在奖励、外在认同和外在指导等的关注[37]。通过对相关文献的总结分析,尝试将志愿者参与数字人文领域公众科学活动的动因分为内部动因和外部动因 (表 8.13)。

在商业众包的相关研究中,已经有大量研究表明个体参与动因是由内在及外在动因共同驱动[38]。譬如,Kaufmann 等基于自我决定理论、工作动机理论、教育理论以及开源软件协作模式,提出了用户参与商业众包 (如 Amazon Mechanical Turk) 的动机框架[22]。研究发现,内部动因强调个体固有的满足感;外部动因突出体现在用户对于金钱类奖励的需求。然而,与商业众包的利益驱动不同,数字人文类公众科学的公众参与主要由内部动因和激励所催生。首先,数字人文类公众科学项目具有专门化和专业化特征,对参与的个体及群体有一定的针对性。一般来说,在初始阶段,此类项目的参与者通常具有相关的兴趣爱好,并且乐于为科学研究做出贡献[25,39]。因此,基于内部动因的利己主义和利他主义将在这个阶段发挥重要影响作用。其次,数字人文类公众科学项目普遍周期长、任务繁重,仅靠用户的内部动因很难使其持续的做出贡献。在这种情况下,可以通过激励的方式激发用户的持续参与热情。譬如,从平台的角度,诸如排行榜、徽章、点数等游戏化设计能够有效地提高用户的忠诚度[40];从任务的角度,积极的反馈有助于提升用户的自我效能感,这些感觉对于激励人类行为起着重要作用,因为它们满足了用户对能力的基本需求[41];从个人的角度,有研究表明,一些参与者是为了获取知识、声誉,或者为了得到某种能力的提升[42]。事实上,根据社会交换理论 (social exchange theory),个体参与数字人文领域公众科学项目也是一种互惠共利的过程[43]。

表 8.13 志愿者参与动因分类

动因分类	动机因素	代表文献
内部动因	兴趣爱好、好奇心、乐趣、信任、科学贡献	Alam 和 Campbell, (2012)[34]; Tinati 等 (2016)[69]
外部动因	群体归属感、虚拟奖励、自我效能、感知学习、声望	Tinati 等 (2016)[69]; Ryan 和 Deci(2000)[41]; Tinati 等 (2014)[42]

基于上述分析,个体驱动维度主要从内部动因和外部动因的角度考察影响用户参与数字人文类公众科学项目的因素。主要的个体驱动因素如表 8.14 所示。

根据上述对数字人文领域公众科学项目中志愿者参与动因相关研究的综述分析,研究基于 Mehrabian 和 Russell 的刺激—有机体—反应 (stimulus-organism-response, S-O-R) 模型[44],根据数字人文领域公众科学项目的特征,从平台驱动、任务驱动、志愿者驱动 3 个维度构建了数字人文领域公众科学项目中公众参与动因的整合模型 (图 8.3)。其中刺激 (S) 包括平台驱动因素和任务驱动因素 2 个维度;有机体 (O) 包括志愿者情感上和认知上产生的反应,如平台的有较好的社交功能 (平台维度,S),容易让志愿者产生归属感;反应 (R) 主要是用户参与或者不参与的行为,这两种行为随着用户反应的变化相互转化。

表 8.14 志愿者维度的主要影响因素

动因维度	范畴	具体描述	代表文献
志愿者驱动因素	好奇心和兴趣	就项目主题和任务而言,用户会根据各自的好奇心和兴趣做出不同的选择。通常用户愿意参与一些自身有浓厚兴趣,或者正试图了解的主题和活动	Rotman 等 (2012)[39]
	乐趣	用户在从事某一行动时感到快乐	Alam 和 Campbell(2012)[34]
	科学贡献	用户热爱科学,乐于为科学研究做出贡献	Tinati 等 (2016)[69]
	归属感	用户对自己属于某个集体或组织的感知,有时也被认为是与其他成员的相似性和相互依赖感的认知	Lampe 等 (2010)[65]
	虚拟奖励	诸如排行榜、徽章、点数等虚拟平台上的奖励	Deterding,2015[40]
	自我效能感	用户对自己完成某项特定任务的能力的自信程度。自我效能的程度会影响人们选择他们能够完成的行为,同时也会对该行为的持久性产生影响	Rotman 等 (2014)[63]
	感知学习	用户在从事某一行动时所获取的知识及能力的提升	Tinati 等 (2014)[42]
	声誉	用户在某个群体或组织的声望和地位	Tinati 等 (2014)[42]

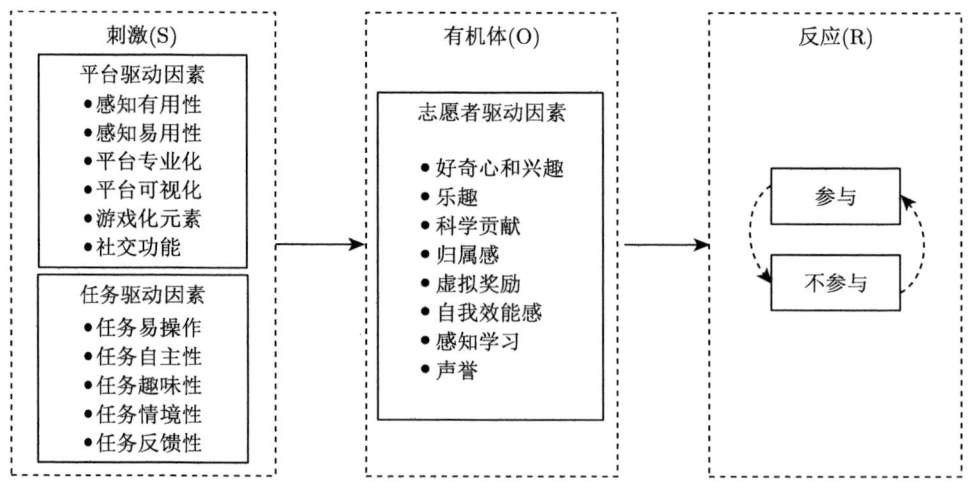

图 8.3 数字人文领域公众科学项目中公众参与动因的整合模型

8.3.2 冷启动阶段的动因研究

1. 实证模型

由于公众参与数字人文领域公众科学项目的动因研究成果还不多，因此，采用焦点小组法从平台驱动、任务驱动以及志愿者驱动 3 个维度中抽取项目冷启动阶段的相关影响因素进行实证模型的构建并提出假设。在具体实施阶段：首先，建立焦点小组。针对数字人文领域公众科学项目的特点，招募了参与过相关课题的研究员 (2 人)、发表过相关文献的作者 (5 人)、参与过数字人文领域公众科学项目或公众科学项目的志愿者 (6 人) 共计 13 人参与到此次焦点小组的座谈；其次，开展两轮座谈，时间间隔为一周。第一轮座谈的主要任务是结合受访者自身的项目研究经验或参与经验，讨论在冷启动阶段大家对影响公众参与数字人文领域公众科学项目的哪些动机因素更为关注，根据上文所归纳出的动因整合框架让大家进行头脑风暴。第二轮座谈的主要任务是有针对性地进行因素筛选。两轮座谈后，确立了实证模型，如图 8.4 所示。

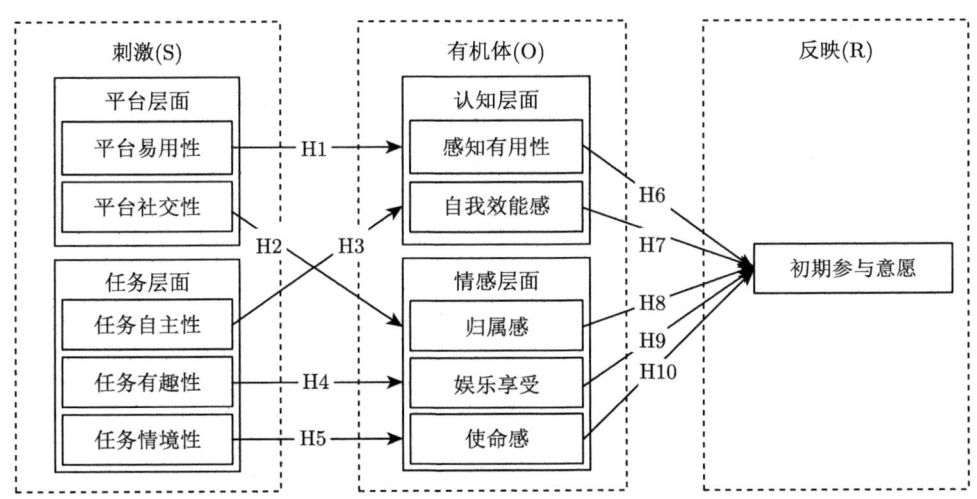

图 8.4 数字人文领域公众科学项目冷启动阶段的公众参与动因的实证模型

2. 研究假设

1) 平台维度

平台维度主要考察系统的设计及界面的展示对志愿者参与动因的影响。数字人文领域公众科学平台区别于商业众包平台的特征主要有 2 点：一是金钱激励的欠缺；二是人文主题和学术价值的展现。从以用户为中心的设计学角度来看，如果数字人文类公众科学平台可以提高平台的易用性和社交功能,增强用户的体验,即使没有诱人的金钱激励,个体仍然可能有很强的参与动因。因此,重点从平台易用性和平台社交性两个角度探讨平台刺激对于志愿者初期参与动因的影响。

从平台易用性角度。易用性(ease of use)是衡量交互式系统的重要指标,常用于考察系统、网站或平台的友好性设计。Newman 等表示,志愿者参与在线公众科学是一项具有挑战性的活动,涉及在线参与、数据录入、可视化显示等,因此,公众科学平台建设必须遵循简单、易用的原则,从而减轻公众的参与负担[45]。同时,张建等也提出,在公众科学信息化平台建设的开发中,可以建立简单、灵活的数据收集标准,推广高效率的技术和工具,从而降低公众参与的门槛,提高工作效率,增加公众参与的机会[46]。此外,技术接受模型(TAM)的研究结果表明,用户的易用性认知对其感知有用性存在积极影响[24]。基于此提出如下假设:

H1:平台易用性对于志愿者的感知有用性产生正向影响。

从平台社交性角度。社交性(sociability)在描述在线社区时,关注于技术、政策和实践能否支持用户的在线交互行为,具体表现为交流、评论、分享等功能的实现[47]。近几年,社交平台的迅猛发展可以归因于其帮助用户获得了两种心理需求的满足:自我展示需求与归属需求[48,49]。有研究表明,网络上的交流与互动可以提升个体社会幸福感[50]。与此同时,在众包竞赛的相关研究中,zhao 等认为虚拟众包社区的形成将增加参与者的归属感[38];在数字人文公众科学的相关研究中,Spindler 认为在数字人文类公众科学平台的建设中,应注重用户的即时分享及相互间的交流沟通[28]。基于此提出如下假设:

H2:平台社交性对于志愿者的归属感产生正向影响。

2) 任务维度

任务维度主要考察任务的属性特征对志愿者参与动因的影响。在教育、商业、游戏等领域已经有很多研究发现,任务的复杂性、自主性、多样性等属性对用户的参与动因有重要影响[51]。然而,在数字人文情境下,鲜有这方面的研究。因此,在梳理其他领域研究的基础上,结合焦点小组座谈的指导,针对数字人文类公众科学任务的特点,拟从任务自主性、有趣性、情境性的 3 个角度考察任务的属性特征对志愿者参与动因的影响。

从任务自主性角度。自主性(autonomy)是工作设计的重要属性,指个人在规划工作、执行任务的过程中有充分的自主权和决策权[52]。在众包竞赛中,任务的自控感和自主性对参与者的动因有正向的影响。Boudreau 等提出,高度自主性的任务可以提高用户参与众包竞赛的积极性[53]。在工作情境中,任务的自主性对执行者的绩效有积极影响。Chungyan 表明,高度的自主性在一定程度上可以提升职工对于自我表现的自信程度,即自我效能[54]。在公众科学项目中,任务自主性对志愿者的参与体验有显著影响。Sprinks 等发现,志愿者偏向选择任务更加自主、多样化的公众科学项目[55]。基于此提出如下假设:

H3:任务自主性对志愿者的自我效能产生正向影响。

从任务有趣性角度。有趣性 (interestingness) 依附于具体的客体,是客体吸引受众的一种属性。Brabham 认为在众包社区中,参与者选择任务的最基本动因来源于内心的兴趣,这在新参与者身上的体现更为明显[56]。Alam 和 Campbell 基于扎根理论的方法考查了用户参与文本校正类众包任务的动因,结果表明参与者能从有趣的任务中体会到快乐[34]。基于此提出如下假设:

H4:任务有趣性对志愿者的娱乐享受产生正向影响。

从任务情境性角度。情境 (context) 是社会科学中的一个基本概念,是描述某个场景中实体特征的信息[57]。在公众科学项目中,任务的情境性通常提供了任务的产生及应用背景并强调相关任务的泛在性或特指性。Borst 认为情境因素对用户参与众包活动的内在动因和实际行动产生正向影响[58]。Tinati 等指出丰富公众科学任务的情境因素能够在一定程度上增加任务价值,从而提升社区参与度[35]。大部分数字人文领域公众科学任务表现出较强的情境性特征,如美国二战大屠杀纪念馆发起的"记起我"项目 (Remember Me),在纪念馆官方网站上公布了 1100 名在二战中成为孤儿、背井离乡的儿童的照片,希望能在公众的帮助下确定当年这些"二战孤儿"的身份,了解他们在战后的生活状况。同时,本章从焦点小组座谈中发现,数字人文领域公众科学项目的任务情境性特点,譬如,丰富的原生数字资源、详尽的任务背景介绍、特定的应用领域等有助于增长志愿者的个人使命感。

H5:任务情境性对志愿者的使命感产生正向影响。

3) 志愿者维度

志愿者维度将刺激 (S) 作用于有机体 (O) 产生的感知分为 2 个层面:认知层面和情感层面。认知层面反映了个体对于外部环境感知的一种心理折射,该状态会诱发一系列认知上和行为上的印随反应。情感层面反映了个体对于外部刺激的情感倾向,体现在心理上和情绪上的转变。本章认为,志愿者在参与数字人文领域公众科学项目的初期阶段,其动因会在与平台以及任务的交互过程中发生变化,认知层面的变化体现在感知有用性和自我效能 2 个方面,情感层面的变化体现在归属感、娱乐享受和使命感 3 个方面。

从感知有用性角度。感知有用性 (perceived usefulness) 是指个体在使用某一技术或系统时对自身能力提升的感知,通常用于研究用户对于技术的采纳行为。

国内外大量研究都证实了个体的感知有用性会对其参与意愿产生正向影响。譬如，常静等利用访谈法对百度百科用户的参与行为进行研究，研究发现有用性感知是对用户直接参与行为影响最为突出的因素[59]。Soliman 和 Tuunainen 表示，众包系统的被使用动因通常是由其实用价值决定的，当用户认为使用该系统能够提升个人能力，便会对其采纳和使用[60]。Bhattacherjee 通过实证研究发现，感知有用性积极影响用户的实际采纳意愿[61]。基于此提出如下假设：

H6：志愿者的感知有用性对其参与意愿产生正向影响。

从自我效能角度。自我效能 (self-efficacy) 指的是对自己是否能够成功地执行某一行为的主观判断。在知识分享、开源系统等用户行为的研究中，感知自我效能一直被认为是影响用户参与的重要因素。吴金红等在研究用户参与众包活动的影响因素时，发现自我效能对用户参与众包具有显著的正向影响[62]。Rotman 等通过深度访谈的方法研究了影响志愿者参与公众科学项目的动因，结果显示自我效能感是影响志愿者初期参与的动机因素之一[63]。在数字人文领域公众科学项目中，用户需对自身的能力进行判断，当用户对自身的能力感到自信，那么用户参与项目的意愿就更强。基于此提出如下假设：

H7：志愿者的自我效能对其参与意愿产生正向影响。

从归属感角度。归属感 (sense of belonging) 指个人自觉被他人或被团体认可与接纳时的一种感受。公众科学强调群体贡献的力量，有着共同兴趣的志愿者彼此相连，以项目为纽带，以机构牵头或自组织的方式带动参与者之间的互动，从而形成一个社区共同体。归属感能够帮助用户更好地融入社区并开展群体协作，从而衍生后续的使用行为[64]。Lampe 等基于使用和满足理论研究了在线社区的参与动因，结果表明归属感是促进用户积极参与的重要因素[65]。因此，本章认为，个体对于某个组织群体的归属感，在一定程度上可能影响其参与数字人文领域公众科学的意愿。基于提出如下假设：

H8：志愿者的归属感对其参与意愿产生正向影响。

从娱乐享受角度。娱乐享受 (enjoyment) 源于个体的主观感受，在对各种媒介进行用户动因的考察时，个人兴趣是重要的因素之一。Nov 在对 Wiki 百科进行用户参与动因的研究中，发现用户娱乐性对用户参与的影响程度最高[66]。Koh 和 Kim 对虚拟社区用户参与的实证研究表明，当成员在社区中有愉悦的经历，那么其归属感和沉浸感也会相应的得到提升[67]。Hamari 等对用户参与协作共享动因的研究结果显示，娱乐会触发人们的参与态度及意向[68]。类似地，本章认为，当用户在完成任务的过程中能从中获得娱乐满足，这对他的使用意愿会产生正向影响。基于此提出如下假设：

H9：志愿者的娱乐享受对其参与意愿产生正向影响。

从使命感角度。使命感 (commitment) 是一种复杂的情感体验，可能源于外部的需求，也可能源于内部的真实自我。在公众科学项目中，使命感通常与社会意义紧密联结，志愿者希望自己的参与能为科学研究、社会福祉做出贡献。过去的研究已经证实，利他性动因 (如帮助他人、科学贡献等) 是影响志愿者参与公众科学项目的重要内部动因之一[69]。类似的这种对他人、对社会的责任实际上都是志愿者使命感的体现。同时，Weiss 将个人使命感 (personal commitment) 作为一个独立的构想，测量其对公众参与公众科学项目的影响。结果表明，个人使命感与参与意愿存在强烈的相关关系[70]。基于此提出如下假设：

H10：志愿者的使命感对其参与意愿产生正向影响。

3. 研究方法

研究采用问卷调研法来验证实证模型中所提出的假设。问卷共包含 3 个组成部分：第一部分是对数字人文类公众科学的简要介绍。考虑到研究的受访者大部分没有接触过数字人文领域公众科学项目，因此问卷的第一部分以通俗易懂的语言对相关概念及项目进行简要介绍，并提供 3 个项目链接供受访者浏览、体验；第二部分是受访者的基本信息，包括性别、年龄、受教育程度和职业；第三部分是问卷正文，包括平台易用性 (PEOU)、平台社交性 (PS)、任务自主性 (TA)、任务有趣性 (TF)、任务情境性 (TC)、感知有用性 (PU)、自我效能 (SE)、归属感 (SOB)、娱乐享受 (ENJ)、使命感 (COM)、参与意愿 (PI) 这 11 个概念的测度项。问项均采用李克特 5 级量表形式，问卷测度项及出处详见附录 2。

鉴于研究考察的是数字人文领域公众科学项目冷启动阶段的公众参与意愿，因此对调研对象没有特殊要求，没有相关项目参与经验的用户也可以作为研究的调研对象。本次调研问卷采用线上与线下相结合的方式进行发放，线上问卷的发放渠道主要有 3 种：问卷星平台，猪八戒威客网，QQ、微信群以及朋友圈；线下问卷的发放则更有针对性，主要在图书馆中以及相关的学术会议上请图书馆员、人文领域的教师和学生进行填写。发放时间为 2017 年 10 月 20 日至 11 月 25 日，为期 37 天。剔除无效问卷后，最终得到 227 份有效问卷作为本实证研究的数据分析池。描述性统计特征详见表 8.15。

4. 数据分析

1) 信度与效度分析

研究的信度分析主要分为 2 个方面：一是内容效度分析；二是量表测量结果的信度分析。关于量表的内容效度分析，通过与专家学者的讨论以及预调研的方式确

表 8.15 描述性统计特征

特征		频次	百分比
性别	男	99	43.61%
	女	128	56.39%
年龄	18 岁以下	2	0.88%
	18~25 岁	111	48.90%
	26~30 岁	63	27.75%
	31~40 岁	43	19.94%
	41~50 岁	6	2.64%
	50 岁以上	2	0.88%
教育程度	高中及以下	4	1.76%
	专科	13	5.73%
	本科	65	28.63%
	硕士	117	51.54%
	博士	28	12.33%
职业	全日制学生	110	48.46%
	教师	27	11.89%
	技术/研发人员	19	8.37%
	管理人员	14	6.17%
	生产人员	14	6.17%
	其他 (销售、财务、文职、专业人士等)	43	18.94%

保量表的内容效度。关于量表测量结果的信度分析,采用验证性因子分析 (CFA) 检验问卷中 26 个测度项的信度。主要采用 Cronbach's α 值和复合信度 (composite reliability, CR) 系数来考察,通常 Cronbach's α 值大于 0.7 且达到显著水平 $P < 0.05$,表明因子具有较好的可靠性;复合信度大于 0.7 时,表明因子的指标信度较好[71]。结果表明研究的测量量表有较好的信度水平。

研究使用平均提取方差值 (average variance extracted, AVE) 来检验模型的聚合效度 (convergent validity) 和区别效度 (discriminant validity)。平均提取方差值衡量的是因子解释的方差与测量误差解释的方差的比率,Fornell 和 Larcker 认为,如果所有因子的平均提取方差值大于 0.5,即其平方根大于 0.707,则认为模型有较好的聚合效度;如果所有因子的平均提取方差值的平方根大于各因子结构间的相关系数,则认为模型有较好的区别效度[72]。如表 8.16 所示,位于对角线上的 AVE 的平方根值均大于 0.707,且均大于对应因子与其他因子的相关系数。综上所述,研究模型达到较好的效度水平。

8.3 数字人文类公众科学项目中志愿者参与动因研究

表 8.16 效度分析

	PEOU	PS	TA	TF	TC	PU	SE	SOB	ENJ	COM	PI
PEOU	**0.938**										
PS	0.505	**0.852**									
TA	0.586	0.385	**0.900**								
TF	0.436	0.446	0.454	**0.940**							
TC	0.452	0.521	0.515	0.641	**0.819**						
PU	0.381	0.481	0.476	0.570	0.610	**0.926**					
SE	0.534	0.535	0.514	0.524	0.614	0.645	**0.907**				
SOB	0.478	0.480	0.398	0.676	0.583	0.563	0.670	**0.903**			
ENJ	0.449	0.443	0.445	0.701	0.566	0.609	0.583	0.680	**0.926**		
COM	0.480	0.498	0.510	0.592	0.637	0.704	0.650	0.649	0.742	**0.891**	
PI	0.305	0.390	0.493	0.550	0.617	0.669	0.673	0.624	0.679	0.642	**0.934**

注：PEOU= 平台易用性；PS= 平台社交性；TA= 任务自主性；TF= 任务有趣性；TC= 任务情境性；PU= 感知有用性；SE= 自我效能；SOB= 归属感；ENJ= 娱乐享受；COM= 使命感；PI= 参与意愿

2) 共同方法偏差测试

共同方法偏差 (common method bias) 指的是由于同样的数据来源或评分者、同样的测量环境、项目语境以及项目本身特征所造成的预测变量与标准变量之间人为的共变，是调研类设计中经常出现的一种系统误差[73]。研究使用单一化因子测试 (single-factor test) 来验证数据没有共同方法偏差的问题。将所有变量载入探索性因子分析中并检验未旋转因素的解。已有研究指出，当未旋转因素的解中出现单一化因素，或者变量中大部分的协方差都由某个广义因子造成的时候，研究则可能存在共同方法偏差的问题。数据分析结果表明该研究没有共同方法偏差的问题。

3) 假设检验

研究使用结构方程模型对上文提出的 10 个假设进行检验。结构方程模型是基于变量的协方差矩阵来分析变量之间关系的多元统计方法，是因素分析和路径分析的有机结合[74]。结构方程模型包含 2 个部分：结构模型和测量模型。结构模型又被称为潜变量因果关系模型，用于表示外源潜在变量和内源潜在变量之间的因果关系；测量模型也称验证性因子分析模型，用于表示观测变量和潜变量之间的关系。

运用 Smart PLS 3.0 软件来计算研究模型中的各条路径系数和回归方差，结果如图 8.5 所示。验证结果表明，模型的 10 个假设中除了 H8(志愿者的归属感对其参与意愿产生正向影响) 其余都得到了支持，5 个内生变量，即感知有用性、自我效能、归属感、娱乐享受、使命感和参与意愿的方差值分别为 45.0%、26.4%、

23.0%、49.1%、40.6%、64.8%，大部分路径系数均在 $P<0.001$、$P<0.01$ 和 $P<0.05$ 的水平上显著。

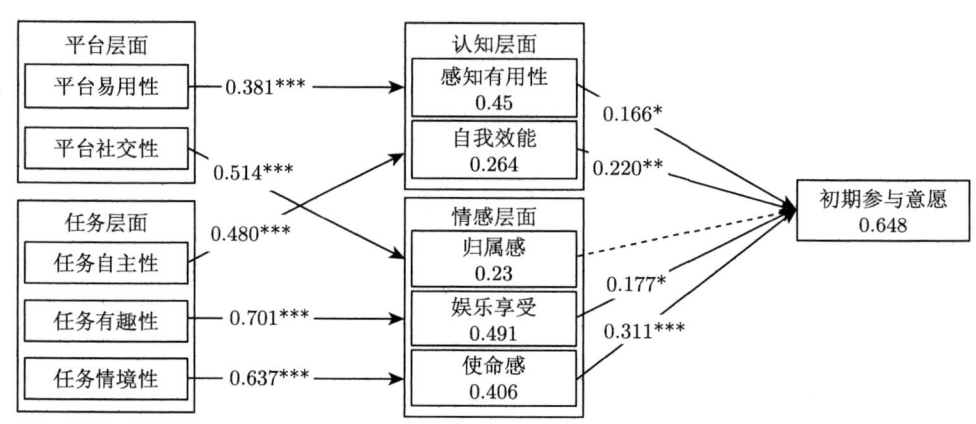

注：*表示$P<0.05$；**表示$P<0.01$；***表示$P<0.001$

图 8.5　实证模型的路径系数

5. 结果讨论

在平台维度中，平台易用性 ($\beta=0.381$，$P<0.001$) 对志愿者的感知有用性有积极影响，这与 TAM 模型中的结果相一致。在数字人文领域公众科学项目中，项目的开展主要依托于众包模式的在线平台。首先，项目本身具有一定的学术专业性，且实施过程突显出一定的科研价值。其次，此类项目并不仅仅面向于科研工作者或是有一定学术背景的爱好者，而是面向更广泛的人群。在这一情况下，如果平台过于专业化、学术化不利于吸引更多的志愿者参与。因此，研究表明，简单、易操作的平台构建能够降低公众参与的门槛，从而让更多志愿者感受到项目的有用性及其价值。此外，平台社交性 ($\beta=0.514$，$P<0.001$) 对志愿者的归属感有显著的正向影响。说明数字人文领域公众科学平台的社交功能越强大（即满足志愿者互动交流、即时分享等社交需求），越能使得志愿者产生强烈的社区归属感。

在任务维度中，任务自主性 ($\beta=0.480$，$P<0.001$) 正向影响自我效能，即数字人文类公众科学项目的任务自主程度越高，志愿者对自己完成任务的能力的自信程度越大。这印证了组织管理领域中工作设计的相关研究成果[75]，说明任务的自主性与自我效能的正相关关系同样适用于数字人文领域公众科学项目的任务设计中。任务有趣性 ($\beta=0.701$，$P<0.001$) 对志愿者的娱乐享受有显著的积极影

响。说明在项目启动的初期阶段,有趣的任务更能让志愿者在参与过程中体会到快乐。此外,研究还表明,任务情境性 ($\beta=0.637$, $P<0.001$) 显著影响志愿者的使命感。定量研究的结果印证了焦点小组座谈的探讨,受访者认为如果能够让志愿者充分地了解数字人文领域公众科学项目的相关任务背景以及应用情境,能够使其产生一定的历史使命感。

在志愿者维度中,志愿者的感知有用性 ($\beta=0.166$, $P<0.05$)、自我效能 ($\beta=0.220$, $P<0.01$)、娱乐享受 ($\beta=0.177$, $P<0.05$)、使命感 ($\beta=0.311$, $P<0.001$) 对志愿者参与意愿都有积极影响。其中,使命感的路径系数最高,表明在数字人文领域公众科学的项目中,使得志愿者产生初期参与意愿的一大主要动因便是志愿者对此类项目产生的使命感。这与焦点小组座谈的结果相吻合,受访者认为数字人文领域公众科学项目通常蕴含丰富的历史人文意义,所以志愿者对历史人文的敬畏之心以及能够为科学研究、社会福祉做出贡献的使命感会使其产生强烈的参与意愿。同时,自我效能作为影响志愿者初期参与意愿的因素在研究中也得到了较好支持,说明在初期参与阶段,志愿者对自己执行任务的能力越自信越能够激发其参与意愿。此外,感知有用性和娱乐享受的路径系数虽然略低于使命感和自我效能,但也在一定程度上影响志愿者的初期参与意愿。然而,归属感 ($\beta=0.016$, $P>0.05$) 对于志愿者参与意愿的影响并不显著,究其原因,研究认为在参与的初期,志愿者与项目本身以及与其他志愿者之间处于一种不断摸索、相互磨合的状态,在这一阶段中,志愿者所产生的归属感相对较弱。

8.3.3 持续发展阶段的动因研究

1. 案例背景

以盛宣怀档案抄录项目 (以下简称盛档抄录项目) 为案例研究对象。该项目是中国文化遗产领域的大型公众科学项目之一,对我国数字人文的研究和发展具有重要意义。盛宣怀 (1844～1916) 作为清末的政治家、企业家、福利事业家以及洋务运动的代表人物,收藏于上海图书馆的盛宣怀档案 (以下简称盛档) 是盛宣怀家族自 1850 年至 1936 年的记录,包括 17.5 万件、1 亿余字的档案史料。盛档作为"纠史之偏,补史之阙"的重要史实档案,对其进行数字化处理已经成为当务之急。然而,在对档案手稿进行识别的过程中面临诸多问题:一方面,档案手稿为繁体字手写体,并且由于时间久远,部分手稿出现纸张破损、字迹模糊等问题,OCR 识别技术无法精准处理;另一方面,面对数量巨大的盛档史料,仅依靠专业研究人员对其进行数字化加工是一件很难完成的任务。所以亟需集合群众的力量和智慧,招募大量业余爱好者参与到其中。因此,上海图书馆历史文献众包中心开展了盛档抄录项目，旨在招募公众对盛档进行数字化抄录和标注，从而充分地探索、传播和利用这件珍贵的历史材料。项目的核心是一个基于在线众包模式的抄录平台 (图 8.6)，测试版于 2016 年年中向公众发布，并于 2017 年年初正式启动。

图 8.6　盛宣怀档案抄录项目平台

2. 研究设计

1) 研究方法

数字人文领域公众科学作为一个新兴的研究领域，相关研究较少且不完善。针对上述介绍的盛宣怀档案抄录项目，利用扎根理论对志愿者参与该项目的持续参与动因进行系统性探索。扎根理论 (grounded theory) 由 Glaser 和 Strauss 于 20 世纪 60 年代提出，是指通过系统化的资料收集与分析来构建理论，属于质性研究中较为科学有效的一种方法[76]。研究借鉴 Strauss 的三阶段分析法[77]，首先通过半结构化访谈收集原始数据，然后通过开放式编码、主轴编码和选择性编码逐步分析资料，直到概念达到饱和，最后构建出数字人文领域公众科学项目持续参与阶段公众参与的动因模型，并在此基础上提出相应的激励策略。

2) 数据收集

由于研究以盛宣怀档案抄录项目为具体研究案例，因此采用非随机抽样中的目的抽样。访谈对象需要满足以下 2 个条件：一是已在项目平台上注册；二是有过多次抄录经验。根据盛宣怀档案抄录项目的后台数据，甄选出 35 名满足标准的志愿者，通过邮件的方式试图与他们取得联系并说明研究的目的。35 名志愿者中有 13 名给予了回复，其中 9 名志愿者表示愿意接受此次访谈，另外 4 名选择了委婉拒绝。考虑到访谈的样本量偏少，又使用滚雪球抽样的方式，请已确定的受访者提供他们身边符合标准的访谈对象。最终，访谈的样本量确定为 14 人。访谈工作在 2017 年 11 月 10 日至 2017 年 12 月 10 日进行，持续时间约为 30 天，采用面对面或微信语音的方式对 14 位受访者进行半结构化访谈，每次访谈时间为 40~60 分钟。经受访者同意，研究通过录音的方式对访谈资料进行记录。访谈大纲如图 8.7 所示。

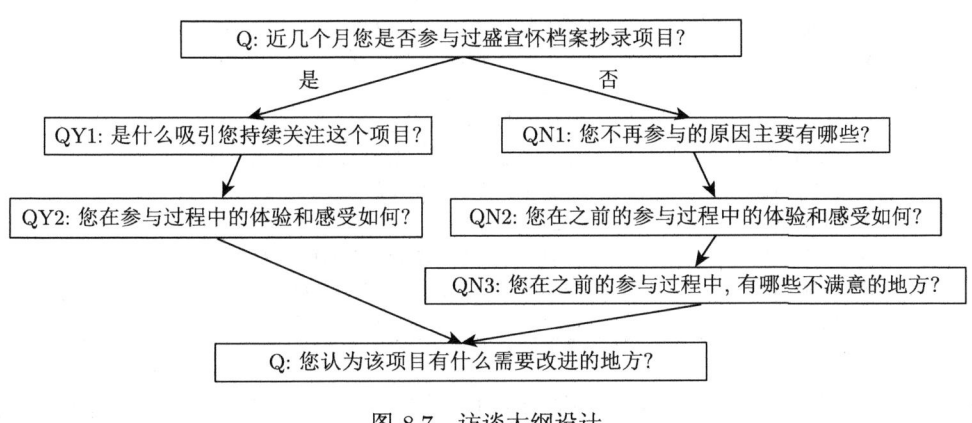

图 8.7　访谈大纲设计

3. 数据分析

数据分析部分采用 Strauss 提出的扎根理论三阶段分析法，按照开放式编码到主轴编码再到选择性编码的流程，将半结构化访谈中获取的 2.1 万字原始访谈资料逐步概念化、范畴化和主范畴化。为了确保结果的可信度，邀请了两位研究生对 2/3(9 份) 的访谈记录进行编码，其余的 1/3(5 份) 用于理论饱和度检验。首先，两位编码者对 9 份访谈记录进行独立的分析和编码；其次，将两位编码者的编码结果进行整合分析，形成最终的编码结果。

1) 开放式编码

开放式编码 (open coding) 旨在从数据中识别出初始概念以及概念的范畴。概念用来抽象表示访谈数据中发现的重要的事件、对象或者活动，它是构建理论的基础。在开放编码阶段，两位编码者首先将访谈数据逐句、逐段、整篇地分解，剔除重复次数少于 3 次的初始概念后，得到 33 个初始概念 (a1~a33)；其次，将 32 个初始概念进行整合归纳后，得到 14 个范畴 (A1~A14)。开放式编码的结果如表 8.17 所示。

表 8.17 开放式编码结果

范畴化	初始概念
A1 外部奖励	a1 金钱 a2 书稿 a3 积分排名
A2 反馈机制	a4 专家打分 a5 抄录结果
A3 帮助/培训机制	a6 咨询帮助 a7 困难求助 a8 繁体字字典
A4 社会规范	a9 同辈影响 a10 强制执行
A5 感知成本	a11 时间 a12 精力 a13 能力 a14 跨设备使用的便利性
A6 预期收益	a15 提高声誉 a16 得到致谢 a17 了解历史
A7 社交价值	a18 结识志同道合的人
A8 感知乐趣	a19 对历史感兴趣 a20 真迹手稿很有意思
A9 感知障碍	a21 手稿模糊难以识别 a22 无从寻求咨询帮助
A10 感知满足	a23 成就感 a24 归属感
A11 使命感	a25 为历史做贡献
A12 资源呈现	a26 任务呈现形式 a27 资料背景 a28 图片 a29 影音
A13 任务设计	a30 任务循序渐进 a31 任务粒度
A14 任务信息	a32 任务的更新 a33 任务的宣传推送

表 8.18 显示了开放式编码过程，但由于该过程涉及大量原始访谈记录中的内容，文本量较大，因此仅列举部分编码过程。

表 8.18 开放式编码过程 (部分)

范畴化	原始资料 (初始概念)
A1 外部奖励	"除了名义上的奖励，可以加入一些物质上的奖励，比如金钱。""比如说有些任务给我发了个红包，虽然钱少，我可能也会参与一下。"(金钱)
A2 反馈机制	"每次完成一篇抄录任务后，我都想知道自己到底抄录的好不好，对别人有没有帮助。"(抄录结果)
A3 帮助/培训机制	"如果在这个系统上能够整合一些常见繁体字的注释，或者有在线咨询的功能，可能就有更多的人持续参与下去。"(咨询帮助、繁体字字典)
A4 社会规范	"我平时比较忙，我觉得只有强制式的管理式的组织机构要求我参与我才会继续参与。"(强制执行)

8.3 数字人文类公众科学项目中志愿者参与动因研究

续表

范畴化	原始资料 (初始概念)
A5 感知成本	"毕竟花了不少时间和精力在参与项目中,仅是排名和积分是不够的,还需要一些经济性的激励。""我觉得做这些任务有一定的难度,需要耗费不少时间、精力。"(时间、精力)
A6 预期收益	"可以把抄录好的手稿编纂成一本书,比如书的扉页可以写出'感谢某某为此项目做出的贡献',看到自己的劳动成果被展现出来就会让自己感觉到做这件事情非常有意义、有价值。"(得到致谢)
A7 社交价值	"我很喜欢历史,尤其是近代史,希望通过这个项目结交到更多和我一样有共同爱好的人。"(结识志同道合的人)
A8 感知乐趣	"第一次看到这些真迹手稿,包括御旨、手信等,虽然是图片,也觉得很有意思。"(真迹手稿很有意思)
A9 感知障碍	"这些任务实际上是具有一定难度的,我们也不是专业的,参与的过程中会遇到各种各样的问题 (比如某些字不认识),又找不到人咨询,可能就搁浅了。"(无从寻求咨询帮助)
A10 感知满足	"每完成一个任务就会产生一定的成就感。"(成就感)"潜移默化的就觉得已经融入了这个圈子中,让其他人了解到自己的存在。"(归属感)
A11 使命感	"觉得做这个项目是一件很光荣的事情,能够为历史文献的长期保存做一些贡献是非常有意义的。"(为历史做贡献)
A12 资源呈现	"只有图片比较无聊,每一份文件都有特定的历史背景和故事,可以把故事背景放在旁边,以图片、文字和视频的形式进行介绍展示。"(资料背景、图片、影音)
A13 任务设计	"根据用户的等级执行难易不同的任务,让用户在执行过程中有个循序渐进的感觉。"(任务循序渐进)
A14 任务信息	"任务一定要进行持续的更新,不然看来看去还是那些任务,渐渐地就会失去兴趣。"(任务的更新)

2) 主轴编码

主轴编码 (axial coding) 建立在开放式编码基础之上,通过归纳和汇总进一步挖掘各个范畴间的联系[78]。基于数字人文领域公众科学项目的情境特征,为了深入探究志愿者持续参与意愿这一研究主题,对开放编码得到的 14 个范畴进行进一步归纳和分类,最终形成 4 个主范畴,分别为 B1 外部动因、B2 认知价值、B3 情感感知、B4 任务驱动。主范畴、范畴及其内涵的对应如表 8.19 所示。

3) 选择性编码

选择性编码的目的是梳理主范畴之间的关系,挖掘核心范畴,并阐明"故事线",从而形成理论框架[79]。旨在探索数字人文类公众科学项目中志愿者的持续参与意愿,核心的问题是哪些动因会促使志愿者持续参与,因此将"持续参与意愿"确定为核心范畴。主范畴的典型关系结构如表 8.20 所示。

表 8.19 主轴编码形成的主范畴

主范畴	范畴	范畴内涵
B1 外部动因	A1 外部奖励	对志愿者参与项目以及完成任务的奖励,包括物质上的奖励(如金钱、礼品等)和非物质的奖励(如积分、排名等)
	A2 反馈机制	参与任务时可以收到相应的反馈,如完成进度告知、完成结果告知、完成质量告知等
	A3 帮助/培训机制	志愿者在参与过程中有寻求帮助的渠道,并且能够获得一定程度的培训
	A4 社会规范	来自社会、组织、身边人的压力和影响
B2 认知价值	A5 感知成本	志愿者在参与过程中对所付出的成本的感知,包括时间成本、学习成本和心理成本等
	A6 预期收益	志愿者在参与过程中期望得到的收益,在数字人文类公众科学中主要体现在声誉、能力等的提升
	A7 社交价值	志愿者能够结交到志趣相投的朋友
B3 情感感知	A8 感知乐趣	志愿者可以从参与过程中获得的乐趣
	A9 感知障碍	志愿者在执行任务过程中有关系统、任务等客体方面的障碍,以及由于志愿者本身相关知识不足而导致的问题
	A10 感知满足	志愿者在参与项目时体会到的成就感、归属感等良好的感知,以满足其内心的需求
	A11 使命感	志愿者认同项目的目标和价值,愿意为其做出贡献
B4 任务驱动	A12 资源呈现	任务中资源的展示给人的感觉,如展示形式是否多样、展示内容是否丰富等
	A13 任务设计	任务从易到难的推进、任务的内容量、任务的细分等
	A14 任务信息	与项目任务有关的信息,如任务资源的即时更新、任务信息的多渠道宣传与推送

表 8.20 选择性编码形成的关系结构

典型关系	关系结构	关系结构的内涵
外部动因 → 持续参与意愿	因果关系	外部奖励、反馈机制、帮助/培训机制、社会规范是影响志愿者持续参与意愿的外部因素
认知价值 → 持续参与意愿	因果关系	志愿者对于数字人文领域公众科学项目的认知价值是影响其持续参与意愿的内部因素
情感感知 → 持续参与意愿	因果关系	感知乐趣、感知障碍、感知满足以及使命感是影响志愿者持续参与意愿的内部因素
任务驱动 → 持续参与意愿	因果关系	任务驱动是志愿者持续参与意愿的生理或心理,客观或主观归因,将影响志愿者的持续参与意愿
外部动因 → 认知价值	中介关系	外部动因会直接影响志愿者的认知价值,进而影响其持续参与意愿

8.3 数字人文类公众科学项目中志愿者参与动因研究

续表

典型关系	关系结构	关系结构的内涵
外部动因 → 情感感知	中介关系	外部动因会直接影响志愿者的情感感知,进而影响其持续参与意愿
任务驱动 → 认知价值	中介关系	任务驱动会直接影响志愿者的认知价值,进而影响其持续参与意愿
任务驱动 → 情感感知	中介关系	任务驱动会直接影响志愿者的情感感知,进而影响其持续参与意愿

通过扎根分析阶段梳理的"故事线",归纳出数字人文领域公众科学项目持续发展阶段公众参与动因的初步理论模型,如图 8.8 所示。与此同时,利用另外 1/3(5 份) 的访谈记录进行理论饱和度检验,没有发现新的范畴与关系,因此可以认为理论模型达到饱和。研究认为该模型能在一定程度上反映出数字人文领域公众科学项目中公众持续参与的关键动因,并梳理出直接影响和中介效应两种逻辑关系。

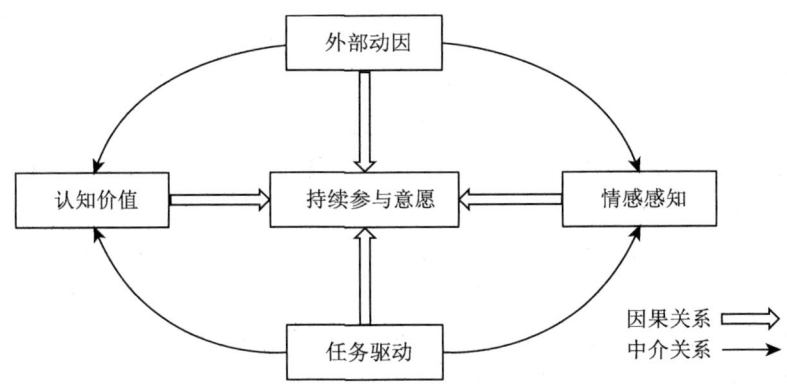

图 8.8 数字人文领域公众科学项目持续发展阶段的公众参与动因理论模型

4. 结果讨论

外部动因是指志愿者受外部因素刺激所激发的持续参与数字人文领域公众科学项目的动因,主要包括外部奖励、反馈机制、帮助/培训机制和社会规范 4 个方面,将直接或间接地影响志愿者的持续参与意愿。访谈中,8 位受访者提到了金钱等物质上的奖励;同时,5 位受访者提到了项目平台的反馈机制和帮助/培训机制,他们认为在执行抄录任务的过程中,有效的反馈以及遇到困难时能得到及时的帮助将会在一定程度上激励他们持续参与;此外,社会规范和同辈影响等外部环境因素也会对志愿者的持续参与意愿产生影响。

认知价值是指志愿者基于对成本及收益的认知所激发的持续参与数字人文领域公众科学项目的动因，主要包括感知成本、预期收益和社交价值3个方面，将直接影响志愿者的持续参与意愿。访谈中，7位受访者表示执行任务需要耗费大量的时间和精力，这严重影响他们的参与意愿；3位受访者提到付出与回报相匹配的问题；4位受访者表示声誉的提升(如研究成果中的致谢等)会激励他们的持续参与；5位受访者谈到了社交价值的影响。整体上看，志愿者的认知价值是使其产生持续参与意愿的重要影响因素。

情感感知是指志愿者在参与项目过程中基于对外部因素的反应而产生的情感倾向所激发的持续参与数字人文领域公众科学项目的动因，主要包括感知乐趣、感知障碍、感知满足和使命感4个方面，将直接影响志愿者的持续参与意愿。访谈中，6位受访者提到"有趣""有意思"等关键词，同时也表示这种趣味感会随着任务的频繁而逐渐式微；4位受访者认为部分抄录任务太困难，这会影响他们继续参与的信心；7位受访者表示完成任务后会获得心理上的满足，这是激励他们持续参与的积极因素；此外，3位受访者认为这个项目非常有意义，能够为历史文献的长期保存做出贡献也是他们义不容辞的使命。

任务驱动在本章是指在数字人文领域公众科学的任务情境下，促使志愿者产生参与行为的客观因素，主要包括资源呈现、任务设计和任务信息3个方面，将直接或间接地影响志愿者的持续参与意愿。一些受访者表示档案资源的呈现方式要趋于多样化，例如，将文本、图片和影音视频相结合，这样更能够调动起大家的参与兴趣[80]；同时，3位受访者认为任务设计的逻辑性和难易进阶性也会影响他们的持续参与意愿；此外，非常重要的一点是任务信息的及时更新与推广，几乎所有受访者都谈到如果项目发布方能够定期通过微博或微信公众号给他们推送一些有意思的相关信息，这样更能够增强他们对该项目的黏性。

8.4 数字人文类公众科学平台中任务绩效的影响因素研究

8.4.1 任务复杂度和领域知识对任务绩效的影响假设

1. 概念介绍

1) 任务复杂度

对任务复杂度这一构想的理解，许多学者从不同维度进行定义和解释。一种观点是从资源需求的角度来解读任务，将任务复杂度定义为完成一项任务所需的资源总量。已有文献中提及的任务处理所需资源类型包括认知资源、短期记忆资源、身体和心理资源、视听资源等[81,82]。Liu和Li认为完成任务所需的资源数量可作为任务复杂度的一种度量[83],相关的资源类型包括视觉资源、听觉资源、认知资源及精神运动资源等注意力资源[84],以及知识,技能等方面的资源。还有一些学者从任务的客观属性角度对任务复杂度进行定义,Vande Ven 和 Feng 认为任务复杂度主要基于任务的不确定性,包括任务在输入、处理、输出 3 个过程中的不确定性[85];Compbell 在总结前人的研究成果的基础上,认为任务复杂度的基本属性包括完成路径的多样性、路径之间的冲突性、产出结果的多样性以及路径与结果之间的不确定性[81]。除此之外,已有研究在对任务复杂度的定义中还提及任务要素数量、子任务数量、任务并发性、动态性、随机性、歧义、时间压力等属性[86-88]。

除了上述任务的客观属性,前人研究还从主客观维度将任务复杂度划分为主观任务复杂度与客观任务复杂度。客观任务复杂度仅关注任务的客观属性,认为任务复杂度与任务执行者无关[89];而主观任务复杂度则考虑任务与任务执行者之间的联合属性[90],将任务复杂度定义为人与任务特征之间进行交互作用的产物[91]。在主观任务复杂度的视角下,任务复杂度更偏向于任务执行者的感知复杂度,因此影响感知复杂度的因素主要包括:经验、任务动力、认知能力、先验确定性、自信、自我效能等。

如前所述,由于任务复杂度的定义涉及了多个角度,因此对任务复杂度的度量也有不同的方式。对任务复杂度某一项内在特征的度量结果或某几项特征的度量结果之和均可视为任务复杂度水平的一部分。比较常见的任务复杂度测量方法是从子任务数量的属性出发,如子任务的数量、关系和变化等特征均可作为任务复杂度的衡量指标之一,甚至某些研究中直接以子任务的数量来定义任务复杂度[83];Compbell 认为,任何能够增加信息负荷、多样性或变化率的任务特征都可用来衡量任务复杂度[81]。而从资源需求的角度而言,完成任务的资源需求量越高,任务复杂度水平也就越高。为符合实验设置要求,我们从客观评估的角度来衡量任务复杂度,而不考虑主观评估。在任务特征的选取中,结合任务属性和资源需求两种角度,选取子任务的任务数量以及完成任务的资源需求量这两个任务特征,作为衡量任务复杂度水平的两个指标。某项任务的子任务数量越多,完成任务的资源需求量越高,该项任务的任务复杂度水平就越高。

2) 领域知识

领域知识 (domain knowledge) 指的是个体对某一领域或某一主题的知识的理解,包括对相关概念、目标、规则或者原则等的理解[91]。实际上,学界对领域知识的定义尚未统一,尽管先前的研究中涉及了知识的分类,如将知识分为显性知识和隐性知识[92],但是目前还未开发出一个将知识分类为某些特定领域的系方法。

目前，领域知识主要被应用于信息检索的相关研究中，在信息检索的情境下，领域知识被定义为与检索主题本身相关的知识，而非检索技术相关[93]，且领域知识已被确定为影响信息检索结果、信息检索行为、信息检索策略以及用户与信息系统交互行为的因素之一。在不同的研究中，根据研究情境的不同，研究者所选取的知识的具体领域也有所区别。比如在微生物学相关的数据库进行检索的情境下，研究者选取的领域知识即为微生物学领域的专业知识，并验证其对用户的检索模式的影响[93]。除此之外，还有学者选择了经济学专业知识[94]、心理学专业知识[95]、医学专业知识[96]、图书馆学专业知识[97]等不同领域知识，探索这些不同领域的领域知识对用户检索行为的影响。

综上所述，领域知识的具体领域的选择，需符合具体研究的研究主题。数字人文类的众包抄录任务，具体而言是盛宣怀档案的手工抄录任务。其所需的专业知识可细分为两类：一类是与盛宣怀及其时代背景相关的专业历史知识，一类是识别繁体字与阅读文言文所需的泛在文化知识。因此，在本文的研究情境下，领域知识涵盖了上述两类，即包括历史背景的专业知识与古汉语文字识别的泛在文化知识。

3) 任务绩效

绩效是组织管理中常用的一个概念，不同研究对绩效概念在层次与维度上的解读各有差异。首先，对绩效不同层次的理解可分为3层：个体层面、团队层面和组织层面。由于众包抄录任务的参与者为个体，因此更倾向从个体层面来理解绩效。个体层面的绩效概念界定，不同学者有不同的看法。部分学者认为绩效是一种目标导向的行为，Jenseh、Murphy和Campbell均支持这一观点[98,99]。在这种观点下，个体为了达成组织设定的目标而进行的一系列行为，均可视为个体的绩效。这种行为绩效由个体直接表现出来，更容易被观测。另一种观点认为绩效更应当被定义为工作的结果[100]。因为工作结果与组织目标实现与否间的关系更为直接，且更能够直观反映出个体在组织中的贡献程度。

在对绩效的不同维度的理解上，Borman和Motowidlo提出的绩效的二维模型最为大家接受，该模型从任务绩效和关系绩效两个维度来理解绩效[101]。任务绩效指的是个体应当承担的工作的完成情况和结果，与个体被规定的工作范围、个体的工作能力等有关；而关系绩效更多的指的是个体在工作范围之外的贡献程度，如人际关系促进等，受到个体的人格、态度等因素的影响。目前，已有学者在中国的文化背景下验证了绩效的二维模型，并证明了该模型在中国背景下依旧适用[102]。

8.4 数字人文类公众科学平台中任务绩效的影响因素研究

在研究情境下,由于设计的实验中的参与者均为单个参与者。因此,绩效更多的偏向于个体层面以及任务绩效维度,任务绩效是与个体的工作产出直接相关的,并且可以被直接评价[103]。因此,邀请古汉语专业的专家对参与者完成的众包抄录任务进行评价,并将评价结果作为参与者的任务绩效。

2. 任务复杂度对任务绩效的影响

已有大量文献在不同情境下探索了任务复杂度与任务绩效之间的关系,在总结前人研究的基础上,Liu 和 Li 将任务复杂性与任务绩效的关系归结为了 4 类[104]:

任务复杂度与任务绩效负相关。大多数任务复杂度的研究都支持任务复杂度与任务绩效之间的负相关关系。因为低复杂度的任务意味着较低的资源需求量,对认知、短期记忆、心理等方面的要求要低于高复杂度的任务[82],且有学者认为低复杂度的情况下,人们的决策和执行能力更加准确[105],因此,低复杂度任务的任务绩效一般会高于高复杂度任务的任务绩效。

任务复杂度与任务绩效正相关。部分学者在实证研究中发现,任务复杂度有可能会正向激励任务绩效的提高。比如在学习任务中,任务复杂度可以激发潜力,提高学习绩效[106];在一些重复性比较高的工作中,任务复杂度可以通过提高工作兴趣而提升任务绩效[107]。

任务复杂度对任务绩效的影响会受到其他因素的调节作用。在这种观点下,任务复杂度与任务绩效的关系会受到其他因素的调节与制约。

任务复杂度与任务绩效的关系呈倒 Y 形。有些学者认为,在一定阈值范围内,任务复杂度水平的增加会促进任务绩效的提升,但当任务复杂度水平超过任务执行者的能力范围之后,过高的任务复杂度反而会降低任务绩效[87]。

综上所述,任务复杂度的变化确实会影响任务绩效的高低。本书由于选取了资源需求量和子任务数量作为任务复杂度的两个测量维度,即任务复杂度水平越高的任务,对资源的需求越高,子任务的数量也越多,相应的,对任务执行者的能力和时间的要求也就越高;且选取的任务为数字人文类众包平台中的手稿抄录任务,该类任务本身具有一定的难度和挑战性,并非枯燥的重复性工作和学习任务,我们认为抄录任务中任务复杂度的增加对参与者的激励作用不大。因此,在上述分析的基础上提出如下假设:

H1:任务复杂度的高低会影响数字人文类众包抄录平台中的任务绩效,且随着任务复杂度的增高,任务绩效反而会降低。

3. 领域知识对任务绩效的影响

如前所述，现有关于领域知识的研究主要集中在信息检索领域。研究者对领域知识与检索策略、行为与结果之间的关系进行一系列的探索，并从不同的角度得到不同的结果。有学者认为，领域知识水平较高的检索者与领域知识水平较低的检索者相比，检索过程更高效，检索结果也更准确。但是在领域知识的作用机制方面，有些学者认为，领域知识水平高的检索者可以得到更多相关的检索结果，进而得到较好的搜索结果[94]；而有些学者则认为，领域知识水平高的检索者检索结果更好是因为领域知识可以帮助他们更好地区分相关与不相关的检索结果[108]；还有学者认为，领域知识水平高的检索者可以更好地寻求检索环境中的各类帮助，从而更顺畅地进行搜索过程[109]；除此之外，还有学者发现，领域知识水平高的检索者可利用更多的关键词进行检索，制定更加精确的检索式来找到想要的结果[110]。在学术信息搜索的情境下，Wu 等利用实验的方法，探索了领域知识与协同经验对协同学术信息搜寻行为的影响，研究结果发现，领域知识与协同经验均能提高群体的协同学术信息搜寻行为，且领域知识的影响要高于协同经验[111]。上述所有研究结果均显示，领域知识正向影响检索结果。然而，还有部分研究并没有发现领域知识与检索结果之间的显著关系。如有些学者发现，在检索经验一致的情况下，领域知识对检索结果的影响并不显著[99]。

综上所述，本书认为领域知识水平高的参与者完成的抄录任务绩效会更高。首先，领域知识水平高的参与者，其识别繁体字、阅读文言文的能力更强；其次，在抄录过程中遇到超越自身能力的困难时，领域知识水平高的参与者也可以更迅速、精确地找到与之相关的资料来完成抄录，并保证抄录的质量。基于上述分析提出了第二个假设：

H2：参与者领域知识的丰富度会影响数字人文类众包抄录平台中的任务绩效。

4. 任务复杂度与领域知识对任务绩效的交互影响

人们普遍认为，个体的绩效取决于任务特征（如复杂性和紧迫性）、任务执行者特征（如知识和技能）和环境特征（如噪声和温度）之间的相互作用[83]。在实验设计中，由于采取了准实验的研究方法，在自然的情况下进行实验处理，不会像实验室实验那样控制环境等无关变量，因此探究的是任务特征（任务复杂性）与任务执行者特征（领域知识）之间的相互作用对众包抄录任务的任务绩效的影响。如前所述，任务复杂度越高，其子任务数量就越多，对参与者认知等资源需求的要求也就越高；而领域知识水平较高的参与者，其获取相关资料的能力较强，因此面对任务复杂度较高的任务时，领域知识水平较高的参与者，其认知资源需求

8.4 数字人文类公众科学平台中任务绩效的影响因素研究

会低于领域知识水平较低的参与者。因此，研究假设，任务复杂度与领域知识间的交互作用会影响众包抄录中的任务绩效：

H3：任务复杂度与参与者领域知识，对数字人文类众包抄录平台中的任务绩效存在交互影响。

8.4.2 实验设计与步骤

1. 实验背景

实验设计依托于上海图书馆的盛宣怀档案抄录项目，该项目是我国目前较为典型的大型数字人文类众包抄录项目之一。选择该项目的理由如下：

(1) 丰富的史料资源。收藏于上海图书馆的盛宣怀档案收录了盛宣怀家族自1850年至1936年间共计17万余件的档案记录，档案内容涉及清朝末年至民国时期的政治、经济、社会、军事、外交、金融、贸易、教育等各个方面，史料类型涵盖日记、文稿、信札、电报、账册、电文、合同、章程等多种形式。由此，盛宣怀档案被誉为"中国私人档案第一藏"。

(2) 珍贵的历史价值。盛宣怀档案众包抄录项目对研究中国清末到近现代历史而言具有重要意义。盛宣怀 (1844~1916) 是清朝末年重要的政治家与企业家，曾参与过洋务运动、辛亥革命等重大历史事件。因而盛宣怀档案被视为研究"中国近代史的第一手史料宝库"，对该档案的抄录具有重要的历史价值。

(3) 完善的众包平台。由于盛宣怀档案存在着数量巨大、识别困难 (如手写繁体、字迹模糊、纸张损坏) 等问题，因此除了依靠有限的专业人员进行数字化之外，招募大量参与者进行众包抄录显得极为重要。为此，上海图书馆于2016年发布了一个线上众包抄录平台，并经过测试与修改，于2017年正式启动该在线平台 (平台见图 8.6)。该平台持续发布盛宣怀档案抄录任务，并支持专业人员与业余爱好者对盛宣怀档案进行在线抄录。

2. 变量设定

在实验研究中，较为常见的变量设置方式即为二分变量设置法，很多研究都采用 2×2 的实验组设计来探究两个自变量及其交互作用对因变量的影响[112,113]。在实验研究中，也将两个自变量——任务复杂度与领域知识，均设置为了二分变量，形成如图 8.9 所示的 2×2 实验组。

具体到单个变量的测定，研究将结合每个变量的内在特征与实际的抄录任务特征，来对具体变量进行测定。首先，在对任务复杂度的测定中，如前文所述，研究将采取子任务数量及完成任务所需的资源总量两个指标来衡量任务复杂度水平。子任务数量，反映到具体的众包抄录任务特征中，即为抄录任务中的图片数量。在盛宣怀档案众包抄录平台中，每一个抄录任务会提供不同数量的任务图片，数量在一到几十张不等，图 8.10 所示的抄录任务为信函抄录任务 (施亦爵致盛

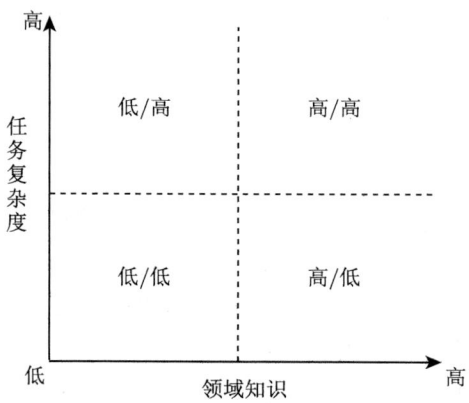

图 8.9　数字人文类众包抄录平台中任务绩效差异研究的实验组别

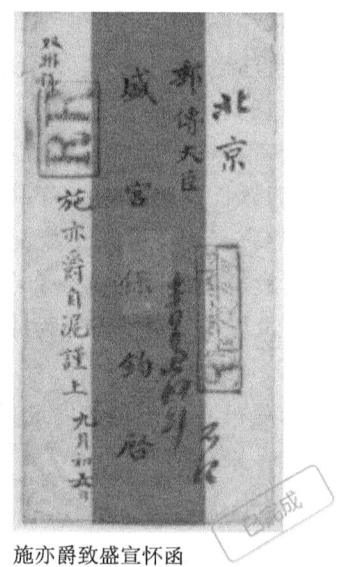

图 8.10　盛宣怀档案众包抄录平台中的抄录任务示例

宣怀函)，其中，"页数"表示的是该任务的任务图片张数，在该任务中，任务图片数量为 7 张。本次实验所选取的抄录任务的任务图片数量均在 10 张及以内。因此，任务图片数量多于 5 张即代表子任务数量较多，任务图片数量低于 5 张 (含 5 张) 的任务即为子任务数量较少的任务。

针对完成任务的资源需求量，由于完成盛宣怀档案的抄录任务需翻阅大量历史材料，以确定相应的地名与人名，同时，还需查找相应的字体资料 (如简繁体对应、楷书、行书、草书等不同字体的演变情况等)，以确保抄录内容的准确无误。该过程需要大量的注意力资源 (视听、认知、精神资源等)、身体心理资源及短期记忆资源的投入。因此认为，任务图片中字体为楷体且图片保存完好的抄录任务，在完成过程中所需的资源总量较少，与之相对的，任务图片字体为行书或草书且存在破损、模糊等问题的抄录任务，完成过程中的资源需求量较多。如图 8.11 所示的两张任务图片中，抄录左图所示的任务图片所需的资源总量明显少于抄录右图所示任务图片所需的资源总量。

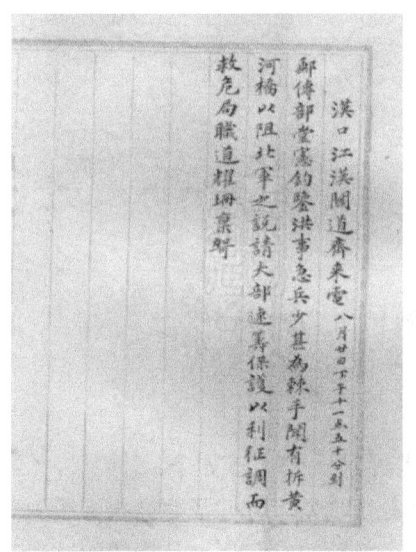 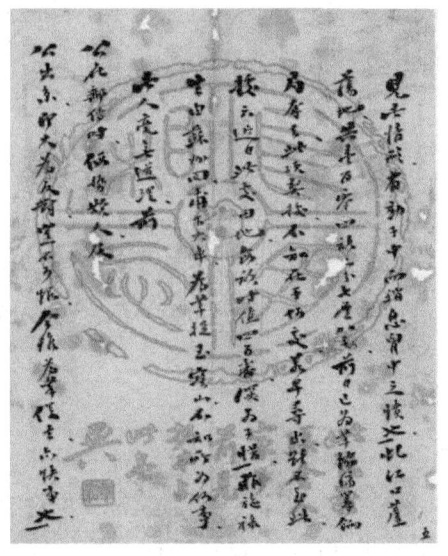

图 8.11　盛宣怀档案众包抄录平台中抄录任务图片示例

在对领域知识的测量中，涉及的领域知识主要包括历史背景和古汉语识别两方面的专业知识。在此基础上，设计了相应问卷来量化参与者的领域知识水平，问卷共包含 6 个问题，前 4 个问题测量的是参与者对盛宣怀及其时代背景等相关史实的了解水平，包括对清朝末年相关历史、洋务运动相关历史、辛亥革命相关历史以及盛宣怀本人生平的了解程度；后 2 个问题测量的是参与者对古汉语及文言文的了解程度，包括对古汉语中繁体字的识别能力和文言文的阅读理解能力。所有问题均通过李克科 5 级量表进行测量，分数越高，说明参与者对历史背景和古汉语的了解程度越高。在进行实验之前，参与者需先完成该问卷，报告其领域知识水平。根据参与者的自我报告情况，计算 6 个问题的平均分作为该参与者的领域知识水平。最后计算所有参与者的领域知识水平的平均分，并将领域知识水平高于平均分的参与者归为高领域知识水平组，领域知识水平低于平均分的参与者归为低领域知识水平组。

在对任务绩效的测量中，邀请了 3 位古汉语专业的专家，来对参与者提交的 40 个任务进行打分。3 位专家将根据任务的完成情况、抄录准确度等进行打分。专家将通过盛宣怀档案抄录平台进行评分，如图 8.12 所示，抄录基本无误为 5 星，记作 5 分；抄录错误率在 80% 以上为 1 星，记作 1 分。星数越多，分值越高，说明任务的绩效越高。

项目名称	任务题名	抄录人	导出时间	评分
【南大竞赛】盛宣怀档案抄录项目(16)	SD118680	l_a_n	2018-12-26 11:24:38	★★★★★

项目名称	任务题名	抄录人	导出时间	评分
【南大竞赛】盛宣怀档案抄录项目(23)	SD019583	Chiaoe95	2018-12-26 14:09:02	★★★★★

图 8.12　盛宣怀档案众包抄录平台中的任务评分界面

3. 实验步骤

数字人文类众包抄录平台中任务绩效差异的实验步骤如下：

(1) 实验对象招募。为招募本次实验的实验对象，通过张贴海报、线上宣传等方式，招募了 40 位对盛宣怀档案抄录项目感兴趣的参与者。其中，被试者来自不同专业，学历基本在本科及以上。在被试进行实验之前，先通过网络问卷测试被试者的领域知识水平。通过计算所有问项的平均分，得到被试者领域知识水平的最终得分。通过对领域知识水平得分进行平均分割，将 40 位被试分为高领域知识水平组与低领域知识水平组。每组均包括 20 位被试。

(2) 实验材料准备。从盛宣怀档案众包抄录平台中选取了任务图片数量与资源需求总量不同的 40 个任务。其中包括档案页数在 5 页及以下、字体为正楷体、保存完好的低复杂度任务 20 个,以及档案页数在 6~10 页、字体为草书或行书、纸张有破损的高复杂度任务 20 个。

(3) 实验任务分配。将 10 个低复杂度任务与 10 个高复杂度任务随机分配给高领域知识水平组的 20 位被试,同理,将剩余的 10 个低复杂度任务与 10 个高复杂度任务也随机分配给低领域知识水平组的 20 位被试。保证图 8.9 所示的每个组别中均包含 10 位被试。任务分配结束之后给予被试足够的时间进行任务抄录,直至被试者在平台上提交任务为止。

(4) 任务评估。在所有被试提交抄录任务之后,古汉语专业的 3 位专家将在平台中对被试提交的 40 个任务进行评估。专家们将根据被试的任务完成情况及抄录准确率进行打分。分值为 1~5 分,分数越高,任务的完成绩效越高。

(5) 数据分析。为探究任务复杂度与领域知识对任务绩效的影响,拟选取方差分析 (ANOVA) 的研究方法,即分别采取单因素方差分析 (one way ANOVA) 和双因素方差分析 (two way ANOVA) 的方法研究任务复杂度和领域知识对任务绩效的单独影响和交互影响。数据处理方面,采用 SPSS Statistics 19.0 软件中的 ANOVA 和 GLM 方法处理实验数据。

8.4.3 实验结果分析与讨论

1. 任务复杂度对任务绩效的影响分析

假设 1 探讨的是任务复杂度的高低对任务绩效的差异化影响。根据描述性统计分析的结果可知,本次实验的全部有效观察值为 40 个,包括 20 个低任务复杂度观察值与 20 个高任务复杂度观察值,且低任务复杂度组 (M=4.75, SD=0.444) 与高任务复杂度组 (M=2.90, SD=1.021) 的任务绩效均值存在明显差异。

为进一步检验不同任务复杂度水平之间的任务绩效是否有显著差异,采取单因素方差分析的方法来对实验结果进行分析。分析结果如表 8.21 所列。

表 8.21 不同任务复杂度下的任务绩效差异 ANOVA 摘要表

项目	平方和	df	均方	F	显著性
组间	34.225	1	34.225	55.225	0.000
组内	23.550	38	0.620		
总数	57.775	39			

由表 8.21 可知,不同任务复杂度组间的任务绩效得分差异具有统计学意义 ($F(1,38)=55.225$, $P < 0.001$)。为进一步探讨任务复杂度高低与任务绩效得分之间的关系,以任务复杂度为自变量、任务绩效均值为因变量绘制图 8.13 所示的柱

状图，由图 8.13 可知，低任务复杂度组的平均任务绩效 (M=4.75, SD=0.444) 明显高于高任务复杂度组的平均任务绩效 (M=2.90, SD=1.021)。即数字人文类众包抄录平台中任务的复杂度会影响任务绩效，且任务的复杂度较低时，完成任务的任务绩效比较高。

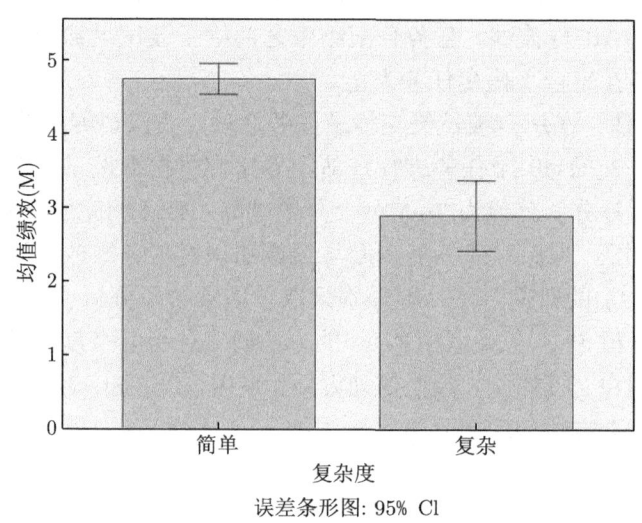

图 8.13 任务复杂度 (高/低)–任务绩效均值柱状图

2. 领域知识对任务绩效的影响分析

假设 2 探讨的是领域知识水平的高低对任务绩效的差异化影响。首先，由描述性统计分析的结果可知，实验的全部有效观察值为 40 个，包括 20 个高领域知识水平观察值与 20 个低领域知识水平观察值，且高领域知识水平组的平均任务绩效 (M=4.25, SD=0.91) 与低领域知识水平组的平均任务绩效 (M=3.40, SD=1.353) 之间也存在差异。

为进一步检验不同领域知识水平之间的任务绩效是否有显著差异，继续采用单因素方差分析的方法来分析实验结果。方差分析的结果如表 8.22 所列。

表 8.22 不同领域知识水平下的任务绩效差异 ANOVA 摘要表

项目	平方和	df	均方	F	显著性
组间	7.225	1	7.225	5.431	0.025
组内	50.550	38	1.330		
总数	57.775	39			

8.4 数字人文类公众科学平台中任务绩效的影响因素研究

由表 8.22 可知, 不同领域知识水平小组的组间任务绩效得分差异具有统计学意义 (F(1,38)=5.431, $P < 0.05$)。为进一步探讨领域知识水平高低与任务绩效得分之间的关系, 以领域知识水平为自变量、任务绩效均值为因变量绘制了如图 8.14 所示的条形图, 由图可知, 高领域知识水平组的平均任务绩效 (M=4.25, SD=0.91) 要高于低领域知识水平组的平均任务绩效 (M=3.40, SD=1.353)。即数字人文类众包抄录平台中参与者的领域知识水平会影响任务绩效, 且领域知识水平较高的参与者, 其完成任务的任务绩效比较高。

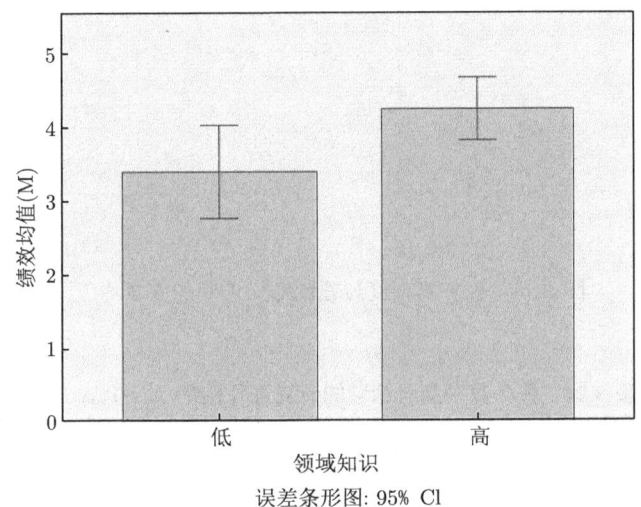

图 8.14　领域知识 (高/低)–任务绩效均值条形图

3. 任务复杂度和领域知识对任务绩效的交互作用分析

假设 3 探究的是任务的复杂度与参与者的领域知识水平, 是否会对任务绩效产生交互影响。在进行双因素方差分析之前, 首先需对自变量之间 (即任务复杂度与领域知识之间) 是否存在交互作用进行判断, 在进行统计检验之前, 可先通过任务复杂度与领域知识之间的变量均值图进行直观判断。具体如图 8.15 所示。

一般来说, 如果自变量均值图中的两条线平行, 则可以初步判定自变量之间不存在交互作用; 但如果两条线相交或者延长后可能相交, 则可认为自变量之间可能存在交互作用。如图 8.15 所示, 两张自变量均值图中的线均可能相交, 所以可以初步判定自变量——任务复杂度和领域知识之间, 很大程度存在交互作用。

虽然图 8.15 中展示了任务复杂度和领域知识之间的交互作用的直观结果, 但由于图形结果可能存在抽样误差,所以还需要通过统计检验来判断交互作用是否存在。因此,采用 SPSS Statistics 19.0 软件中的 GLM 方法,来对实验数据进行双因素方差分析,分析结果如表 8.23 所示。

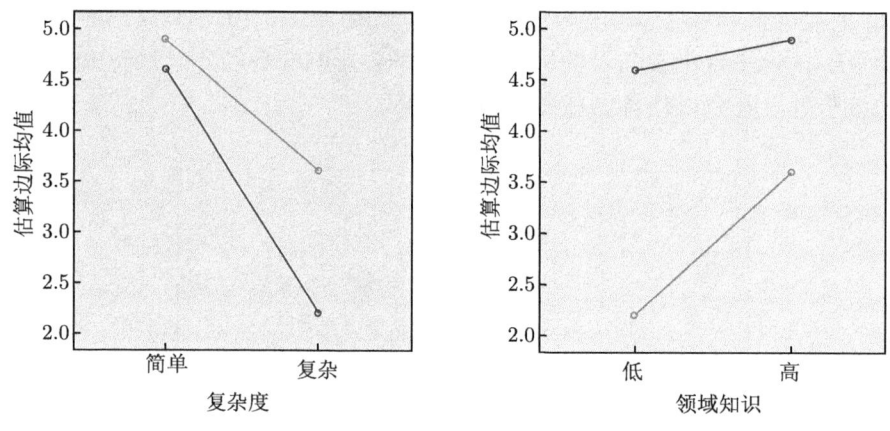

图 8.15　任务复杂度与领域知识之间的变量均值图

表 8.23　任务复杂度与领域知识交互作用的 ANOVA 摘要表

项目	df	SS	MS	F	Sig.	Partial Eta^2
任务复杂度	1	34.225	34.225	92.639	0.000	0.720
领域知识	1	7.225	7.225	19.556	0.000	0.352
任务复杂度与领域知识	1	3.025	3.025	8.188	0.007	0.185
误差	36	13.300	0.369			

由表 8.23 可知,任务复杂度与领域知识对任务绩效的交互作用显著 ($F(1,36)=8.188$, $P<0.01$, Partial Eta$^2=0.185$),即复杂度较低的任务的完成绩效要高于任务复杂度高的任务绩效,且这种差异在领域知识水平较低的参与者身上,比在领域知识水平较高的参与者身上表现得更明显;且高领域知识水平的参与者完成的任务绩效要高于低领域知识水平参与者的任务绩效,且这种差异在高任务复杂度组中,比在低任务复杂度组中表现得更加明显。假设 3 得以验证。且任务复杂度 ($F(1,36)=92.639$, $P<0.001$, Partial Eta$^2=0.720$) 和领域知识 ($F(1,36)=19.556$, $P<0.001$, Partial Eta$^2=0.352$) 的主效应均显著。进一步进行简单主效应分析,分析结果如表 8.24 所示。

表 8.24 不同实验组别的任务绩效均值表

类型		任务绩效		
		M	SD	N
低任务复杂度	高领域知识水平	4.90	.316	10
	低领域知识水平	4.60	.516	10
高任务复杂度	高领域知识水平	3.60	.843	10
	低领域知识水平	2.20	.632	10

由表 8.24 可知，就数字人文类众包抄录平台中的任务绩效而言，低任务复杂度–高领域知识水平 > 低任务复杂度–低领域知识水平 > 高任务复杂度–高领域知识水平 > 高任务复杂度–低领域知识水平。

4. 研究结论

利用准实验的研究方法，探究了在数字人文类众包抄录平台中，任务复杂度与领域知识及其交互作用对任务绩效的影响。研究结果发现：

任务复杂度会影响数字人文类众包抄录平台中的任务绩效，且两者之间为负相关的关系，即任务复杂度越高，任务绩效反而越低；

领域知识也会影响数字人文类众包抄录平台中的任务绩效。两者之间为正相关关系，即领域知识水平越高的参与者，任务绩效也会越高；

任务复杂度与领域知识之间的交互作用会对数字人文类众包抄录平台中的任务绩效产生影响。任务复杂度会影响领域知识与任务绩效之间的关系，在低任务复杂度水平下，领域知识对任务绩效的影响较小，而在高任务复杂度水平下，领域知识对任务绩效的影响非常大；领域知识也会影响任务复杂度与任务绩效之间的关系，对于高领域知识水平的参与者，任务复杂度对任务绩效的影响并不大，而对于低领域知识水平的参与者，不同任务复杂度水平下的任务绩效有较大差异。

8.5 本章小结

基于大众力量、群体智慧的公众科学作为一种新型的科研协作模式能够极大地促进数字人文研究的深化和突破。本章聚焦于公众科学在数字人文领域中的应用研究，分别从案例研究、志愿者参与动因研究和任务绩效研究 3 个方面展开。在案例研究部分，选取国外 4 个典型的数字人文领域公众科学项目进行分析，这 4 个项目在项目设计、项目运行管理和项目成果运用均呈现出可持续发展的态势，为公众科学在数字人文领域中的应用提供良好借鉴。在动因研究部分，从冷启动阶段和持续发展阶段探讨了志愿者的参与动因。在任务绩效研究部分，以国内具有代表性的数字人文类众包抄录平台——盛宣怀档案众包抄录项目为例,利用准实验的研究方法,探讨了不同任务复杂度和领域知识水平下,众包抄录任务的绩效差异。

参 考 文 献

[1] Zlodi G, Ivanjko T. Crowdsourcing digital cultural heritage[J]. The Future of Information Sciences, 2013: 199-207.

[2] Causer T, Terras M, Hildebrand M. Many hands make light work. Many hands together make merry work: Transcribe Bentham and Crowdsourcing Manuscript Collections[J]. Crowdsourcing Our Cultural Heritage, 2014: 57-88.

[3] Chrons O, Sundell S. Digitalkoot: making old archives accessible using crowdsourcing[C]// AAAI Conference on Human Computation. AAAI Press, 2011.

[4] Land-Zandstra A M, Devilee J L A, Snik F, et al. Citizen science on a smartphone: Participants' motivations and learning[J]. Public Understanding of Science, 2016, 25(1): 45-60.

[5] Simon N. The Participatory Museum[M]. Santa Cruz, California: Museum 2.0, 2010.

[6] Bonney R, Ballard H, Jordan R, et al. Public participation in scientific research: Defining the field and assessing its potential for informal science education. ACAISE inquiry group report[J]. Center for Advance of Information Science Education(CAISE), Washington, D.C, 2009.

[7] Oomen J, Aroyo L. Crowdsourcing in the cultural heritage domain: Opportunities and challenges[C]// Proceedings of the 5th International Conference on Communities and Technologies, Brisbane, Australia, 2011: 138-149.

[8] Dunn S, Hedges M. Crowd-sourcing scoping study. Engaging the crowd with humanities research[J/OL]. [2018-01-26].http://crowds.cerch.kcl.ac.uk/wp-content/uploads/2012/12/Crowdsourcing-connected-communities.pdf.

[9] Flanagan M, Punjasthitkul S, Seidman M, et al. Citizen archivists at play: Game design for gathering metadata for cultural heritage institutions[C]// Proceedings of DiGRA 2013: DeFragging Game Studies, Atlanta, GA, USA, 2013: 1-13.

[10] Ridge M. Playing with difficult objects: Game designs for crowdsourcing museum metadata[D]. London: City University London, 2011.

[11] Paraschakis D. Crowdsourcing cultural heritage metadata through social media gaming[D]. Malmö Högskola/teknik Och Samhälle, 2013.

[12] Bonney R, Cooper C B, Dickinson J, et al. Citizen science: a developing tool for expanding science knowledge and scientific literacy[J]. BioScience, 2009, 59(11): 977-984.

[13] Shirk J L, Ballard H L, Wilderman C C, et al. Public participation in scientific research: A framework for deliberate design[J]. Ecology & Society, 2012, 17(2):29-48.

[14] 牛毅冲, 赵宇翔, 朱庆华. 基于科研众包模式的公众科学项目运作机制初探——以 Evolution MegaLab 为例 [J]. 图书情报工作, 2017(1):5-13.

[15] Curtis V. Motivation to participate in an online citizen science game a study of foldit[J]. Science Communication, 2015, 23(6):967-974.

[16] 胡昭阳, 汤书昆. 众包科学: 网络时代公众参与科学的全新尝试——基于英国 "星系动物园" 众包科学组织与传播过程的讨论 [J]. 科普研究, 2015, 10(4): 12-34.

[17] 徐炜翰, 赵宇翔, 刘周颖. 面向众包平台的游戏化框架设计及元素探索 [J]. 图书情报知识, 2018(3):26-34.

[18] Chun S, Cherry R, Hiwiller D, et al. Steve.museum: An ongoing experiment in social tagging, folksonomy, and museums[C]// Proceedings of the Museums and the Web 2006, Albuquerque, New Mexico, 2006.

[19] 赵宇翔. 科研众包视角下公众科学项目刍议: 概念解析、模式探索及学科机遇 [J]. 中国图书馆学报, 2017, 43(5):42-56.

[20] 赵宇翔. 社会化媒体中用户生成内容的动因与激励设计研究 [D]. 南京: 南京大学, 2011.

[21] Zheng H C, Li D H, Hou W H. Task design, motivation, and participation in crowdsourcing contests[J]. International Journal of Electronic Commerce, 2011, 15(4):57-88.

[22] Kaufmann N, Schulze T, Veit D. More than fun and money. Worker motivation in crowdsourcing-a study on mechanical turk[C]//AMCIS. 2011, 11(2011): 1-11.

[23] Brabham D C. The myth of amateur crowds: A critical discourse analysis of crowdsourcing coverage[J]. Information, Communication & Society, 2012, 15(3): 394-410.

[24] Davis F D. Perceived usefulness, perceived ease of use, and user acceptance of information technology[J]. MIS quarterly, 1989: 319-340.

[25] Terras M. Crowdsourcing in the digital humanities[M]// A New Companion to Digital Humanities. John Wiley & Sons, Ltd, 2016.

[26] 刘炜, 叶鹰. 数字人文的技术体系与理论结构探讨 [J]. 中国图书馆学报, 2017, 43(5):32-41.

[27] Brumfield B. The collaborative future of amateur editions[EB/OL].[2017-9-20]. Collabora-

tive Manuscript Transcription Blog, 2013. http://manuscripttranscription.blogspot.co.uk/2013/07/the-collaborative-future-ofamateur.html.%20Accessed%2028th%20January%202014.

[28] Spindler R P. An evaluation of crowdsourcing and participatory archives projects for archival description and transcription[J]. Arizona State University Library, 2014.

[29] Parsons J, Lukyanenko R, Wiersma Y. Easier citizen science is better[J]. Nature, 2011, 471(7336):37.

[30] McKinley D. Design principles for crowdsourcing cultural heritage [EB/OL]. [2017-10-26]. http://nonprofitcrowd.org/crowdsourcing-design-principles/.

[31] Oosterman J, Nottamkandath A, Dijkshoorn C, et al. Crowdsourcing knowledge-intensive tasks in cultural heritage[C]//Proceedings of the 2014 ACM conference on Web science. ACM, 2014: 267-268.

[32] Kirman B. Emergence and playfulness in social games[C]//Proceedings of the 14th International Academic MindTrek Conference: Envisioning Future Media Environments. ACM, 2010: 71-77.

[33] Rotman D, Procita K, Hansen D, et al. Supporting content curation communities: The case of the encyclopedia of life[J]. Journal of the American Society for Information Science and Technology, 2012, 63(6): 1092-1107.

[34] Alam S L, Campbell J. Crowdsourcing motivations in a not-for-profit GLAM context: the Australian newspapers digitisation program[C]//ACIS 2012: Location, location, location: Proceedings of the 23rd Australasian Conference on Information Systems 2012. ACIS, 2012: 1-11.

[35] Tinati R, Kleek M V, Simperl E, et al. Designing for citizen data analysis:A cross-sectional case study of a multi-domain citizen science platform[C]// ACM Conference on Human Factors in Computing Systems. ACM, 2015:4069-4078.

[36] Deci E L, Ryan R M. Intrinsic motivation and self-determination in human behavior[M]. Springer US, 1985.

[37] Collins M A, Amabile T M. I5 motivation and creativity[J]. Handbook of creativity, 1999, 297: 1051-1057.

[38] Zhao Y C, Zhu Q. Effects of extrinsic and intrinsic motivation on participation in crowdsourcing contest[J]. Online Information Review, 2014, 38(7):896-917.

[39] Rotman D, Preece J, Hammock J, et al. Dynamic changes in motivation in collaborative

citizen science projects[J]. Pacific Railroad Surveys, 2012:217-226.

[40] Deterding S. The lens of intrinsic skill atoms: A method for gameful design[J]. Human-Computer Interaction, 2015, 30(3-4): 294-335.

[41] Ryan R M, Deci E L. Intrinsic and extrinsic motivations: Classic definitions and new directions[J]. Contemporary educational psychology, 2000, 25(1): 54-67.

[42] Tinati R, Luczak-Roesch M, Simperl E, et al. Motivations of citizen scientists: a quantitative investigation of forum participation[C]// ACM Conference on Web Science. ACM, 2014:295-296.

[43] Carletti L, Giannachi G, Price D, et al. Digital humanities and crowdsourcing: An exploration[C]. Museums and the Web, 2013.

[44] Mehrabian A, Russell J A. An approach to environmental psychology[M]. the MIT Press, 1974.

[45] Newman G, Zimmerman D, Crall A, et al. User-friendly web mapping: Lessons from a citizen science website[J]. International Journal of Geographical Information Science, 2010, 24(12): 1851-1869.

[46] 张健, 陈圣宾, 陈彬, 等. 公众科学: 整合科学研究、生态保护和公众参与 [J]. 生物多样性, 2013, 21(6):738-749.

[47] Preece J. Sociability and usability in online communities: Determining and measuring success[J]. Behaviour & Information Technology, 2001, 20(5): 347-356.

[48] Mäntymäki M, Islam A K M N. The janus face of facebook: Positive and negative sides of social networking site use[J]. Computers in Human Behavior, 2016, 61: 14-26.

[49] 赵宇翔, 张轩慧, 宋小康. 移动社交媒体环境下用户错失焦虑症 (FoMO) 的研究回顾与展望 [J]. 图书情报工作, 2017, 61(8):133-144.

[50] Valkenburg P M, Peter J. Internet communication and its relation to well-being: Identifying some underlying mechanisms[J]. Media Psychology, 2007, 9(1): 43-58.

[51] Zwass V. Co-creation: Toward a taxonomy and an integrated research perspective[J]. International journal of electronic commerce, 2010, 15(1): 11-48.

[52] Hackman J R, Oldham G R. Work redesign[M]. MA: Addison. Wesley, 1980: 79.

[53] Boudreau K J, Lacetera N, Lakhani K R. Incentives and problem uncertainty in innovation contests: An empirical analysis[J]. Management Science, 2011, 57(5):843-863.

[54] Chungyan G A. The nonlinear effects of job complexity and autonomy on job satisfaction, turnover, and psychological well-being.[J]. Journal of Occupational Health Psychology,

2010, 15(3):237-51.

[55] Sprinks J, Wardlaw J, Houghton R, et al. Task workflow design and its impact on performance and volunteers' subjective preference in Virtual Citizen Science[J]. International Journal of Human-Computer Studies, 2017, 104(C):50-63.

[56] Brabham D C. Moving the crowd at iStockphoto: The composition of the crowd and motivations for participation in a crowdsourcing application[J]. 2008, 13(6):236-238.

[57] Abowd G D, Dey A K, Brown P J, et al. Towards a better understanding of context and context-awareness[C]// International Symposium on Handheld and Ubiquitous Computing. Springer-Verlag, 1999:304-307.

[58] Borst W A M. Understanding crowdsourcing: Effects of motivation and rewards on participation and performance in voluntary online activities[J]. Ajn the American Journal of Nursing, 2010, 49(10):189-198.

[59] 常静, 杨建梅. 百度百科用户参与行为与参与动机关系的实证研究 [J]. 科学学研究, 2009, 27(8):1213-1219.

[60] Soliman W, Tuunainen V K. Understanding continued use of crowdsourcing systems: An interpretive study[J]. Journal of theoretical and applied electronic commerce research, 2015, 10(1): 1-18.

[61] Bhattacherjee A. Understanding information systems continuance: an expectation-confirmation model[J]. MIS quarterly, 2001: 351-370.

[62] 吴金红, 陈强, 鞠秀芳. 用户参与大数据众包活动的意愿和影响因素探究 [J]. 情报资料工作, 2014(3):74-79.

[63] Rotman D, Hammock J, Preece J J, et al. Does motivation in citizen science change with time and culture?[C]// Companion Publication of the, ACM Conference on Computer Supported Cooperative Work & Social Computing. ACM, 2014:229-232.

[64] 赵宇翔, 朱庆华. 感知示能性在社会化媒体后续采纳阶段的调节效应初探 [J]. 情报学报, 2013, 32(10):1099-1111.

[65] Lampe C, Wash R, Velasquez A, et al. Motivations to participate in online communities[C]// International Conference on Human Factors in Computing Systems, CHI 2010, Atlanta, Georgia, Usa, April. DBLP, 2010:1927-1936.

[66] Nov O. What motivates wikipedians?[J]. Communications of the ACM, 2007, 50(11): 60-64.

[67] Koh J, Kim Y G. Sense of virtual community: A conceptual framework and empirical

validation[J].International Journal of Electronic Commerce, 2003,8(2):75-94.

[68] Hamari J, Sjöklint M, Ukkonen A. The sharing economy: Why people participate in collaborative consumption[J]. Journal of the Association for Information Science and Technology, 2016,67(9):2047-2059.

[69] Tinati R, Luczak-Roesch M, Simperl E, et al. Because science is awesome: studying participation in a citizen science game[C]//Proceedings of the 8th ACM Conference on Web Science. ACM, 2016: 45-54.

[70] Weiss L. Modeling participation in citizen science: Recreational fishermen in Massachusetts[D]. University of Rhode Island, 2015.

[71] Nunnally J C, Bernstein I. Psychometric theory (3rd edn.)[M]. McGraw-Hill, New York, 1994.

[72] Fornell C, Larcker D F. Evaluating structural equation models with unobservable variables and measurement error.[J]. Journal of Marketing Research, 1981, 18(1):39-50.

[73] Podsakoff P M, Mackenzie S B, Lee J Y, et al. Common method biases in behavioral research: A critical review of the literature and recommended remedies.[J]. J Appl Psychol, 2003, 88(5):879-903.

[74] 侯杰泰. 结构方程模型及其应用 [M]. 北京: 经济科学出版社, 2004.

[75] Wang G, Netemyer R G. The effects of job autonomy, customer demandingness, and trait competitiveness on salesperson learning, self-efficacy, and performance[J]. Journal of the Academy of Marketing Science, 2002, 30(3):217-228.

[76] Glaser B G, Strauss A L. The discovery of grounded theory: Strategies for qualitative research[M].Chicago, IL, US: Aldine Publishing Company, 1967.

[77] Strauss A L. Qualitative analysis for social scientists [M]. Cambridge: Cambridge University Press,1987.

[78] 陈向明. 扎根理论的思路和方法 [J]. 教育研究与实验, 1999(4):58-64.

[79] 李舒欣, 赵宇翔. 新媒体环境下数字移民的媒介素养探索: 基于智能手机应用的扎根分析 [J]. 图书情报工作, 2016, 60(17): 94-102.

[80] 吴聪, 赵宇翔, 朱庆华. 基于任务展示示能性的众筹项目视频分析——以众筹网为例 [J]. 数据分析与知识发现, 2017, 1(10): 64-76.

[81] Campbell D J. Task complexity: A review and analysis [J]. Academy of management review, 1988, 13(1): 40-52.

[82] Jacko J A, Ward K G. Toward establishing a link between psychomotor task complexity

and human information processing[J]. Computers & Industrial Engineering, 1996, 31(1-2):533-536.

[83] Liu P, Li Z. Task complexity: A review and conceptualization framework [J]. International Journal of Industrial Ergonomics, 2012, 42(6): 553-568.

[84] McCracken J H, Aldrich T B. Analyses of selected LHX mission functions: Implications for operator workload and system automation goals[R]. Anacapa Sciences Inc Fort Ruckeral, 1984.

[85] Vande Ven, Ferry. Measuring and assessing organizations [M]. New York: Wiley, 1980.

[86] Brown T M, Miller C E. Communication networks in task-performing groups: Effects of task complexity, time pressure, and interpersonal dominance [J]. Small Group Research, 2000, 31(2):131-157.

[87] Wood R E. Task complexity: Definition of the construct [J]. Organizational Behavior & Human Decision Processes, 1986, 37(1):60-82.

[88] Zhang Y, Li Z, Wu B, et al. A spaceflight operation complexity measure and its experimental validation [J]. International Journal of Industrial Ergonomics, 2009, 39(5):756-765.

[89] Schwab D P, Cummings L L. A theoretical analysis of the impact of task scope on employee performance.[J]. Academy of Management Review, 1976, 1(2):23-35.

[90] Ham D H, Park J, Jung W. Model-based identification and use of task complexity factors of human integrated systems[J]. Reliability Engineering & System Safety, 2012, 100(none):33-47.

[91] Chiesi H L, Spilich G J, Voss J F. Acquisition of domain-related information in relation to high and low domain knowledge[J]. Journal of Verbal Learning and Verbal Behavior, 1979, 18(3):257-273.

[92] Polanyi M. The Tacit Dimension[M]. New York: Doubleday, 1966.

[93] Wildemuth B M. The effects of domain knowledge on search tactic formulation[J]. Journal of the Association for Information Science & Technology, 2004, 55(3).

[94] Hoelscher C, Strube G. Web search behavior of Internet experts and newbies[J]. Computer Networks, 2000, 33(1-6):337-346.

[95] Vakkari P, Pennanen M, Serola S. Changes of search terms and tactics while writing a research proposal: A longitudinal case study[J]. Information Processing & Management, 2003, 39(3):445-463.

[96] De Bliek R, Friedman C P, Wildemuth B M, et al. Information retrieved from a database

and the augmentation of personal knowledge[J]. Journal of the American Medical Informatics Association, 1994, 1(4):328-338.

[97] Hsieh-Yee I. Effects of search experience and subject knowledge on the search tactics of novice and experienced searchers[J]. Journal of the Association for Information Science & Technology, 1993, 44(3):161-174.

[98] Jensen M C, Murphy K J. Performance pay and top-management incentives[J]. Journal of Political Economy, 1990, 98(2):225-264.

[99] Campbell J P. An overview of the army selection and classification project (Project A)[J]. Personnel Psychology, 1990, 43(2):231-239.

[100] Borman W C, Motowidlo S J. Expanding the criterion domain to include elements of contextual performance[C]. In N. Schmitt, W. C. Borman & Associates (Eds.), Personnel selection in organizations. San Francisco: Jossey-Bass, 1993, 22-27.

[101] Borman W C, Motowidlo S J. Task performance and contextual performance: The meaning for personnel selection research[J]. Human Performance, 1997, 10(2):99-109.

[102] 王辉, 李晓轩, 罗胜强. 任务绩效与情境绩效二因素绩效模型的验证 [J]. 中国管理科学, 2003, (4):79-84.

[103] 薛金红. 领导-成员交换与组织公民行为及任务绩效关系的实证研究 [D]. 上海: 上海交通大学, 2011.

[104] Liu P, Li Z. Toward understanding the relationship between task complexity and task performance.[C]// International Conference on Internationalization. Springer-Verlag, 2011.

[105] Jacko J A, Salvendy G, Koubek R J. Modelling of menu design in computerized work[J]. Interacting with Computers, 1995, 7(3):304-330.

[106] Mascha M F. The effect of task complexity and expert system type on the acquisition of procedural knowledge: Some new evidence[J]. International Journal of Accounting Information Systems, 2001, 2: 103–124.

[107] Pepinsky P N, Pepinsky H B, Pavlik W B. The effects of task complexity and time pressure upon team productivity.[J]. Journal of Applied Psychology, 1960, 44(1):34-38.

[108] Tabatabai D, Shore B M. How experts and novices search the Web[J]. Library & Information Science Research, 2005, 27(2):222-248.

[109] Xie I, Cool C. Understanding help seeking within the context of searching digital libraries[J]. Journal of the American Society for Information Science and Technology, 2009, 60(3):477-494.

[110] Allen, Bryce. Topic knowledge and online catalog search formulation[J]. The Library Quarterly, 1991, 61(2):188-213.

[111] Wu D, Liang S, Xiang X. The impacts of mutual collaboration experience and domain knowledge levels on CAIS behavior: An experimental study[J]. International Journal of Libraries and Information Services, 2017, 67(1): 51-64.

[112] Jung W, Olfman L, Ryan T, et al. An experimental study of the effects of contextual data quality and task complexity on decision performance[C]// IRI -2005 IEEE International Conference on Information Reuse and Integration, Conf, 2005. IEEE, 2005.

[113] Fehrenbacher D D, Palit I. A quasi-experimental analysis on the influence of satisfaction and complexity on information quality outcomes[J]. Journal of Information Systems, 2013, 27(2):65-86.

附 录 A

A1 公众科学项目中参与者知识获取行为的影响因素调研

亲爱的朋友：

您好！非常感谢您百忙中抽空参与本次调研！

本问卷不记姓名，您的回答没有对错之分，且调研结果将受到严格保密，仅供学术研究使用，请您放心如实填写。

在回答本问卷之前，请您确保自己参与过公众科学项目：公众科学项目是指将科学爱好者、公众志愿参与者等非专业科研人员的社会公众力量引入到科学研究中的新型科研活动组织形式，参与者承担的工作可能涉及科学信息的采集、处理、分析等多个方面。

目前国内典型的公众科学项目有上海图书馆组织开展的盛宣怀档案抄录项目、中国山水自然保护中心组织开展的中国自然观察、中国观鸟记录中心组织开展的观鸟记录等，如图 A1~图 A3 所示。

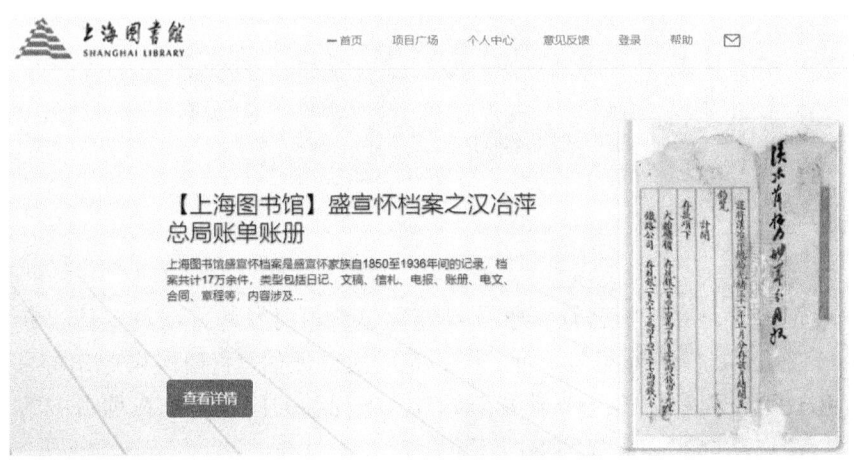

图 A1 盛宣怀档案抄录项目

图 A2　中国自然观察项目

图 A3　观鸟记录项目

一般情况下，完整的公众科学项目流程包含项目发起、项目宣传、参与者招募、参与者培训、任务分配与执行、任务完成质量评估、科研成果产出等环节。您可能经历过这一流程中的一个或多个环节，本问卷的问题与您在项目中的参与经历有关，请您结合实际情况回答即可。

温馨提示：

请您仔细阅读所有问题题干，这将提高您作答的效率与质量；

答案没有对错之分，请您根据自己的情况如实作答。

第一部分　知识获取途径

当您在参与公众科学项目的过程中遇到问题时，可能需要通过一些途径来获取知识以解决问题。请依据您在项目中进行知识获取的行为经历，并结合您的自身情况，回答以下问题：

1、在参与公众科学项目的过程中，您主要通过哪些途径来获取与项目有关的科学知识？[多选题] *

□ 搜索引擎查询 (如百度、谷歌等)
□ 学术资源平台检索 (如知网、万方、WoS 等)
□ 知识问答社区 (如知乎、百度知道等)
□ 阅读相关书籍、报刊等资料
□ 阅读项目相关资料 (项目介绍、宣传材料等)
□ 询问项目发起方或组织者
□ 询问项目内的其他参与者
□ 询问项目外的其他人员 (如老师、家人、同学、同事等)
□ 其他 (请填写) _____ *

2、在参与公众科学项目的过程中，您主要通过哪些途径来学习完成项目任务所需要的操作方法或研究方法 (如信息采集、信息分析、信息处理等方法)？[多选题] *

□ 搜索引擎查询 (如百度、谷歌等)
□ 学术资源平台检索 (如知网、万方、WoS 等)
□ 知识问答社区 (如知乎、百度知道等)
□ 阅读相关书籍、报刊等资料
□ 阅读项目相关资料 (项目介绍、宣传材料等)
□ 询问项目发起方或组织者
□ 询问项目内的其他参与者
□ 询问项目外的其他人员 (如老师、家人、同学、同事等)
□ 其他 (请填写) _____ *

3、请选出您认为在参与公众科学项目的过程中，最能高效获取到您所需要的知识的途径：[多选题] *

□ 搜索引擎查询 (如百度、谷歌等)

☐ 学术资源平台检索 (如知网、万方、WoS 等)
☐ 知识问答社区 (如知乎、百度知道等)
☐ 阅读相关书籍、报刊等资料
☐ 阅读项目相关资料 (项目介绍、宣传材料等)
☐ 询问项目发起方或组织者
☐ 询问项目内的其他参与者
☐ 询问项目外的其他人员 (如老师、家人、同学、同事等)
☐ 其他 (请填写) _____ *

第二部分　个体因素测量

请依据您在公众科学项目中进行知识获取的行为经历，并结合您自身情况，回答以下问题：

(1) 内在兴趣 [矩阵单选题] *

	非常不同意	不同意	不确定	同意	非常同意
我常常因为个人兴趣而主动获取知识	○	○	○	○	○
我常常因为个人兴趣而主动学习新的方法或技能	○	○	○	○	○
我常常因为个人兴趣而主动参与能够使我获取到新知识的活动	○	○	○	○	○

(2) 自我提升需求 [矩阵单选题] *

	非常不同意	不同意	不确定	同意	非常同意
通常情况下，我获取知识是为了提升我的科学文化素养	○	○	○	○	○
通常情况下，我获取知识是为了提升我的学习或工作能力	○	○	○	○	○
通常情况下，我获取知识是为了保持我在学习或工作方面的优势	○	○	○	○	○

(3) 自我效能感 [矩阵单选题] *

	非常不同意	不同意	不确定	同意	非常同意
我有信心完成我在公众科学项目中承担的任务	○	○	○	○	○
我认为我有能力获取任务中所需要的知识	○	○	○	○	○
在任务中遇到困难无法解决时，我常常通过主动学习新知识或求助他人等多种方式来确保问题能够被解决	○	○	○	○	○

(4) 信息素养 [矩阵单选题] *

	非常不同意	不同意	不确定	同意	非常同意
我认为我能够熟练运用计算机等信息技术工具	○	○	○	○	○
在查询信息时，我能够将知识需求转化为明确的查询概念	○	○	○	○	○
在查询信息时，我能够通过设计检索式、修改查询条件等方式来提高查询结果的匹配度	○	○	○	○	○
在查询信息时，我很容易判断出哪些查询结果符合我的需求	○	○	○	○	○
在查询信息时，我很容易从查询结果中过滤掉我不需要的信息	○	○	○	○	○

(5) 利他主义 [矩阵单选题] *

	非常不同意	不同意	不确定	同意	非常同意
在完成项目任务时，我主动学习相关科学知识或科研方法是为了更好地为项目做出贡献	○	○	○	○	○
在完成项目任务时，我主动学习相关科学知识或科研方法是为了更好地帮助其他团队成员解决问题	○	○	○	○	○
我认为主动分享知识可以帮助其他项目中的成员更好地完成任务	○	○	○	○	○
在完成项目任务时，我主动学习相关科学知识或科研方法是为了多做一些对社会有意义的事情	○	○	○	○	○

第三部分 群体因素测量

请依据您在公众科学项目中进行知识获取的行为经历，并结合您与其他个人或群体的知识交流或共享等行为，根据实际情况回答以下问题：

(1) 个体与群体间交流互动行为 [矩阵单选题] *

	非常不同意	不同意	不确定	同意	非常同意
我很容易找到和我参与了同一个公众科学项目的人	○	○	○	○	○
在完成项目任务过程中，我经常与他人交流讨论与项目相关的知识或问题	○	○	○	○	○
与其他个体或群体进行交流沟通，可以激发我对项目所涉及的科学知识或科研方法的兴趣	○	○	○	○	○
与其他个体或群体进行交流沟通，可以使我获取到新知识或技能	○	○	○	○	○

(2) 平台社区氛围活跃度

部分公众科学项目会为参与者提供论坛、讨论区、QQ/微信群等可与他人进行讨论、交流的平台或社区,请依据您所参与的项目的实际情况,回答以下问题。[矩阵单选题] *

	非常不同意	不同意	不确定	同意	非常同意
我所参与的公众科学项目为我提供了可与他人进行知识交流、共享的平台或社区	○	○	○	○	○
我所参与的公众科学项目中,平台或社区中的用户交流氛围很活跃	○	○	○	○	○
我所参与的公众科学项目中,平台或社区中的信息更新频率很高	○	○	○	○	○

第四部分　外部资源及环境因素测量

请依据您在公众科学项目中进行知识获取的行为经历,并结合外部资源或环境因素对您的影响,根据实际情况回答以下问题:

(1) 技术或资源环境 [矩阵单选题] *

	非常不同意	不同意	不确定	同意	非常同意
我平常查询信息时,使用的计算机、网络等技术条件通常较好	○	○	○	○	○
我所使用的搜索引擎、学术资源平台等知识查询平台使用起来很容易	○	○	○	○	○
我所使用的搜索引擎、学术资源平台等知识查询平台使用起来很方便	○	○	○	○	○
我很容易获取到我需要的书籍、刊物的纸质版或电子版	○	○	○	○	○
我很方便获取到我需要的书籍、刊物的纸质版或电子版	○	○	○	○	○

(2) 项目培训机制

项目培训是指项目发起方对您进行相关科学知识、科研任务执行方法 (平台使用方法、信息采集、处理方法等) 的培训,或就具体任务背景及任务执行方法等向您进行说明的过程。[矩阵单选题] *

	非常不同意	不同意	不确定	同意	非常同意
项目培训可以帮助我了解更多与项目有关的背景知识	○	○	○	○	○

	非常不同意	不同意	不确定	同意	非常同意
项目培训使我了解了科研活动的开展流程	○	○	○	○	○
项目培训使我学习到了很多科研方法 (如信息采集、信息处理、信息分析方法等)	○	○	○	○	○
项目培训使我学习到了很多获取知识的途径与方法	○	○	○	○	○

(3) 项目激励机制

项目激励机制是指项目发起方为参与者设置的物质奖励、任务完成积分、打赏、授予荣誉等激励措施，请结合您所参与的项目的实际情况，回答以下问题。[矩阵单选题] *

	非常不同意	不同意	不确定	同意	非常同意
我所参与的项目有较完善的激励机制 (物质奖励、任务积分或打赏等)	○	○	○	○	○
我所参与的项目中，任务完成得更多、更好的参与者能够获得更多激励	○	○	○	○	○
我所参与的项目中，任务完成得更多、更好的参与者能够获得更多荣誉和别人的尊重	○	○	○	○	○

(4) 项目科研成果

在公众科学项目进行过程中或项目结项时，通常会以科研论文、科研报告、书籍刊物出版、发布通告等形式产出科研成果，请结合您对项目科研成果的态度或预期，回答以下问题。[矩阵单选题] *

	非常不同意	不同意	不确定	同意	非常同意
我会关注我所参与的项目产出的科研成果	○	○	○	○	○
我认为我能够从科研成果中学到新的科学知识	○	○	○	○	○
我认为我能够从科研成果中学到系统的科学研究方法 (如信息采集、信息处理、信息分析方法等)	○	○	○	○	○
我认为我能够通过科研成果了解科研活动的整体流程	○	○	○	○	○
我认为科研成果能够帮助我提升对日常生活中一些现象或事物的科学认知	○	○	○	○	○

第五部分　知识获取动机、知识获取效率与质量关系因素测量

请依据您在公众科学项目中进行知识获取的行为经历，根据实际情况回答以下问题：

(1) 知识获取动机 [矩阵单选题] *

	非常不同意	不同意	不确定	同意	非常同意
在参与公众科学项目的过程中，我常常想要获取知识	○	○	○	○	○
在参与公众科学项目的过程中，我乐于接受新知识	○	○	○	○	○
在遇到问题时，我常常有明确的知识查询需求	○	○	○	○	○

(2) 知识获取效率与质量 [矩阵单选题] *

	非常不同意	不同意	不确定	同意	非常同意
搜寻信息时，我常常能快速获取到知识	○	○	○	○	○
通常情况下，我所获取的知识正符合我的需求	○	○	○	○	○
通常情况下，我所获取的知识能够解决我的问题	○	○	○	○	○

第六部分　知识获取因素测量

请依据您在公众科学项目中进行知识获取的行为经历，回想您通过参与项目所获得的新知识、新技能等，根据实际情况回答以下问题：

知识获取测量 [矩阵单选题] *

	非常不同意	不同意	不确定	同意	非常同意
通过参与公众科学项目，我获取与项目研究课题相关的知识	○	○	○	○	○
通过参与公众科学项目，我了解科研活动的开展流程	○	○	○	○	○
通过参与公众科学项目，我了解一些科研方法 (如信息采集、信息处理、信息分析方法等)	○	○	○	○	○
通过参与公众科学项目，我学习到更多获取知识的途径或方法	○	○	○	○	○
通过参与公众科学项目，我搜集、查询知识的能力有所提升	○	○	○	○	○
通过参与公众科学项目，提升我对日常生活中一些现象或事物的科学认知	○	○	○	○	○

第七部分　基本信息

请填写您的个人基本信息：

1、您的性别：[单选题] *
○ 男　　○ 女

2、您的年龄段：[单选题] *
○ 18 岁以下　○ 18～25 岁　○ 26～30 岁　○ 31～40 岁　○ 41～50 岁　○ 51～60 岁　○ 60 岁以上

3、您目前已获得或正在攻读的最高学历：[单选题] *
○ 高中及以下　○ 专科　○ 本科　○ 硕士　○ 博士

4、您参与过的公众科学项目数量：[单选题] *
○ 1 个　○ 2～5 个　○ 5 个以上

A2　数字人文类公众科学项目的志愿者参与动因调研

亲爱的参与者：

您好！

非常感激您参与这次问卷调研。您的回答将有助于我们更好地理解和改进数字人文类公众科学的项目运作与管理机制。

我们想了解您对数字人文类公众科学项目的参与意愿。在开始回答之前，首先请您阅读数字人文类公众科学项目的简要概述，然后根据我们所提供的案例描述回答问卷。

衷心感谢您对本次调研活动的参与！同时请您放心，本次调研收集到的数据和信息将仅供研究使用，我们会为您的个人信息严格保密。如果您有任何疑问，可以通过电子邮件联系我们。

第一部分：基本介绍

公众科学（citizen science）是由业余人员与专业研究员共同参与科学研究的社会化协作活动，强调大众的力量、群体的智慧。数字人文类公众科学项目，简单来说就是基于公众的参与，在计算机、网络、多媒体等技术支撑下开展人文研究。已有的成功项目，例如：菜单上有什么？(What's on the menus?)(http://menus.nypl.org/)：对历史餐馆的菜单进行抄录，从而研究过去人的饮食偏好（图 A4）；旧时

图 A4　菜单上有什么项目平台

附 录 A

天气 (Old Weather) 项目 (https://www.oldweather.org/index.html)：对 19 世纪的《航海日志》中的天气信息进行标注，从而研究全球气候的变化等（图 A5）。目前，我国也开始重视相关研究，如由上海图书馆发起的盛宣怀档案抄录项目 (http://zb.library.sh.cn/) 是对盛宣怀家族自 1850 年至 1936 年的档案记录进行数字化抄录（图 A6）。类似的这些项目有助于人文资料在数字环境中的保存、展示及传播，从而进一步挖掘其价值。

https://www.oldweather.org/index.html

图 A5　旧时天气项目平台

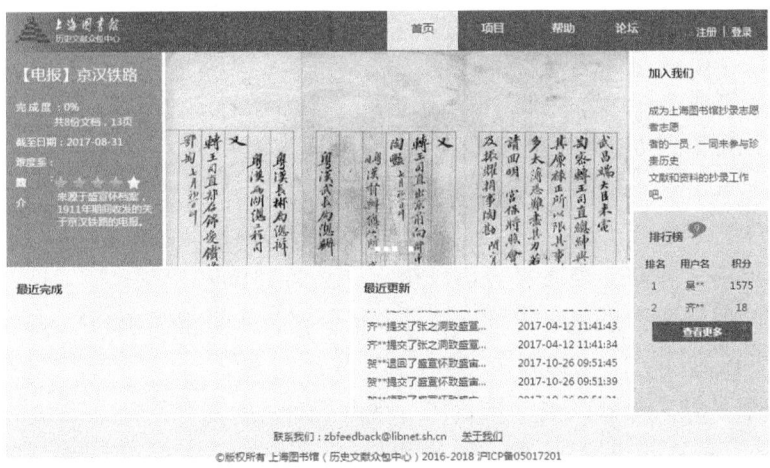

http://zb.library.sh.cn/

图 A6　盛宣怀档案抄录众包项目平台

如果您有时间了解数字人文类公众科学项目的平台和任务展示，请点击上述网址，浏览和操作后回答下列问题；如果您没时间进行详细了解，请根据我们的介绍回答下列问题。

第二部分：个人信息

1. 您的性别：
○ 男　○ 女

2. 您的年龄：
○ 18 岁以下　○ 18~25 岁　○ 26~30 岁　○ 31~40 岁　○ 41~50 岁
○ 50 岁以上

3. 您从事的职业：
○ 全日制学生　　○ 生产人员　　　　○ 销售人员　　○ 市场／公关人员
○ 客服人员　　　○ 行政／后勤人员　○ 人力资源　　○ 财务／审计人员
○ 文职／办事人员 ○ 技术／研发人员　○ 管理人员　　○ 教师
○ 顾问/咨询　　　○ 专业人士 (如会计师、律师、建 ○ 其他
　　　　　　　　　　筑师、医护人员、记者等)

4. 您的学历：
○ 高中及以下　○ 大专　○ 本科　○ 硕士　○ 博士

第三部分：问卷正文

问卷共包括 26 小题，我们想了解您对于数字人文类公众科学项目的参与意愿和动因。从 1 到 5，同意程度逐步加深。

以下展示了三个数字人文类公众科学平台，请您根据自己的初步了解作答 1~5 题。如果您想进一步了解，请点击图片下面的网站链接。
(注：请忽略语言障碍，外文平台已经给出相应的翻译)

1. 学习如何使用数字人文类公众科学平台对我来说很简单。
完全不同意　○1○2○3○4○5　完全同意

2. 在数字人文类公众科学平台进行交互操作 (如领取任务、提交数据等) 很简单。
完全不同意　○1○2○3○4○5　完全同意

3. 通过数字人文类公众科学平台，我可以很方便地与其他志愿者交流。

完全不同意 ○1○2○3○4○5 完全同意

4. 通过数字人文类公众科学平台，我可以认识更多志同道合的朋友。

完全不同意 ○1○2○3○4○5 完全同意

5. 总的来说，我认为数字人文类公众科学平台有较好的社交性。

完全不同意 ○1○2○3○4○5 完全同意

以下展示了数字人文类公众科学项目的任务领取界面，请根据您的初步了解作答 6~12 题。如果您想进一步了解，请点击图片下面的网站链接。

(注：请忽略语言障碍)

图 A7 是 1965 年美国某个餐厅的酒水餐单，参与者可以选择某个菜品，并对其名称及价格进行数字化抄录。

http://menus.nypl.org/

图 A7 菜单上有什么项目界面

图 A8 是旧时天气项目中的任务界面，页面显示了不同时间出海的船只，参与者可以选择任意的船只航线，对该航线的《航海日志》进行抄录。

https://www.oldweather.org/

图 A8　旧时天气项目界面

图 A9 是盛宣怀档案抄录项目的任务领取界面以及任务抄录界面。

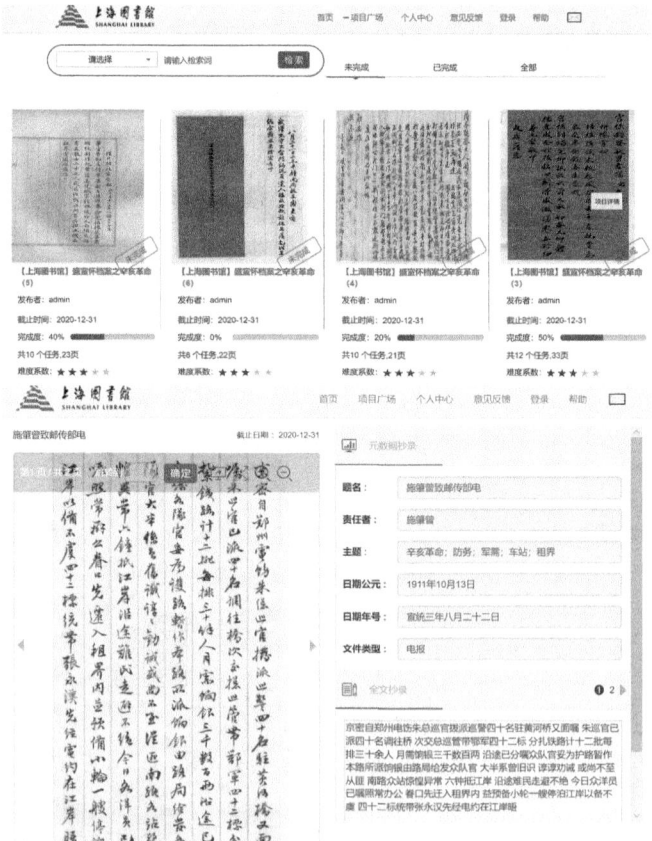

http://zb.library.sh.cn/

图 A9　盛宣怀档案抄录众包项目界面

6. 我可以自由决定何时执行数字人文类公众科学任务。

完全不同意 ○1 ○2 ○3 ○4 ○5 完全同意

7. 我有较多的自由按自己的能力去选择相关任务。

完全不同意 ○1 ○2 ○3 ○4 ○5 完全同意

8. 数字人文类公众科学任务很有趣。

完全不同意 ○1 ○2 ○3 ○4 ○5 完全同意

9. 数字人文类公众科学任务是吸引人的。

完全不同意 ○1 ○2 ○3 ○4 ○5 完全同意

10. 数字人文类公众科学任务包含丰富的历史人文信息。

完全不同意 ○1 ○2 ○3 ○4 ○5 完全同意

11. 数字人文类公众科学任务提供了较为全面的背景信息。

完全不同意 ○1 ○2 ○3 ○4 ○5 完全同意

12. 参与数字人文类公众科学任务会有情境代入感。

完全不同意 ○1 ○2 ○3 ○4 ○5 完全同意

请根据您对数字人文类公众科学项目的初步认知作答 13~26 题。(注：请忽略语言障碍)

13. 参与数字人文类公众科学项目可以丰富我的业余生活。

完全不同意 ○1 ○2 ○3 ○4 ○5 完全同意

14. 参与数字人文类公众科学项目可以提升我对历史文化的了解。

完全不同意 ○1 ○2 ○3 ○4 ○5 完全同意

15. 我对于自己能完成数字人文类公众科学任务很自信。

完全不同意 ○1 ○2 ○3 ○4 ○5 完全同意

16. 我认为我能有效地完成数字人文类公众科学任务。

完全不同意 ○1 ○2 ○3 ○4 ○5 完全同意

17. 我对于自己执行任务的质量有信心。

完全不同意 ○1 ○2 ○3 ○4 ○5 完全同意

18. 我会成为数字人文类公众科学虚拟社区中的一员。

完全不同意 ○1 ○2 ○3 ○4 ○5 完全同意

19. 参与数字人文类公众科学项目会给我带来归属感。

完全不同意 ○1 ○2 ○3 ○4 ○5 完全同意

20. 数字人文类公众科学项目让我充满好奇且乐于尝试。

完全不同意 ○1 ○2 ○3 ○4 ○5 完全同意

21. 参与数字人文类公众科学项目是件有意思的事。

完全不同意 ○1 ○2 ○3 ○4 ○5 完全同意

22. 参与数字人文类公众科学项目是一件很有意义的事。

完全不同意 ○1 ○2 ○3 ○4 ○5 完全同意

23. 能为人文历史的研究做出贡献我觉得非常荣幸。

完全不同意 ○1 ○2 ○3 ○4 ○5 完全同意

24. 我有责任为人文历史的研究与传播尽一份力。

完全不同意 ○1 ○2 ○3 ○4 ○5 完全同意

25. 如果有时间，我打算参与数字人文类公众科学项目。

完全不同意 ○1 ○2 ○3 ○4 ○5 完全同意

26. 未来我会尝试参与数字人文类公众科学项目。

完全不同意 ○1 ○2 ○3 ○4 ○5 完全同意

索　引

A

案例分析　41

C

参与动因　179
草根导向型　49
层次分析法　76
持续参与　195
刺激–有机体–反应模型　185

D

第三方机构　29

F

发包方　29
分类体系　30

G

公众科学　1
公众科学案例　3
公众科学家　2

J

接包方　29
结构方程模型　160

K

科研众包　44

L

冷启动　187
理论体系　22
领域知识　202

P

匹配理论　65
平台　29
平台游戏化　87
评价指标体系　71

R

任务反馈　32
任务匹配　66
任务驱动　45
任务设计　64

S

盛宣怀档案抄录项目　195
数据质量控制　144
数字人文　169
数字人文类公众科学项目　170

W

文化遗产机构　169

X

行动者网络理论　52

Y

异质行动者　55
游戏化框架　88
游戏化设计　71
游戏化元素　95
运作模式　39

Z

扎根理论　196
知识发现　139
知识获取　147
志愿者参与　31
志愿者信任　110
众包　6
主体要素　27
专家导向型　47
专项型平台　91
综合型平台　94

其他

Kano 模型　95
Science 2.0　7

后 记

　　Web 2.0 的发展使得信息传播变得简单而迅速，这对于科学传播来说是一把双刃剑。一方面，公众能便捷地接触到科学知识，并逐渐渴望在科学事业中发声；另一方面，由于大众媒体、社交网络缺少科学信息的"守门人"，大量虚假信息广泛流传继而损害了大众对科学事业的信任。在这一背景下，专业知识生产与公共领域间的边界正在逐渐模糊，科学传播已不再单纯地由科学家掌握。

　　公众科学的出现使公众从科学的旁观者变成亲历者，这样的换位思考过程有助于重新构建公众对科学事业的信任。然而，并非所有的科学问题都适合采用公众科学形式解决。公众科学项目选择科学研究问题时必须考虑公众的接受能力，同时，在操作层面则需要将复杂的科学问题分解成可执行的具体任务。此外，由于公众科学项目的主要资助方大多为政府机构、非营利性组织、学术协会等公共部门，且参与者涉及公众成员，这在一定程度上既决定了公众科学的研究产出具有一定的公共物品 (public goods) 属性，也决定了公众科学的设计需要考虑一定的政策因素，研究项目需为社会经济发展服务。

　　对于协同创新视角下的公众科学项目实施，协作关系 (partnership)、协作过程 (process) 和协作平台 (platform) 是不容忽视的 3 个方面。首先，公众科学的运行涉及多方主体，包括科研团队、机构、公众志愿者，公众科学项目的完成离不开多方主体的协作。科学家团队需为公众提供全面支持以达到互帮互助的目的。其次，虽然很多公众科学项目依赖在线组织形式，但这与传统在线共创社区的组织形式却存在一定的差异。传统在线共创社区大多基于自组织形式 (self-organizing form)，成员依靠相似的兴趣爱好自发聚集并形成共创社区，此类在线社区的组织结构层级化并不明显 (non-hierarchical)。然而，由于科学研究本身的逻辑性、有序性与目的性，公众科学项目的组织必须具备一定的层级特征 (hierarchical)。最后，随着公众科学的发展，各项目涉及的人员与机构复杂程度逐年增长，对人员与机构资源整合的必要性日益凸显，因此建设公众科学在线协作平台十分必要。这里的协作平台具有两层含义，既包括项目层面的协作平台，又涵盖跨项目整合平台。

从目前来看，政策环境、技术环境、商业环境和文化环境为协同创新视角下我国公众科学的研究与发展提供了得天独厚的时代性优势。

科技创新发展的政策环境。习近平总书记在2016年"科技三会"上强调，"科技创新、科学普及是实现创新发展的两翼，要把科学普及放在与科技创新同等重要的位置"。2017年，国务院37号文件《国务院关于强化实施创新驱动发展战略进一步推进大众创业万众创新深入发展的意见》进一步系统性优化创新创业生态环境，明确指出要"建设众创、众包、众扶、众筹支撑平台，健全创新创业服务体系"，同时强调要"践行共享发展理念，实现人人参与、人人尽力、人人享有"。这为我国科学界推进科学研究范式创新、开展公众参与式科学研究提供了战略依据。公众科学研究对于我国创新驱动发展战略的实施具有重要的理论和实践意义。当今时代，科学与社会、公众紧密相连，科学不仅仅是实验室的、科学家的科学，更是社会的、大众的科学。公众科学可以很好地贯彻科技创新和科学普及的政策要求，一方面，能够推动科技进步与科学发展，实现科技创新的腾飞；另一方面，也能极大地提高全民的科学素养和科学精神，达成科学普及的宏图。

移动智能互联的技术环境。"互联网+"时代，信息技术飞速发展，社交媒体、Web 2.0、云服务和智能手机的增长，使得人们的沟通可以不受时间、地域的限制。在这过程中，一种网络化、鼓励公众参与和鼓励创造的思维模式应运而生，社会各界及各类群体之间的协作与联系显著增强，互联网逐渐成为一个汇集大众智慧和力量的虚拟世界。它不仅是一个拥有海量用户和信息的庞大智库，还是连接和实现公众参与的重要平台。在互联网群体协作广泛运用的环境下，科研众包成为了科研活动的一种新型开展方式，它主要通过互联网汇集网络大众智慧，聚集全球科研人员的智慧和科研力量，以分布式协作的方式开展科研活动，共同完成科研和技术创新。此外，跨学科、跨地域与跨国家的科学合作日益频繁，移动互联技术和群体智慧为这种科研合作提供了强有力的支撑。一方面，技术的进步为大规模的科研合作创造了可能；另一方面，面对海量的数据资源，单一的机构力量突显出诸多局限性，亟需社会大众的参与及协助。同时，随着人们科学素养的提升，公众参与科研的意识也越来越强烈，这为公众科学的发展提供了基础条件。当传统的科研活动主体产生了面向外部的需求，大众也有了参与科学的能力和条件，公众科学活动便应运而生。大批量的网络用户开始参与科研活动的内部过程，帮助科研人员解决问题。

人人参与、人人分享的商业环境。人类天生喜欢分享的特点，伴随互联网技术的普及得到了最大可能的满足。随着Airbnb、共享单车的风靡，以共享模式为代表的新经济正全面影响着居民的日常生活。而在互联网金融的大潮下，以众包、众筹为代表的商业模式，带动共享经济的适用范围和对象愈加广阔，影响更加深远。众包的出现和发展充分调动了互联网环境下网民的认知盈余，尤其在商业情境中的应用，使企业和组织得以利用广大网民的智慧与力量共同解决问题和完成任务。商业项目采用众包模式已经基本成熟，有非常多的成功案例，例如：亚马逊旗下的"Mechanical Turk"项目，中国的"猪八戒网"、"微差事"等众包平台。但是当众包项目以解决科学问题和探索科学发现为主要目的，并且发起者多为科研机构或科学家时，众包便从传统的商业模式演化成一种新型网络化科研协作模式。

从数字化到智慧化创新的文化环境。党的十九大报告中指出，要"激发全民族文化创新创造活力，建设社会主义文化强国"，从国家战略层面强调了文化创新的重要性。2019年，我国科技部等6个部门联合发布《关于促进文化和科技深度融合的指导意见》，强调要加强人工智能、自适应感知、新型交互模态等智能基础理论与方法研究，开展人机交互、混合现实等关键技术开发，推动类人视觉、泛在物联等智能技术在文化领域的创新应用。从实施层面提出文化与科技融合的新途径。随着"云、物、移、大、智"与"互联网+"时代的到来，基于数据驱动的研究与创新成为各领域发展的方向。资源的数据化和有效整合是实现创新的前提。其中，除了需要应用现代化的数字技术、互联网和信息通信技术，人类的群体智慧发挥着至关重要的作用。在这一背景下，我国公众科学的发展迎来了现实机遇。

科技创新发展的政策环境、移动智能互联的技术环境、人人参与、人人分享的商业环境和从数字化到智慧化创新的文化环境，是当下公众科学发展面临的机遇。然而，就目前国内公众科学的现状而言，项目管理不规范、公众参与度不高、数据质量控制不足、信息整合和资源共享能力较弱等诸多局限性表明，公众科学的理论发展和实践推广尚停留在初期阶段。冯惠玲教授2019年12月在武汉大学信息管理学院举办的"2019图书情报与档案管理研究生教育论坛暨青年学者论坛"上作主旨报告，倡议图书情报与档案管理的专家和学者应"直面动荡与未知，打开思维天窗，跨出认知围栏，在未曾去过的地方踩上我们的脚印，为学科和职业的发展、深化与转型踏雪寻芳"。我们认为，公众科学领域对于图书情报与档案管理学科在教育、研究和实践上都带来新的机遇。那么反过来，信息管理（或信息资源管理）学科大类（图书馆学、情报学、档案学）作为面向信息资源的生产创造、交流传播、搜寻利用、保存服务的交叉性学科，能为我国公众科学的发展做出哪些贡献呢？下面将从4个角度提出我们的刍荛之见。

(1) 资源利用的角度。图博档作为文化记忆机构，共同承担着保存和传播我国悠久文化资源的使命。然而，在文化强国的时代背景下，文化资料的数据化、素材化和智能化是实现数字创意和文化创新的必要途径。在这一过程中，需要充分利用图博档馆藏资源开展数字人文类公众科学项目研究，在资源完善、元数据标注、手稿文献数字化、电子资源修订等方面发挥群体智慧和大众力量的重要作用，从而变静态的资源保护为动态的文化服务。同时，上海图书馆的刘炜研究员也指出，数据化、公众科学和智慧化是数字人文发展的三个明显趋势。目前，上海图书馆数字人文团队已经率先开展了数字人文类的公众科学项目，即本书中提到的历史文献众包项目。鉴于此，从资源利用的角度探索数字人文类公众科学项目运作机制具有重大的现实意义。

(2) 项目管理的角度。项目管理、信息资源管理等领域已经有相当成熟的管理理论，但没有被我国公众科学项目所重视。部分科研机构发起的项目有体制内的弊病，却少有体制内的影响力；而志愿者发起的项目常常过度依赖创始人，组织没有真正被组织起来。事实上，这给图情档的学者提供新的研究方向，即从资源管理的角度，实现项目中发起方、志愿者、平台、技术等的协同发展，完善制度，强化管理，从而进一步探索"互联网＋"环境下科研众包的服务模式。

(3) 数据管控的角度。我国公众科学项目在数据管控方面面临诸多难题。一方面，数据规模巨大，且采集周期长；另一方面，数据结构多样。所以目前的项目欠缺对数据的深入挖掘以及关联整合。因此，从数据管控的角度，我们认为可以利用关联数据、知识图谱、本体构建、机器学习等图书情报领域和计算机领域的理论与方法，构建底层数据服务共享平台，提供包括信息检索、数据开放获取、科研数据分析、可视化展示等功能，做到从数字化到数据化、从信息化到智能化，从而实现我国公众科学项目的知识创新服务。

(4) 信息素养、媒介素养和科学素养普及的角度。目前，我国公众科学对提升公众的信息素养、媒介素养以及科学素养的贡献还比较有限。但从信息素养和媒介素养的角度，公众科学能够强化公众在参与过程中获取、分析、评价和传输各种形式信息的能力。从科学素养普及的角度，公众科学能让公众更投入地享受自然观察的乐趣、更深入地了解人文社科的价值，促进自身科学素养的提升，并进一步感染身边的人去认识自然生态、传承历史文化。由此可见，让更多的人参与到公众科学项目中是提升我国公众信息素养、媒介素养和科学素养的有效途径。因此，今后的研究可以从实践和理论的二元视角展开。从实践研究角度，图书馆作为面向公众服务的机构，在普及信息素养教育、辅助人员培训和宣传科研成果方面有着天然的优势。首先，图书馆常年为读者提供信息检索培训，积累了大量培训经验；其次，图书馆可以通过举办展览、报告会帮助公众科学项目进行科研成果宣传，从而达到科学普及的目的。从理论研究角度，通过定量与定性方法考察我国公众科学项目的志愿者参与动机，优化激励机制；利用游戏化元素提升志愿者参与项目的黏性；基于案例探索公众科学项目对志愿者信息素养能力的影响等。进而推动科技创新与科学普及齐头并进。